2010年度国家社会科学基金项目
项目批准号：10CXW014

中国环境保护传播研究

贾广惠　著

上海大学出版社
·上海·

图书在版编目(CIP)数据

中国环境保护传播研究/贾广惠著. —上海：上海大学出版社，2015.9

ISBN 978-7-5671-1822-5

Ⅰ. ①中… Ⅱ. ①贾… Ⅲ. ①环境保护-传播-研究-中国 Ⅳ. ①X-12

中国版本图书馆 CIP 数据核字(2015)第 200228 号

责任编辑 陈 强

封面设计 施羲雯

技术编辑 金 鑫 章 斐

中国环境保护传播研究

贾广惠 著

上海大学出版社出版发行

(上海市上大路 99 号 邮政编码 200444)

(http://www.press.shu.edu.cn 发行热线 021—66135112)

出版人：郭纯生

*

南京展望文化发展有限公司排版

江苏德埔印务有限公司印刷 各地新华书店经销

开本 787×960 1/16 印张 17.5 字数 295 000

2015 年 10 月第 1 版 2015 年 10 月第 1 次印刷

ISBN 978-7-5671-1822-5/X·003 定价：46.00 元

序：知行合一　服务社会

前不久，在长沙的一个会议上，贾广惠老师找到我，告诉我他主持的国家社科基金项目“中国环境保护传播研究”已经结项，今年准备出书，希望我给他作序。我认识贾老师已有多年，知道他这些年在环保传播研究领域很勤勉、很踏实，也很有成绩，据说发表的相关研究论文已达40多篇，在国内有一定知名度和影响力，而且听说他还在学校创办了环保社团，积极开展环保公益活动，这在大学老师中是不多见的。

众所周知，近年来我国在推进工业化和城市化的过程中，许多地方由于采取粗放的生产方式，导致出现了不少环境问题，造成了生态破坏和环境危害，这集中反映在空气污染（如雾霾）、水污染和土壤污染等方面。对此，政府高度重视，大力开展环境治理。自然科学领域的一些专家利用其专业优势和技术力量，积极投身环境治理工作，并且取得了不少成果。在人文社会科学领域，也有一些专家根据自己的专长，发挥自己力所能及的作用，投入此项工作，例如开展环境教育、实施舆论监督、组织相关公益活动等。

可喜的是，在新闻学与传播学领域，同样也有一些学者开始关注这一领域的问题，从新闻与传播的角度来开展涉及环境、生态、气候变化方面的学术研究和社会推广工作。但无论从人数，还是从研究成果的数量和质量来看，这些研究都还远远不能满足现实的需要，同时与这些年我国新闻学与传播学在整体学术研究的发展和进步也不协调。从这个角度看，贾广惠老师完成的“中国环境保护传播研究”项目，有着一定的示范意义。

读了贾老师的书稿，让我感受最深的是他在字里行间所表现出来的那种强烈的现实关怀和人文情结。正如作者所反复申明的“文章合为时而著”，贾老师试图通过该书稿呼吁人们参与环境治理。

正是因为环境问题日益严重，才需要有人为此鼓与呼。从书稿中对中国环境问题发展、环境问题报道、各种有关环境议题的传播、相关学者研究情况的梳理来看，作者非常熟悉所面对的问题。书稿中对我国环境问题的现状、问题、出路，以及政府在环境治理中的作用等问题，都有细致、深入的描述、梳理和评价。这是作者十几年来坚持关注环保问题和进行相关资料搜集的结果。

作者之所以能够坚持关注环保问题并搜集整理相关资料是出于对环境问题的忧虑，是自己从生活体验和实际采访（作者曾做过几年记者）中产生的感受。而正是在这种忧虑和感受之中所生发出的责任感，使作者开始了对环境问题的学术研究。在作者看来，环境问题是一种会让人有着切肤之痛的生存危机，它包含了破坏、毁灭、伤害，还有对伦理道德的践踏。这方面作者在关于拆迁议题的阐述中有充分的体现。作者有时甚至是在大声疾呼，是在谴责那些恶意的环境破坏行为，同时也提出治理解决之道。

中国的环境问题呈现出各种形式，而作者注意从多种多样的环境议题中选取典型而突出的几个方面，如水污染——癌症村、空气污染——雾霾、土地污染——食品安全、环境破坏——暴力拆迁、浪费污染——消费主义等来加以探讨，并且注意以媒体的报道作为分析对象。如对于水污染导致的"癌症村"问题的揭露，作者借助十多年来媒体上大量有关"癌症村"的报道与材料，探讨了媒体是如何进行这一议题建构的。作者运用框架理论展现了一些媒体主动担当、深入现场、持续挖掘，进而揭露出工业污染背后的问题。为了验证事实，作者数次独自或带领学生深入到淮河支流，跨省去实地考察河流污染问题。作者批判的直接对象是媒体的报道，间接对象则是地方政府和违规企业，批判它们急功近利、见利忘义、漠视生命。这种通过具体事实分析是符合实际的，也是具有说服力的。

作者独到的观察体验和学术判断也给我留下深刻印象。作者的研究是一面用心收集资料，一面走出去深入观察体验。可以看出，作者几乎时时都在关心环境问题。正是这种自觉投入，深入思考，日积月累，才形成了作者不同于一般人的对于环境问题的感受和认识。尤为可贵的是，作者总是带着感情去参与环境问题的调查和解决。比如，作者多次考察垃圾处理厂（到台湾访学还专门调研了八里垃圾处理厂）、污水处理厂、河流水质监测站等。正是在长期观察的基础上，作者对于环保传播的分析才能够紧贴现实，其认识也较为深刻。

此外，作者通过对中国环保传播历史的回顾，对一系列现实问题的分析和典型案例的剖析，和对一些重点污染指标议题的调研等，以及对环保传播不景气原因的探讨，提出了自己的独到见解。如关于“癌症村”的传播问题，事实上暴露了媒体的预警不足；食品污染及安全问题，暴露出“污染下乡、垃圾下乡”的严重后果；狂飙突进的拆迁运动，导致了媒体集体忽视的污染与浪费；当前流行的“吃光、败光、耗尽”的消费主义传播是一种极端反文明的观念与行为；针对环境治理，应该在政府支持下，以媒体为中介，建构公民社会、培育民间环保组织、挖掘大量闲置人力资源，投入环境改善和治理（如垃圾分类和资源化推广、沙漠治理、植树造林、废弃物综合利用等）。作者所进行的问题剖析、原因探寻和对策建议具有一定的合理性和可操作性。

尤其让我感动的是作者对环境治理的亲力亲为和真情投入。作者这些年在开展学术研究的同时，始终坚持身体力行，积极投入环境治理的实际工作，从而使自己的研究成果能够建立在扎实的实践基础之上。作为一个大学教师，教学、科研方面的压力很大，作者能够腾出时间去做环保公益工作，这不是一般人乐意选择的生活方式，然而作者却乐此不疲。按照他自己的话来说，就是“忍不住要为环保去做些什么，哪怕很琐碎的事情，只要对社会有益就去做”，而且这一做就是十几年，实在难能可贵！

总之，阅读书稿，我觉得这部书既有一定学术价值，也符合当前现实需要，因此值得向读者推介。当然，书稿也还存在一些缺憾。例如作者对中国本土的环保传播研究以媒体内容为样本较多，对于其他形式的环保传播研究涉及较少，因而显得不够全面。此外，作者在研究中相关理论的运用显得有些单薄，显示出作者对国内外的相关理论及研究成果的关注和吸收还有不足。

还须特别指出的是，作者的研究还多是停留在对环境问题的研究上，这与当前我们国家发展所面对的宏观形势和战略任务不太协调。党的十八大报告已将生态文明建设与经济、政治、文化和社会文明建设列入“五位一体”的国家发展战略之中，推进绿色发展、循环发展、低碳发展，建设美丽中国，实现中华民族的永续发展已成为全国人民的共同目标。生态文明建设作为一个新的战略性任务摆在了我们面前，在这种情况下，我们应该从生态文明建设的高度，从应对气候变化的角度来关注和研究环境问题，这样才能使自己有更开阔的视野，更深刻的思考、更明确的担当。这需要我们更加努力地工作和付出，用我们的研究成果，用我们的实际行动来为环境保护、应对气候变化和生态文明建设贡献力量。

作为这些年来一直在从事气候变化与气候传播研究的学者，我很认可并欣赏贾老师这种“知行合一、服务社会”的科研作风，也希望他能够继续深化研究，将新闻教学、科学研究与社会服务有机地结合起来，并且进一步开阔视野，拓展思路，在环境传播、气候传播和生态传播研究方面，以及在开展相关的行动推广和社会公益服务方面做出更大的贡献！

中国人民大学新闻学院教授、博士生导师
郑保卫

前 言

进入新世纪以来，中国的环境问题趋于严重。受到全球化进程加快和国际产业分工的制约，中国社会在十八大之后面临环境问题造成的巨大冲击；环境风险加剧令人忧虑，舆论关注上升。大众传媒持续传播有关环境危害、环境事故以及各种各样的环境冲突凸显了重要社会议题。显然，大众传媒在构建一种环境生态变化的真实图景，环境问题需要关注、研究和参与是毋庸置疑的。而从环境保护传播角度探讨中国本土问题的成果目前还少之又少，本书尝试从环境保护传播这一维度研究现实问题，期待对中国环境问题作出一点回应。基于以上考虑，本书主要研究了以下几个方面的问题：

首先，对中国环境保护传播的研究背景作了有效的梳理与评价，指出了环保传播研究分为针对外国的环境知识介绍、理论引进与面向中国本土化环境现实问题传播的研究这样两个方向。接着简单回顾了中国几十年来主要环境问题发展与政府环境风险治理工作，强调了周恩来总理的开创之功，介绍了此后颁布实施的一系列环境政策、法律法规，分析了地方政府支持下媒体的跟进宣传与各种环境风险的报道；探讨了报纸、书籍如何揭示环境问题；对以政府为主导的"中华环保世纪行"传播模式进行实证研究；在中国环境保护传播的内容诉求中，本书以具体的"癌症村"、水与空气污染、食品污染、城乡拆迁破坏等几个方面分析了环境保护传播警示的实际表现，针对当前典型议题直接剖析，分析传媒报道如何对不同的环境风险进行命名、描写与框架选择。

其次，作为一种对现实问题的回应，中国环境保护传播在缓慢艰难发展中面临着各种各样的制约因素，而这些是无法绕过的影响因素。第一是外部客体的影响，政绩工程成为造成环境风险的主要因素。第二在于传播本身的主体影响因素。传媒在日渐商业化的个案事故的反映中，既被权力深刻控制，又被资本严重侵蚀；逐利的资本在形成一种控制力量，逐步破坏传媒的公共性。除了商业化、娱乐化等问题之外，更值得关注的是环保传播的公共利益属性与市场属性即商业化倾向之间存在着内在冲突，因此传媒风险预警不具有天然的维护公共利益的自我驱动力，只是越来越侧重于“非事故不新闻”的新闻价值导向；媒介资本驱使传媒张扬着过度的奢侈浪费所固化的消费主义意识形态。此外，传媒所鼓动的消费主义助推着全社会的奢侈浪费之风日盛。在猛增的浪费之中，污染加剧催生了各类环境风险。

最后是相应的路径对策选择。解决环境问题需要以传媒为中介，把民间力量组织起来，共同参与，协助和推动政府深化环境治理。传媒要主动化解环境风险，及时进行预警；还要扭转不合理的政绩观，追究肆意破坏环境者的责任；强化社会监督，支持环境公益诉讼等措施。提升传媒的公共服务职能，要从理论指导、公民社会培育、事故化碎片化报道改进等方面入手，再结合就业难题推动人力资源开发、扶持 NGO 发展、提升预警能力、加强宣传教育引导等几个方面进行具体的环保拓展。传媒自身行为也要改进，一是自身落实到行动，减少版面、栏目数量以及各种资源的过度消耗；二是要主动进行新闻价值理念的纠偏，以长期的预警为义务，逐步地完善环境风险揭示职能，在传递信息中创新环保传播形式和内容，使之更有吸引力和警示性；三是传媒要主动接受社会监督，使之成为促进和提升公信力和权威性的良好外部推动力量，此外要坚持对社会大众的环境风险教育引导等；四是传媒长期担负环境宣传教育功能，要以社区丰富的人力资源为依托，进行局部的、基层的环境参与动员，结合就业议题推动环保产业的创新和壮大，还要促进传统的“俭以养德”观念行为的养成与巩固。

作为国内为数不多的以本土的环保传播以及预警为研究对象的实务分析探索著作，本书提供了可行性对策供政府决策和公众环保行动参考。

贾广惠

2015 年 5 月

目 录

Contents

绪 论

继党的十八大之后，在每年全国两会上“环境生态”问题持续升温，其中“雾霾”成为各方关注的议题。2015年一部《穹顶之下》聚焦的雾霾调查引发空前热议，舆论高涨；另据国家发改委统计：“年初（2013）以来持续雾霾天受影响人口约6亿人。”[①]令人忧虑的是，多年来累积的各种污染导致环境恶化造成严峻的生存危机，越来越多地危及国人的生命健康。不仅污染现象突出，而且消费主义狂潮裹挟的挥霍浪费导致了危及城乡的污染损失：“中国每年因污染造成的经济损失已经超过3 000亿元，环境恶化耗费中国近9%的年度国内生产总值。”[②]大众传媒不断地提供着令人揪心的“热点”：“镉米”、“血铅”、“癌症村”、富贵病，以及城市遭遇的拥堵、雾霾、水污染、食品污染等。值得反思的是大众传媒对于环境问题总是呈现出一种被动报道姿态，有突发事件就有新闻，只有发生了事故才会作为热点加以短暂关注；同时学界对于大众传媒环境保护传播的研究，整体比较滞后和稀少，还没有形成应有的影响。目前面临的局势则是环境危害步步紧逼，而落实“生态文明”则步履艰难，社会上大多数人仍然对环保有意识但缺乏行动。因此摆在面前的问题是，以传媒及其报道为主要研究对象的环境保护传播研究，是不是应该跟进探索，体现出应有的参与功能？目前已有的成果有哪些特点？还有哪些方面需要深化？西方环境新闻传播专题介绍引进与本土化之间的断裂、研究的琐碎化是否值得反思、本土研究还有哪些不足等，本书将对此作出初步的考察和分析。

一、中国环境保护传播研究回顾

环境问题被传媒和学界关注源于巨大的环境危机，1998年的洪灾和沙尘暴

① 冯蕾. 发改委：节能减排形势严峻　我国6亿人受雾霾影响[N]. 光明日报，2013-07-13.

② J. L. Turner and L. Zhi. “Chapter9：Building a Green Civil Society in China”，State of the World 2008，Special Focus：china and india. http//www. worldwatch. org/node/4000. 2008-12-20.

频发促使传媒加大环境报道数量，也推动了政府有限的环境治理，随后学界有了零星的跟进研究，但研究起点是从西方寻求理论资源的介绍和引进。因此，如果"言必称希腊"，那么中国的环境保护传播研究必须先从西方的介绍谈起，似乎才算合乎规范。实际上，根据研究成果分析可以看出，中国环境保护传播研究已经朝着两个方向发展：形成了以对西方特别是美国环境新闻教育的梳理和以中国本土具体问题的传播现象与问题的探讨这样的分野。

1. 理论渊源

环境保护传播研究自身尚很少有理论建构，其理论资源主要来自社会学。随着世界范围内环境风险的出现和加剧，社会学率先介入有关问题，随后才延伸到环保传播研究。吉登斯的现代社会理论与贝克的风险社会理论，直接促进了有关社会风险问题的探索。吉登斯的现代社会理论主要反映了"现代性"的问题，认为"现代性"本身蕴含了很多不为人知的风险。这在社会学领域还是有待深入的课题，但是社会学家很少注意的是，这一课题与大众传媒有着不解之缘，因为传媒在呈现风险议题中承担着越来越重要的预警职能。20 世纪 80 年代末德国学者卢曼就此提出"环境传播"的概念，随后影响到美国，90 年代美国高校兴起了环境新闻教育，到 2011 年设立环境新闻教育的大学已逾 55 家，目的是介绍环境知识，改进环境新闻报道，培训环境新闻记者，体现出一种实用主义特点。

2. 西方对于环境保护传播的研究

主要集中于两个方面：环保传播概念与写作、环保传播与社会关系。西方以美国为代表的实用主义倾向的环境新闻研究对于环境新闻概念以及其他方面的研究基本上具有三个特点：一是追随新闻业务的课程体系，结合环境问题报道的需要走环境新闻教育和环境记者培养之路，开设环境新闻教育相关课程；二是将环境新闻置于社会发展的视域中考察，研究由此发散：与环境运动紧密相连，探索民间环保组织与媒体的互动关系、与权力相联系，考察环境新闻背后的权力争夺或者话语权博弈、与利益关系结合，探索环境利益维护中各种社会力量的新闻展示；三是环境新闻力图与其他文、史、哲、经、法、社等人文社会科学相结合，例如环境新闻与政治、环境新闻与经济、环境新闻与美学、环境新闻与哲学等。这方面正如学者罗伯特·考克斯的界定所示，探索公众对环境信息的认知，环境议题的话语框架，环境议题公共辩论的信息互动，环境问题背后涉及的政治、文化和哲学命题是环境传播的中心。例如，西方学者对气候变化的传播学研究归纳为以下几个方面：公众是如何看待气候变化问题的，公众从哪里了解到有关气候变化的信息，影响公众对气候变化认知的因素有哪些，谁是气候变化信息的主要发布者，影响气候变化信息建构的因素有哪些，科学界、媒介以及政府等领域有关气候变化的话语框架，各领域气候变化话语相互影响的形式。与环境传播不同的是，气候变化的传播学研究主要是从微观层面把握不同信息传播主体在信息传递、互动以及意义建构过程中的表现和作用。其最早源于对公众认知情况的考察，然后进一步深入对其背后的影响因素的分析，主要包括对媒介和新闻文本以及各领域的话语框架建构方式的探讨。[①] 以上分析是针对气候变化新闻报道与社会关系的解读，西方学者看到了环境问题如气候等都和社会的各个领域有着复杂的联系，所以其研究更多地与社会学、政治学、法学、经济学、文学等学科相联系，针对个案解读的局部研究相对减少，理论研究越来越得以强化。

3. 环境保护的传播因素

这一研究的兴起更有国内因素特别是环境事故加剧的影响。正如引言所提到的，1998 年洪灾是一个起点，随着环境保护传播的发力，中国学者开始了有关学术研究。目前国内可查到的研究成果在 1999 年出现，但至今数量不多，最高年份发表 50 余篇论文，根据中国知网统计 2012 年公开发表论文有 195 篇，这还要剔除 80 多篇工作报告式、新闻报道式、报纸评论式等非学术论文。相比较那种猛增的由环境风险延伸到的各方面的环保传播新闻报道，这样的研究数量无论如何都不算太多。如图 0－1 所示：

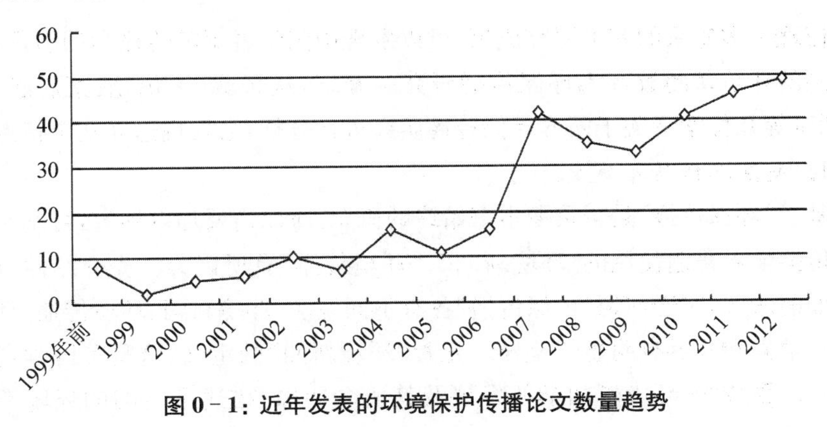

图 0－1：近年发表的环境保护传播论文数量趋势

① 王战，李海亮. 西方气候变化传播研究综述[J]. 东南传播，2011(3).

表 0－1：2000—2013 年环境保护传播论文数量分布

年份	2000	2001	2002	2003	2004	2005	2006	2007	2008	2009	2010	2011	2012	2013
数量	5	7	10	8	15	10	16	41	35	32	38	40	35	47

再看研究队伍，其主体以高校教师、研究生为主，其他多是媒体记者。但这个队伍并不稳定，有些人只是偶有涉足，此后就不再关注这一领域。从研究对象来看，除了前面所述分为国外和国内两大类别之外，研究主题还有一定重复和分散，重复表现在集中于美国环境新闻教育等，分散反映在业务回顾与环境问题相关的议题，涉及面广，且比较宽泛：环保 NGO、气候变化、“癌症村”、工业污染、垃圾处理冲突、环境事故、拥堵、雾霾等的报道，都成为简单描述对象；同时还有针对具体报纸报道进行的研究，针对具体活动所作的跟踪分析，如“中华环保世纪行”等。近年来，环保传播又随着社会剧变增加了对于暴力拆迁和食品污染的关注、对环境事件的跟进。当然，随着环境问题的突出，人们认识的深化，研究内容也随之扩展。即使如此，中国环保传播研究在整个传播学领域仍是新颖的内容，还没有得到应有的重视，研究者还不够多，成果稀少，反而不如“健康传播”具有影响力。

二、中国环境保护传播的研究特点

梳理十多年来的有关研究成果，可以发现中国学者紧随传播学的引进，以关注美国的环境新闻教育为环保传播研究的开端，从张威、王积龙、蔡启恩、郭小平、刘涛等几位学者关于西方环保传播研究进行分析，会发现这样几个特点：

1. 关注环保传播定义

基于“环保传播”是个贯彻本书始终的概念，所以需要加以界定，特别是要和西方传播学界普遍使用的“环境新闻”、“环境传播”有所区分。先介绍西方的定义。如前所述，对于何谓“环保传播”各有不同说法（环境新闻、环境传播、环境报道等），学界和业界有明显的差异。先看“环境新闻”的定义，这是美国学者首先提出的。张威的《环境新闻学的发展及其概念初探》描述了美国的环境新闻定义：“美国犹他州州立大学教授麦可·佛罗梅（Michael Frome）提出它是一种有目的、为公众而写的、以严谨准确的数据为基础的反映环境问题的新闻；它要求记者理解传播的目的和性质，具有研究能力和简洁的语言；它不仅仅回答谁、何事、何时、何地、为何，还要有一种广阔和综合的眼光纵揽全局”。[①] 这一定义针对新闻记者如何判定什么样的事实属于环境新闻，怎样去采写的问题而作出了回答。美国是一个实用主义国家，学者在对待环境新闻上也是如此，因此将环境新闻作为一类更有实用价值的课程开设，培养环境新闻记者，关注其中的信息内涵。相对而言，中国媒体从业者的定义偏重于动态的报道，如许正隆认为环境新闻“即是用新闻手段传播人们关心的种种环境信息，是变动着的环境事实与新闻的表达或传播方式的完美结合”[②]。其他如陆红坚、唐海江、颜莹、程少华等人都是从报道什么、如何报道、报道范围等方面加以界定。中国目前还没有开设“环境新闻”课程，因此这一定义没有得到广泛传播。

除了业务视角的定义之外，还有对“环境传播”学理的界定。德国社会学家尼可拉斯·卢曼(Luhmann)将环境传播视为“旨在改变社会传播结构与话语系统的任何一种有关环境议题表达的传播实践与方式”。社会风险的突出，使得从环境信息的传播方式出发界定环境传播，由此嵌入到传播系统中成为可能。与广阔的社会生活相联系，学者罗伯特·考克斯打破了纯粹将环境传播界定为环境议题的建构问题，开始探讨其背后的政治、经济、文化命题，在其最新著作《环境传播与公共领域》一书中将其界定为：“环境传播是一套构建公众对环境信息的接受与认知，以及揭示人与自然之间内在关系的实用主义驱动模式(Pragmatic Vehicle)和建构主义驱动模式(Constitutive Vehicle)。”[③]环境问题是什么样的，如何通过媒介建构，受众如何接受等都是需要理论探讨的问题。

再看中西方定义的区别。中国更多使用“环保传播”的概念，与西方常用的“环境传播”有所区分。一个外在的区别是西方使用“环境传播”指代宽泛，多系运用传播的方法、原则、策略进行环境管理和保护，更多地在社会学领域表现，与社会系统发生密切的联系。而中国学者使用“环保传播”主要反映媒体传播行为，也容易被等同于大众传媒的环境新闻报道。前者将“环境”一词推广使用，有拓宽研究对象的意图，也就是说，环境不仅仅是环境，还有背后的其他影响因素；而中国多使用“环保”，既是中国语言的多义性丰富性的影响，也意在更加明确具体对象和具有倾向性。与传媒频繁使用的“环保”词语相一致，针对传媒环境报

---

① 张威. 环境新闻学的发展及其概念初探[J]. 新闻记者，2004(9).
② 许正隆. 追寻时代把握特色——谈谈环境新闻的采写[J]. 新闻战线，1999(5).
③ 王战，李海亮. 西方气候变化传播研究综述[J]. 东南传播，2011(3).

道的研究使用"环保传播"顺理成章；王莉丽总结了环保传播概念，在介绍了美国学者的环境新闻、环境传播和国内许正隆、陆红坚、张威的定义之后，她认为这些研究者都还没有明确提出环保传播的概念及其就环保传播理念进行系统的分析，大多是对环保新闻的阐述，进而她认为运用"环境新闻"这个概念来研究环保信息的传播，其涵盖面太窄。环保传播比环境新闻有着更为广阔的外延和内涵。她的定义是："环保传播就是关于环境保护问题的信息传播。广义上的环保传播指的是通过人际、群体、组织、大众传媒等各种媒体和渠道进行的传播活动。狭义的环保传播是指通过大众传媒，对环境状况、环保危机、环保事件、环境文化、环境意识、环保决策、环保产业、公众参与等与环保相关的问题进行的信息传播。"①这个概念涉及了传播的内容、传播的目的和手段，简洁明了，概括性强，但问题在于缺少对传播主体的界定。从一般意义上看，凡参与环保活动的组织或个人通过各种手段进行信息的传播都是信源。如果是针对中国环境问题的报道也称之为"环境传播"，就不再是西方意义中的概念，反映中国本土问题的"环保传播"，也要比大众传媒的环境新闻报道外延大得多。因此在本书中，主要是对以大众传媒为主体的环境问题传播进行分析，与西方语境中的概念有了以上的几个区别。

2. 关注西方环境问题的历史以及环境运动

环境运动引发了环境新闻热，很多论文往往以此为开端。作为国内西方环保传播的较早研究者，张威在他的 3 篇论文里都是先从西方(主要是美国)的环境问题历史描述环境新闻学。他在《环境新闻学的发展及其概念初探》里提出：环境新闻始于美国 19 世纪的资源保护运动，在美国经历了三次环境运动的浪潮，到 20 世纪 60 年代卡逊的《寂静的春天》引发了人类历史上第一次民间环境抗议运动，环保组织纷纷成立；作者回顾了环境新闻报道的历史，涉及环境新闻学的内涵及其特点。蔡启恩从西方环境保护理念发展历史的角度分析环境新闻的由来，其中涉及了欧洲早期及美国 19 世纪的环境思想，最后由环境运动过渡到环境新闻分析。② 显然，他们都从历史角度回顾了环境运动的发展，试图根据自己的理解做出一番梳理。

3. 关注美国环境新闻教育

从 2002 年以来，张威、蔡启恩、王积龙、郭小平、刘涛等人都把兴趣点集中于

① 王莉丽. 绿媒体——中国环保传播研究[M]. 北京：清华大学出版社，2005：52.
② 蔡启恩. 从传媒生态角度探讨西方的环保新闻报道[J]. 新闻大学，2005(3).

美国大学的环境新闻教育和环境运动修辞等方面。张威的《美国环境新闻的轨迹与先锋人物》①重点回顾了美国环境新闻的四个阶段：自然资源保护运动、环境新闻的感性阶段、环境新闻进入理性、《寂静的春天》出版标志环境新闻走向成熟。文建、代晓发表了《美国环境新闻的嬗变轨迹》②，针对的是美国"9・11事件"之后环境新闻面临的巨大挑战，包括电视中的环境新闻数量下降的问题，从20世纪90年代起美国环境新闻十年中衰减原因的角度揭示美国新闻价值观更加关注新闻的娱乐性。王积龙分析了美国20世纪90年代兴起的环境新闻教育课程，与新闻学、传播学、风险传播、环境学、其他地方环境问题结合；③在《更新指导环境新闻的理念》中重点从环境新闻写作角度分析了一些事件体现出来的环境思想。郭小平关注了《纽约时报》近年来的气候报道；刘涛通过赴美国田纳西州大学对环境新闻领域开展访学，出版了专著，该书是国内第一部专题研究西方环境传播的著作④。书中对西方环境传播的概念、特点、方式，以及话语策略、政治架构、环境运动、话语修辞等都作了深入、独到的探索。不久之后，王积龙出版了《抗争与绿化》一书⑤，对西方环境新闻学概念、环境运动、环境新闻教育、环境报道、环保网站等作了梳理。该书的一大特点是直接利用英文原版内容，占有很多第一手资料，论述显得比较扎实。

4. 关注环保传播理论描述

如前所述，西方的研究除了"环境传播"概念、"环境新闻"的课程与新闻采写之外，更多地试图进行一些社会理论建构，而国内学者对此作了多角度的介绍。王积龙的《环境新闻研究的西方模式及其研究方向》分析了美国的环境新闻，介绍发展现状，最后归纳出七个具体的研究方向；与王积龙不同，刘涛把西方环境传播研究分为九大领域：环境传播的话语与权力、环境传播的修辞与叙述、媒介与环境新闻、环境政治与社会公平、社会动员与环境话语营销、环境危机传播与管理、大众流行文化中的环境表征、环境哲学与生态批评思潮、环境与国际外交转型，将环境传播与广阔的社会生活相联系，进行了理论化的总结；王战、李海亮的《西方环境传播研究综述》则分析了环境新闻概念、公众认知、媒介和新闻文

① 张威. 美国环境新闻的轨迹与先锋人物[J]. 国际新闻界，2004(3).

② 文建，代晓. 美国环境新闻的嬗变轨迹[J]. 中国记者，2007(4).

③ 王积龙. 全美大学环境新闻的教育模式分析[J]. 中国传媒报告，2008(2).

④ 刘涛. 环境传播——话语、修辞与政治[M]. 北京：北京大学出版社，2011.

⑤ 王积龙. 抗争与绿化[M]. 北京：中国社会科学出版社，2011.

本、各领域话语权等问题。环境传播旨在探索种种涉及环境议题和公共辩论的信息封装、传递、接受与反馈；就建构主义维度而言，环境传播强调借助特定的叙述、话语和修辞等表达方式，进一步表征或者建构环境问题背后所涉及的政治命题、文化命题和哲学命题，显示了专题研究的广阔空间，激发了研究者充分的想象力。

表0-2：近年来国内主要作者的西方环境新闻研究代表性成果

研究论文作者	发表年份与主要刊物	发表数量	关键词	研究性质	研究国家
张威	2004,《国际新闻界》	2	环境新闻学	介绍	美国
文建、代晓	2007,《中国记者》	1	环境新闻	介绍	美国
王积龙	2008、2009,《国际新闻界》等	5	环境新闻教育	介绍、综述	美国
刘涛	2008,《新闻大学》	4	环境新闻	介绍	美国
蔡启恩	2005,《新闻大学》	1	环境运动	介绍	美国
王战、李海亮	2011,《东南传播》	1	环境新闻传播	介绍、综述	美国

综合以上列表和近年来的跟踪观察发现：20世纪90年代以来国内有10多篇西方环境传播研究论文，主要是对环境新闻学的介绍。这些作者都供职于国内高校，从事环保传播研究的时间都很短，很多人只是偶一涉足，研究状态很不稳定，使得西方环保传播研究处于断断续续进行中。但是他们的开拓之功很重要，他们在传播学引进中借助于自己良好的英语基础，查阅大量的外文资料，将国外尤其是美国的环境传播研究成果介绍给国内读者，是有很大贡献的；但另一方面，很多研究成果还是停留于引进介绍阶段，相对缺乏理论消化和分析转化，只能比较宏观地勾勒出一个个大体类似的美国环保传播状态；他们缺少国外深度融入和深刻的报道感受，对于西方的环保传播及其分析难以深入其中，其研究难免给人不接地气的感觉；此外引进国外的成果还没有很好地落地生根——"中国化"，即如何应对环境风险的现实课题。通过关注这些作者近年来的研究发现：他们大多倾向于关注美国环境新闻状况，而同时几乎没有对于国内的环保传播研究，也没有一种理论支持下的本土化创新，这不能不说是一种缺憾。"他山之石，可以攻玉"，研究国外的先进理论最终是为了解决本土的问题，这应该是研究的一个主要目的，而我们的学者还很少将中西环保传播研究对接，不太关注

本土环保传播问题，以致呈现着彼此分离的、互不相干的“断裂”。

上述是关于西方的环保传播研究梳理，再看针对本土化的研究。这方面的成果是以对环保变动的报道回顾反思为开端的，代表人物有21世纪初的陆红坚、许正隆、程少华、李瑞农等人。他们主要是针对一些环境报道作出总结反思，例如：李瑞农的《环境新闻的崛起及其特点》简单梳理了环境报道的题材、内容、主题等；[①]许正隆的《追寻时代把握特色——谈谈环境新闻的采写》[②]针对环境新闻定义把握、贴近受众需要的角度、通俗生动的表达方式等几个方面作了总结。

以此为开端，针对本土的环保传播研究开始摆脱业务总结的局限。例如唐海江的《试析当前环境报道中的舆论引导》[③]就抓住环境新闻报道舆论引导中的主要问题进行了分析，结合报道中的三对矛盾揭示了舆论引导的重要性；颜莹的《论新闻记者的环境意识》论述了环境记者的环境意识、社会责任、工作修养等[④]。除此之外，环保传播研究的关注点有所延伸，如针对环保NGO与媒体关系的研究、环境记者的分析、传媒与公民社会的培育、传媒消费主义批判、环境事故的媒体报道分析等。具体有以下几个变化：

（1）题材得以拓展。20世纪90年代媒体比较关注环境卫生、环境公害。这涉及各种各样的环境问题揭露：乱砍滥伐、毁灭野生动植物、滥挖破坏矿产资源、毁坏草原和农田、污染河流土地。既直观展示了环境破坏和环境污染后果，也曝光了那些违法败德的排污和毁灭行为，警示着各种令人震惊的事实。随着危机的加深，环境灾害的巨大破坏迫使媒体报道面开始拓宽，由政府工作、成就、问题的宏观展示，逐步落实到具体的环境问题、环保创新上面；环境新闻由“浅绿”走向“深绿”，凡是和环境有关的题材都出现在媒体上，包括奢侈浪费与食品污染、垃圾处理、强拆与毁田等。环保传播研究的成果主要有：针对具体环境事件例如厦门、茂名等地PX化工抵制风波、番禺垃圾处理冲突的媒体呈现的研究；环保NGO与媒体关系的研究，涉及金光公司违法砍伐云南、海南天然林，云南怒江违规建坝，康菲公司溢油，中石化事故、天津港重大事故等环保组织与媒体角色与功能探索；环境风险预警的媒体责任问题，例如食品污染、重大疫情与公共卫生、征地毁田、水污染等；媒体社会动员的公共问题参与研究，等等。

---

① 李瑞农. 环境新闻的崛起及其特点[J]. 新闻战线，2003(6).
② 许正隆. 追寻时代把握特色——谈谈环境新闻的采写[J]. 新闻战线，1999(5).
③ 唐海江. 试析当前环境报道中的舆论引导[J]. 新闻知识，1999(11).
④ 颜莹. 论新闻记者的环境意识[J]. 环境保护，2003(8).

(2) 传播与研究方法创新。媒体传播从单一信源扩展到多个来源，从依赖政府机构到从多个社会线索中获取信息。环境新闻的传播也不再是简短的政府活动、会议、讲话之类，而是拓展到各种题材特写、调查、来信等。作为跟进的研究领域有了开拓，过去的相关研究偏重于质化、定性分析，追随政府的单一消息来源，对新闻报道往往作出简单化、静态化描述，鲜有创新。但近年来面对层出不穷的新问题，不少成果有了很多实证研究，这包括文本取样分析以及田野调查两个方面。前者将很多权威报纸作为对象，针对某一阶段的报道内容进行具体研究，如对《人民日报》、《南方周末》、《中国青年报》等报纸的抽样分析；后者走进事实现场调查，获取大量第一手资料，如走访怒江建坝现场、调查番禺垃圾处理抗争业主等。很多社会学、数学、统计学手段在这些研究中得以体现，使结论更有说服力。

(3) 环境问题得以深度揭示。随着环境问题引发的矛盾冲突增多，媒体报道提供了鲜活的事实，作为环保传播研究的对象。这就能够帮助研究者多方面关注环境问题，首先自己要知晓、懂得环境问题的复杂性和广泛联系，不再简单地以非黑即白的方式判断是非。例如在对污染事件报道的研究中，能够跳出单纯的业务视野，看到环境报道不能仅仅简单报道眼前发生的现象，还要按照新闻规律的要求，分析其背后深刻的社会和历史原因，并提出有效的对策，反映环境保护由浅入深、由表及里、由现象到本质的变化。由此从政治体制、文化传统、外来思潮、经济增长等因素分析问题，使得研究成果更为多样化。

如表 0－3 所示：

表 0－3：部分学者的中国环保传播研究成果(1999—2012)

学　者	研究年数	成果数量	关　键　词	侧重点	研究对象
程少华	3	5	环境新闻、环境生态	业务分析	环保报道
张　威	2	1	绿色记者、环境新闻	介绍	环境记者
李瑞农	3	1	环境新闻	业务总结	环境记者
王莉丽	4	3	环保传播、环保组织	介绍	环保报道
许正隆	3	1	环境新闻、环境记者	业务总结	环境记者
贾广惠	13	36	环保传播预警、环保 NGO、公民社会、消费主义等	问题批判	媒体传播

根据分析可知，近年来中国的环保传播研究者对西方和本土的环保传播都作了一定的开拓，都针对自己所关注的领域和方向作了研究，推出了一定数量的成果。这就形成了西方—中国两分的研究对象，至于西方的经验特别是理论转化为多少实际的可应用的成果，还有待于实际检验。而在相对短时间内总结两方面的环保传播研究，既要看到取得的成就，也不能不涉及其中存在的问题与缺陷。

三、环境保护传播研究中存在的问题

承上所述，环境保护传播研究主要存在两大问题：首先，对西方研究停留于引进的静态描述而本土化建构不足；其次，对本土研究缺乏深度思考和人文关怀，整体存在一个研究断裂的问题，即脱离实际而且数量不足，难以有效呼应现实需要。20 世纪 90 年代末的环境剧变促使政府和社会对环境问题作出反应，这种反应其实和其他外来刺激一样，类似于一种近代中国被打进现代化的"刺激—反应"模式[①]的窠臼，体现为被动应急，环境新闻就在这样一种被动的状态下频繁地进入公众视野。环境保护传播研究也是基于被动而出现的反应，从积极角度看是"文章合为时而著"，但由此要看到环保传播研究存在的几个问题，这些问题不仅很少被意识到，而且还在继续发展。

1. 介绍描述过多

主要有两个方面的问题：一是对于西方环境新闻的研究局限于梳理介绍的层次。对美国"环境新闻学"介绍性成果颇多重复，以及反复的梳理介绍；二是环保传播论文过多对环境问题进行描述而非分析的"八股文"泛滥。这一类文章总要把环境形势罗列很多，甚至占到一半篇幅，最后才是一点分析论证。近年来有些学者和记者对于环保传播研究很少去寻找发现问题，而是满足于梳理现象和事实，不关心现实问题。在收集的有关针对本土的环境新闻报道论文中，大部分都有这样的缺陷。近年来一些记者在期刊发表的业务总结式论文也是这样一个套路，例如有的记者因为参与了"中华环保世纪行"几次采访活动，就在《治淮倒计时报道亲历记》里复述记者 1999 年 12 月 31 日 23 时参加淮河水变清的仪式场景的观察。由于缺乏深入的采访体验以及不愿深度思考，导致在业务总结中

---

① 路克利. 论费正清研究马克思主义中国化的"刺激—反应"范式[J]. 毛泽东思想研究，2011(9).

就事论事，只是叙述事实和总结事实，缺乏高屋建瓴的思想观照，研究显得比较肤浅。此外，环保传播领域的著作也有类似的问题，2005年出版的《绿媒体——中国环保传播研究》[①]，应该是国内较早针对中国本土环保传播的专著。该书从第一章到第三章基本是事实陈列，第四章到第五章提出环保传播中的一些问题和困难，解决对策主要罗列单位、媒体、组织等，缺乏鲜活的、实际的解决思路和办法。此外，《中国环境问题的新闻舆论监督研究》[②]汇编了相当多的环保资料，独创性研究很少。

2. 对环保及传播的误解

绝大多数人并不愿意了解关心环保，却喜欢对此指手画脚。在一些探讨环保传播如何改进的论文中，作者多会指责环境新闻记者把经济发展与环境保护对立起来，好像要环保就不能要经济。但这是作者为了自己批判的"需要"而指责。一位作者批评：在经济发展与环境关系的宣传上，一些记者简单地将"环保"与"饭碗"、生态保护与经济效益、可持续发展与环境保护完全对立起来，提出"宁愿经济零增长，也要回归自然"等错误观点；这些报道割裂了人与自然、发展与保护的良性互动关系，造成我国环境新闻报道的某些观念偏颇，影响了受众对科学发展观的正确理解与接受[③]。作者根据很少几篇环境报道就批判记者报道的片面性，却对此缺少有效分析，到底是哪些报道造成了以偏概全则闭口不谈。实际上与长期脱离现实生活、闭门造车的研究者相比，很多在采访一线的环境新闻记者往往对现实更为了解，有长期的现场观察体验，对于环境破坏有深刻的疼痛感和时不我待的急切感，希望以触目惊心的事实唤起关注，促进问题尽快解决。可是批评者不管这些，他们只看到报道者没有"一分为二"地、辩证地看问题而出现了偏颇。评判者喜欢站在认识优越感的高地，居高临下地批评，尽管他们没有实际体验，没有对于环境生态的真正关心和爱护，这样的研究难说有什么益处。由于很多人对环保传播研究缺乏持久的关注热情，不能从历史的、发展的思维看待环境报道，难免以想象代替分析，以个别代表一般，以偏概全，否定环境问题的揭示，助长了认识的偏见。

3. 缺乏应有的人文关怀

部分研究者对于环境生态恶化的现实麻木冷漠，只是有着得心应手的技术

---

① 王莉丽. 绿媒体——中国环保传播研究[M]. 北京：清华大学出版社，2005.
② 王冬梅. 中国环境问题的新闻舆论监督研究[M]. 北京：中央民族大学出版社，2011.
③ 郭慧. 科学发展观与环境新闻报道[J]. 新闻战线，2006(4).

理性和明显的功利主义。这在环保传播研究论文中比较常见,作者会貌似正确地分析,讲起来头头是道,分析环境问题传播缺陷好像都是别人的问题,环境恶化与自己无关,尽管每个人都受到了环境侵害,例如开车加剧拥堵、无度的一次性消费和奢侈浪费等。作为知识分子具有的责任感、使命感越来越稀薄,而"知行合一"更是被弃之如敝屣。环境保护传播研究与其他研究的一个很大不同在于作者的参与意识与行动应该统一和落实,体现一种人文精神。以下的批评既是针对媒体记者,也是指向研究者的:"如果一个城市长期笼罩在雾霾中,而媒体失声;如果农田被污染导致绝收,农民哭诉无门时,作为社会公器的媒体在这当中毫无作为,是不是侵犯了大多数人的社会福利?可以肯定的是,环境保护是一项需要全社会共同参与的事业。如何进一步促进全社会整体环保意识的提高,真正变为全社会的行动自觉,则是环境传播面临的一大挑战。"[①]环境污染严重,社会中少数精英善于隔岸观火而自己却置身事外。环境保护传播研究不能躲进书斋静态分析,而应走入现实调查、访问、体验甚至参与,提升人文关怀,增进研究的真实感和责任感。

4. 难有持久的兴趣和热情

在这个领域的研究者群体中,70后学者占到了80%以上,但他们的研究兴趣飘忽不定。根据胡翼青的统计和分析:"多数研究者只在这一领域发表过一篇文章,只是这一领域中的匆匆过客,甚至连发表两篇以上文章的研究者都很少。这可以说明两个问题:一方面,这一领域几乎没有自己的学科壁垒,谁都可以研究;另一方面,这一领域没有继续吸引深入研究的潜质。根据我们的统计,在学者中,只有王积龙、贾广惠、张威、邓利平、程少华、蒋晓丽、吴定勇、颜春龙和郜书锴等少数几位学者发表了两篇以上的相关论文。在这些学者中,王积龙和贾广惠发表文章的数量最多,分别为22篇和16篇,分别占所有文章总数的16.3%和11.9%。"[②]比如张威,只是在研究西方传播学的同时,附带关注了西方尤其是美国的环保传播,而且从其发表的论文时间来看,主要集中于2004年到2008年之间,之后就没有相关论文了。从研究者的兴趣方向看,他们大多都有自己的专门领域,兴趣本不在此,很多人对此都是偶一为之,缺乏应有的兴趣,也很难在这个领域体现出知识分子应有的责任担当,更谈不上亲身参与环保领域

① 徐静.媒体在环保传播中的行动自觉[J].新闻窗,2008(3).

② 胡翼青,戎青.生态传播学的学科幻象[J].中国地质大学学报(社科版),2011(3).

做出实际贡献。

5. 视野狭窄，缺乏研究深度

有些人不是出于兴趣爱好或者社会需要去做研究，而是带有一定的功利性，因为“环境生态”是个热点问题，研究有利可图。在缺乏兴趣的前提下，往往是看到什么就做，仓促下手，只触及皮毛。从一些研究者的成果来看，事实也是如此[①]。这里有两个值得警惕的问题：一是跟进“热点”研究变得非常时髦。当一个事件发生之后，各种媒体大量传播，研究者也趁势跟进，在事件处理尘埃落定之后，就开始收集资料进行“事实陈述＋理论解说”式的总结论证。由于研究的问题时效性强、材料新鲜，就很容易发表。至于所得出的结论是否经得起时间检验，就再也不管了。例如对于厦门PX化工风波的研究就是看不到这场利益博弈背后的复杂性；至于番禺垃圾处理反焚烧事件，也被有些研究者过度阐释为：新媒体的胜利，其实事件的背后是业主的身份作用，大批的中产阶级维护切身利益，动用了可以调用的一切资源，迫使地方当局让步，但有关研究却回避了这些关键要素。二是过度迷信新媒体的作用。一些研究者把环境事件的揭露和处理归功于网络的神奇之处，例如云南陆良化工事件、渤海康菲溢油事件等，他们认为网络一揭露问题，地方政府就迅速行动，显示了网络的强大干预功能。而事实上，网络的确具有信息及时传递的功能，至于信息传递之后会怎样，网络往往无力干预，这要由权力部门出面做出根本性的改变。同时需要看到的是：环境问题不同于其他问题的一个特殊之处在于它的长期性与隐蔽性，今天很多的环境危害是经历了数年甚至几十年积累造成的，而相比之下，国内的研究者接触这一课题的时间太短，不是不能研究，而是需要以深厚的积累和大量资料的占有为基础。

综上所述，从总体分析得出一个初步的结论是：近十年来中国环保传播研究存在数量过少、研究断裂、缺乏理论建构和跨学科研究的不足。研究成果在逐年增多但增速仍然比较缓慢，跟不上现实需要；虽有一定的应用性但是理论总结不够，还缺乏应有的独立性。环境保护传播研究显然需要跨学科的视野，由此一个紧迫的要求是研究应如何使环保传播不仅反映环境事实，还要进行风险预警，引导风险化解，以体现时代性，把握规律性，富于创造性。

① 郭慧. 科学发展观与环境新闻报道[J]. 新闻战线，2006(4).

四、相关理论资源的引进与应用

在环境风险不断扩大、事故威胁凸显的形势下，大众传媒一直进行着被动的反应，影响着人们的认知，进而改变着人们的行动，西方相关理论得以发挥影响。一种因环境影响产生的社会运动影响巨大，这种运动与以往传统政治性集体活动性质不同的是：他们是为间接或直接的公共利益而聚集行动。这种运动既是传媒报道反映的对象，又是传媒环境事实披露激发的结果。对于中国几十年发展带来的诸多令人担忧的环境后果而言，主体精英倡导、民众参与已经在呈现与以往不同的表现形态。这又是在西方民主思潮，尤其是西方环境运动激发和示范下的“模仿”行动。如果“言必称希腊”，又需要找到影响本土实际发端于西方的运动源头。在环境领域，的确是西方工业化引发环境问题继而引起抗议带来了观念变革。

1. 环境运动理论与表现追溯

环境公共运动理论是基于对工业化破坏自然的反思。虽然西方不乏尊重自然、爱惜生命的理论，但是文艺复兴以来，培根与洛克的征服自然、利用自然的思想占了上风。到了美国19世纪中后期，梭罗、罗尔斯顿等人开始批评工业破坏环境造成污染，提出“大地伦理”、“环境正义”等观点；作为世界上“最自由”的国家，美国资本主义在两次世界大战中大发战争财，成为世界经济霸主，经济水平占据第一。物质富足的美国忘乎所以，各种挥霍污染达到登峰造极的地步。但到了1962年，生物学家蕾切尔・卡逊出版了《寂静的春天》，揭露了美国化学工业生产大量剧毒化学产品，农业中滥用杀虫剂造成极大危害，引爆了民众的不满与愤怒（对越战的批判与资本肆意污染的痛恨），一种原以为幸福实际处于被蒙蔽和欺骗之中的错觉终于被揭开[①]。1970年4月22日，全美国有2 500多万人在2 000多所大学、10 000多所中小学及2 000多个社区举行了游行、集会等各种形式的环保活动，吸引了媒体关注，这一天后来被确定为“地球日”。这一场声势浩大的抗议、游行促成了规模性、持续性、广泛性的公共运动。在传媒全程跟踪极力报道之下，环境运动影响了美国，也传输到了欧洲、亚洲，尽管中国其时还

---

① [美]阿尔・戈尔.前言，引自[美]蕾切尔・卡逊著，吕瑞兰、李长生译《寂静的春天》[M].吉林：吉林人民出版社，2004：11.

处于"文革"的动乱期,但世界大多数国家由此感知了美国的环境运动,将其定位于一种非专业性运动,虽未赋予其深厚的"公共性",但公共意识随之逐步扩大了。

由此人们开始反思,政府中的决策者可能会被少数人的利益所引导,从而忽视甚至损害多数人的利益,寻租活动在政府行为与过程中普遍存在。基于"主权在民"的思想认识,一场由民间自己发力的行动,借助于环保展示在世界舞台上。由美国环境运动掀起的世界范围内的环境保护浪潮,掀开了人类历史上维护公共性的新篇章,环境领域的公共运动开始壮大。其中世界上最著名的绿色和平组织与自然基金会,为公共运动作出了示范。

绿色和平组织一直以激进的姿态参与环保行动,它号召世界各地志愿者针对环境污染开展抵抗与破坏的行动。20 世纪 80 年代以来,它抗议日本的非法捕鲸行为,多次派船跟踪和拦截罪恶的捕杀鲸鱼作业,并不惜以命相搏,都无一例外得到了西方传媒关注。随着绿色和平组织进入中国,带动越来越多的志愿者开展抵制海南、云南种植桉树而毁掉海防林木红树林的行动,通过媒体传播使社会意识到了它的积极作用;又参与到抵制怒江建坝行动,以及其他地方污染项目的反对抗争中,虽然该组织屡战屡败,但它仍在坚持环保理想与行动。与绿色和平组织不同,自然基金会走的是温和的环境宣教一途,它将主要精力放在提供各种各样的环境宣传、教育活动中,重点实施于学校与社区,吸引人们参与。在与传媒合作的进程中,两大组织一直为培养环境观念和公共参与而持续努力,这在后发国家引发了观念变革和实际行动。例如中国受其影响,1994 年由梁启超之孙、梁思成之子、历史学者梁从诫发起创立了国内第一家民间环保组织——"自然之友",随后"绿家园"、"中国地球村"、"大众流域"等全国性、地方性环保组织纷纷成立,这些组织都在积极开展环保活动,扩散着环保的观念与活动。

在西方尤其是美国的环境运动影响下,中国环境领域的公共运动在民主思想影响下有所反应,但不如美国那样声势浩大、波澜壮阔,它往往只是对一些违法行为、项目、工程危害环境生态的应激反应,而且只局限于地方和一个短暂的时期内。这就是费正清描述的中国现代化的"刺激—反应"模式①。从刺激角度看,往往是地方政绩工程对环境生态形成侵害,激起公益维护者和直接利害方的抗争。这是明显区别于西方的一个特点。生态环境破坏日趋严重,民间环保组

① 路克利.论费正清研究马克思主义中国化的"刺激—反应"范式[J].毛泽东思想研究,2011(5).

织率先发声，掀起了抗议行动。随着网络的迅速发展，网络围观、微博微信转发等新形式的公共运动呈现了虚拟化特征。受此影响，微博与“社区”成为新兴的公共领域，运动也迥然有别于现实的、实体的公共参与，这一种看不见的群体行动也可归之为公共运动。

值得注意的是，中国实体形态的公共运动正在被这种网络形成的虚拟评论、围观所遮蔽。网络“围观”形成数万人数十万人甚至更多参与者的形态，成为一种新的公共空间的参与运动。网络围观产生舆论，舆论形成压力，其中围绕公共利益而展开的是公共运动，否则就不是，因为它或陷于看热闹，或流于挖隐私而滑向低俗。“实体性集体参与不如网络集聚发言效果突出，既由于人们害怕现实参与的风险，又缘于网络介入方便快捷和较低成本，网民数量更为庞大”①，偏向于虚拟空间发声，减少现实的行动也有问题。现实行动的能力有弱化的迹象和趋势令人忧虑。“知易行难”是一大问题，虽知坐而论道不如起而行之，但大多数人容易满足于空谈而怯于行动，人们在直接利益不受侵害的情况下袖手旁观、评头论足而没有兴趣直接参与。在当前转型的社会中，因这种原因积累了越来越多的公共问题，环境污染是其中最为典型的被遗弃的对象，生活场景中看得见的浪费污染行为与结果被人视而不见，又受“不在其位，不谋其政”的消极心理影响，对该负起公共责任的事情无动于衷、冷漠麻木，导致“囚徒困境”的发展。基于此，环境领域的公共运动仍然要启动，要扩大。

2. 风险社会理论及应用

随着二战之后工业化快速推进，一系列问题特别是环境公害震惊西方社会，对环境生态的反思多了起来。鲍曼(Bauman)、利奥塔(Lyotard)、哈维(Harvey)、哈若威(Haraway)使用的“后现代性”(post modernity)，吉登斯(Giddens)使用的“晚发现代性”(late modernity)，阿尔布鲁(Albrow)使用的“全球时代”(global age)，吉登斯、拉什(Lash)使用的“反思现代化”(reflexive modernization)等概念都在从社会学视域考察社会变迁，但是他们都没有精确地使用“风险社会”这一概念。只有到了德国社会学家贝克才使用“风险社会”这一概念，论述后工业社会孕育的巨大危机。作为致力于生态启蒙的学者，贝克侧重于对过度工业化导致的严重危机的考察。他提出了现代社会面临的各种风险，

① 黄升民.数字传媒时代家庭与个人信息接触行为考察[C]//全球传播前沿对话[A].上海：上海交通大学出版社，2010：173.

认为现代社会就是一个风险四伏的社会，在发达的现代性中，财富的社会生产系统地伴随着风险的社会生产；针对社会普遍的麻木和享乐，他发出警告："在现代化进程中，也有越来越多的破坏力被释放出来，即便人类的想象力也为之不知所措。"①进入工业社会，工业化制造了人们难以预料的风险，理论界以往确实很少注意到这个问题，社会也缺少一种应有的警惕。

除了贝克，很多西方学者进一步拓展这个领域，并且社会风险传播与放大机制的研究涉及了媒体传播、社会心理机制、利益关系介入、人与自然的互动等方面。他们建立了一个比较完整的多学科的理论分析框架，并且运用该理论框架成功地解释了技术风险、生态风险、经济风险、政治风险等多种社会风险的传播与放大效应。现在，在源头上贝克的风险社会理论得到了广泛的认同，特别是全球变暖的危害震撼人心，迫使人们要认识现实；而中国仍然陷于现代化的迷思，快速推进的工业化、城市化正在验证着百病丛生的风险后果。如果说传统农业社会存在的风险——旱涝、战争与自然灾害等只是低密度和容易自我修复的，而现代孳生的风险则复杂多了，无理性的工业化、城市化导致了社会的脆弱性无以复加，叠床架屋的机构设置应对与任意破坏既制造着连绵不断暴露的和中长期潜伏的风险，又让未来变得吉凶难测。因此，对于学者而言，最重要的不仅仅是理论引进，还应分析当前传播中存在的问题，针对亟待解决的问题提出既能够指导传媒也可以促进治理的对策，发挥实际的警醒和引导作用。简言之，借助于风险社会理论，传媒所要达到的目的是预警，提供可参考的有指导意义的信息。如何在具体环境事实变动中，体现预告、警醒的功能确实需要进行思考。

3. 公民社会理论的引进拓展

国内一些学者自20世纪90年代开始了"市民社会"理论的引进，在中国本土落地生根之后演变为"公民社会"概念和相关拓展研究。公民社会的要害在于发展民间组织，参与或替代政府部分职能。按照郁建兴的分析，中国公民社会研究分为两个主要阶段："第一个阶段从1992年起至上世纪末，此阶段围绕着中国是否存在一个公民社会，能否建构一个公民社会以及公民社会与社会主义现代化之间的关系等问题，学术界进行了较为广泛的争鸣。第二阶段从世纪之交开始至今。这一阶段的公民社会研究表现出明显的新特征：公民社会继续作为一种理想范式被讨论和引证；与此同时，公民社会的政治社会学研究获得了极大的

① ［德］乌尔里希·贝克. 风险社会学[M]. 南京：译林出版社，2004：17.

发展，非政府组织、第三部门等概念超越学术界而为普通群众所接受。”[①]在中国社会转型期因为公共问题空前增多，显示出公民社会需要介入其中的急迫性和重要性。国内一些政治学、社会学、管理学、法学等学科出身的学者如邓正来、俞可平、何增科、郁建兴、郇庆治、贾西津等人从事着公民社会的研究。这些学者从不同的层面对公民社会做了探索，分为国外理论的分析解读和国内现实问题的解析两个大的维度。

公民社会的理论逐步本土化。邓正来关于国家与社会的良性互动说[②]、俞可平与何增科的民主参与说等是其中的典型观点。其中邓正来的学说最有代表性，他认为国外关于市民社会与国家的关系，大体可归纳为两种截然不同的架构：一是以洛克为代表的自由主义者的“市民社会先于或外于国家”的架构，它的本质是市民社会决定国家；二是黑格尔所倡导的“国家高于市民社会”的框架，它肯定了国家对于建构市民社会的积极作用，但在某种程度上否认了市民社会对于建构国家的正面意义[③]。需要注意的是，虽然他们有不同的研究方向，但是都几乎没有重视传媒在带动公共参与和公民社会建构中突出的引领作用，至少没有给予充分的关注。“第三部门的研究正是专注于对社会自治性团体的研究，对社会社团的基本结构、从业人员、对政府社会影响能力和服务能力等的基本能力。”[④]公民社会建构需要传媒为主导的公共治理，其中环境领域的问题又最为典型，环保传播应当引导社会的广泛的公共参与，带动第三部门与传媒的协作治理。

公民社会理论的本土化主要是研究怎样由传媒组织和开发人力资源，促进公共参与环境治理。公民社会在中国特殊的语境中指的是与国家或国家的代理人相对应的民间领域，它由公民及公民自发形成的各种民间组织和社区组成。通常认为，现代公民社会应该发展出这样一些基本特征：个人本位，也就是说公民在现代社会体系之上具有自主行为的能力；自治精神，公民对自己的言行和公共事务表现出强烈的责任感，通过各种社会组织进行自我管理；公益观念，包括慈善精神、志愿精神，自觉履行社会责任，对公共事务可以舍弃自身利益；社团主义，即公民通过各种社团积极参与社会生活和社会事务；法制原则，公民或市民

---

① 郁建兴，周俊. 中国公民社会研究的新进展[J]. 马克思主义与现实，2006，37.

② 邓正来. 国家与社会[M]. 北京：北京大学出版社，2008：12.

③ 刘振江. 中国市民社会理论研究综述[J]. 当代世界与社会主义，2007(8).

④ 李熠煜. 当代中国公民社会研究评述——兼论公民社会研究进路[J]. 北京行政学院学报，2004(2).

社会建立在法制基础之上，其各种社会关系都是严格的契约关系。这样看来，公民社会的发育和法治环境的完善有很大关系。传媒是推动本土化的枢纽，公民社会应该按照以上几个特点去发展。

进一步看，公民社会的本土化需要借助于民间力量，或者说民间团体就是它的生存发展根基所在。在环境领域，环保 NGO 是公民社会具体的体现，表现为个人在环境生态方面能够自我管理、促进公共利益的维护，也同时彰显了公民个人的正当权利。公民结社形成团体的力量，可以更好地凝聚和激发民间的创造性和开拓性，让个人创造有了可以依托的平台，培育自下而上的力量，推动社会的改造。问题的关键是怎样去发挥环保 NGO 的作用，进而推动公民社会的成长，这离不开媒体的扶助。

4. 消费主义意识形态批判

作为一种外来不良思潮，消费主义不仅在瓦解中国传统的“俭以养德”、“勤俭持家”的优秀文化，而且其通过大众传媒，正在造成中国越来越大的环境恶果，当今的交通拥堵、雾霾、垃圾围城、水污染、慢性病与绝症上升，都与消费主义造成的污染直接相关。而对应消费主义批判的理论在西方思想家中应该追溯到西塞罗、达·芬奇、马克思、梭罗、凡勃伦、弗洛姆、利奥波德、阿多诺、马尔库塞等人，后现代主义中以批判学派为代表，对人因过度消费造成的异化做了尖锐的揭露。东方关于消费批判的学说起源于老子、墨子、荀子等文化圣哲。西方学者注意到了工业革命和经济发展带来的贪欲膨胀与奢侈浪费问题。弗洛姆指出，占有欲不仅使人异化，而且它还使我们无视这样一个事实，即自然宝藏是有限的，终有一天会消耗殆尽的。历史学家汤因比等人也批评说：“在所谓发达国家的生活方式中，贪欲是被视为美德受到赞许的，但是我认为，在允许贪欲肆虐的社会里，前途是没有希望的。没有资质的贪欲将导致毁灭。”①

中国哲人以墨家、道家、儒家为代表共同提出了“天人合一”、“俭以养德”等丰富多样的学说、论断。持有节俭与爱物观最突出的是墨子，他强调节俭服饰、节俭饮食、节俭住行，提出了“俭节则昌，淫佚则亡”的观点。他本人更是身体力行，勤苦劳动和创造，是一位多才多艺、内外兼修的圣人，却被后人诬蔑。中国长期的小农经济，不能不实行节俭，不能不勤俭持家，几千年的节俭文化积淀，成为世界共享的宝贵文化遗产。农业文明下人们的消费方式是由于生产力低下而长

① 王诺. 欧美生态文学[M]. 北京：北京大学出版社，2003：58.

期演化形成的一种依存于大自然运行的“衣食足而知荣辱”、量入为出、勤俭持家的发展模式。这正如荀子在《劝学篇》里面所描述的:“假舆马者,非利足也,而致千里;假舟楫者,非能水也,而绝江河。君子性非异也,善假于物也……”农业时代人们即使出门远行也尽量利用江河的舟楫之便。这是自觉遵循“天人合一”的原则去行事,尽量不破坏自然系统,可以说是善于因利乘便,又激发了人的智慧,两全其美。这方面的总结还应该深化,提炼出人类普适性的遵循自然规律的真理指导人类发展。

而在一个解决了温饱、生活追求舒适和奢侈的当代中国社会,以上消费传统几乎土崩瓦解,被抛弃、嘲笑和驱逐。挥霍浪费、无聊攀比、为他人评价而活着成为最真实而无所掩饰的众人面相。这造成了极为严重的问题,引起了美学家、人类学家、社会学家的关注。借助于法兰克福学派阿多诺、马尔库塞、贝尔等人的批判理论,很多人展开了剖析。目前国内长期进行消费社会学研究的学者主要是尹世杰、王宁、陈昕等人,进行文化批判的主要是陶东风、王岳川、秦晖等人。在当代学者看来,传媒与消费主义共谋造成了一个沉湎物欲的世界,拼命消费、及时行乐成为普遍奉行的人生准则,而这在造成了人的沉沦的同时,也把因浪费导致的环境危机推到极致。

相比之下,从传播学领域研究这一课题的还不多,但消费主义及其后果又和传媒有着密切的关系,主要是由于传媒成为消费主义的传播渠道,几乎一切消费主义的病症都是由传媒散播的,主要由它充当所谓“时尚”与“先进”的推手,却并不对环境污染资源的后果负责。有的学者据此提出应该称之为“传媒消费主义”,就是指传媒与消费主义的结合,为了资本的需要当然也是满足自身获利的冲动而大肆宣扬具有消费性的新闻,如娱乐化议题和大量依赖广告的传播。那么传媒到底在消费主义的意识推广和落实中起了哪些负面作用,造成哪些隐性危害,扭曲了传媒的哪些功能职责,传媒应该承担哪些具体的引导功能等问题,都亟待跟进研究,以弥补学术之不足。

除了西方公共运动影响刺激了中国的环境领域的公共参与之外,环境保护传播研究对西方环境新闻教育和本土业务有所开拓,还需要借助于新的理论资源来开阔视野提升研究深度,以作为重要的支撑。风险社会理论、公民社会理论与消费主义意识形态等三个理论需要得到关注和走向本土化。环境公共运动显然已经呈现了网络化与现实行动的复杂互动,风险社会理论指向的是传媒预警,公民社会理论涵盖了公共参与、公共治理与环保 NGO 行动,消费主义意识形态则是指与传播助推奢侈浪费有关的问题批判。

以上内容回顾和分析了十几年来国内有关环境保护传播的概况，特别是有关研究者的成果。从整体看，有了初步的开拓，能够有效介绍引进国外特别是美国的环境运动、环境新闻、环境新闻教育等领域的内容，对唤起国内相关研究很有帮助，下一步可以借助于西方的理论和经验进行针对性的研究及参与。在国内环境新闻发展起来之后，也有一些业界和学界的业务总结及试图利用理论进行的解释，对于实际问题有启发意义。由此就形成了一些可喜的突破，具有了一些成果和特点，值得肯定。同时正因为这种初步的、不深入的研究和人员队伍不稳定等原因导致了一些值得反思的地方。通过相关问题的大致分析，可以看出，有些总结还是粗浅的和不完整的，环境保护传播研究涉及的内容和角度还有很多，这方面的总结批判还有待于多方面的深化挖掘。随着环境问题的凸显和国家层面继续落实"生态文明建设"，有关传播研究成果将会更加丰富多样。但是基于目前的研究现状分析，我们认为，偏重于西方的环境新闻教育或者环境新闻报道的研究应该摆脱介绍性、总结性的局限，努力朝着本土化、创新性方向开拓；同时，关注于本土环境问题的研究，应该从具体点切入研究，以小见大，需要深厚的知识基础，以及对广阔的社会现实的了解把握，还应有纵向的环境发展问题的认知，运用适当的理论资源，去分析新的问题，得出符合实际的结论，提出具有可操作性的对策，这是中国环保传播研究的一个基本要求。

第一章　中国环境保护传播的发展脉络

通过对十多年积累的大量资料梳理发现，能够详细、完整描绘中国环境保护传播脉络的文章寥寥无几。对间接的多篇报道和书籍内容进行整合，才能大致勾勒出其粗浅脉络。从政治宣教到经济鼓吹，再到偏重刺激娱乐，其内容的主要特点是：环境保护传播以传媒为主体，从少到多，从清洁卫生、工业“三废”到触及企业、政府、个体的批评逐渐深化，宣传让位于报道，内容丰富，形式多样，领域扩大。基于其丰富繁杂的内容，要完整呈现环保传播样态是很困难的，只能从环境发展现实入手进行重点的简略勾勒。

中国经济经过几十年奋力赶超，取得了震惊世界的成就，不仅仅“以占世界7%的土地养活了世界21%的人口”，而且经济增速、财富积聚世界领先，2010年经济总量就跃居世界第二；同时社会各项事业蓬勃发展，人民普遍摆脱贫困，过上了小康甚至富裕的生活，各项物质指标都较改革开放之前有了令人震惊的巨变。这是值得肯定的伟大成就。

但是，这种工业化加城市化发展模式应该一分为二地看待。在现代化梦想看似成真的炫目的光环背后，却潜伏和已经暴露出难以忽视的危机与风险。从环保角度看，经济增长伴随着资源浪费与环境破坏，增长越高，破坏越重。在诸多为人所知的突发性事件体现出的危机的同时，以自然灾变为特征的环境生态危险正在增多和加重，不以人们的美好愿望为转移，在造成普遍的健康伤害甚至生命被无情剥夺背后，让社会真切感受到环境污染及其隐藏的灾难。环境毒害已经从遥远的他乡逼近到眼前：江河湖海的水质恶化，土地沙化与良田剧减，冰川融化与雪线上升①，工业“三废”深度侵入城乡，重金属污染土地导致“血铅”与“镉米”及各类慢性病爆发，城市机动车尾气剧增与垃圾未能资源化导致污染城

---

① 安成信. 荒漠化是全球性生态环境问题[EB/OL]. 中国防治荒漠化基金会网，http://www.china.com.cn/environment/txt/2002-12/24/content_5251577/2009-12-30.

乡，雾霾严重与“垃圾围城”使慢性中毒突出；沙尘暴与食品污染、强拆与毁地运动等因素叠加，中国的环境危机比以往任何时候来得巨大和持久。各类危害通过大众传媒不断地呈现，人们生活在一个传媒世界中，通过环境信息形成现实认知：一个污染加重的社会令人不安。

图 1-1：中国近年来的 GDP 增长趋势(1991—2012)

环境污染显然是个不速之客，是急速发展的中国并不欢迎、却最终被缠住而不得不关注并试图进行有限治理的对象。但是，环境污染伴随着现代化和消费主义迷梦，使得社会中有相当多的人将环保视为权宜之计而不放在心上，不顾环境风险正以自然的、社会的各种灾难呈现。灾难会无情地摧毁人们积累的享受的一切，验证着自然冷酷的报复。大众传媒作为社会瞭望哨一直在进行各种预告和反映，但目前仍未能有效纠正普遍的麻木不仁。中国环境保护传播面临着各种因素混杂并不断推高的环境风险，这是一个危机四伏的生态破坏和社会困境相互交织的现实。

第一节　中国环境问题的媒体呈现

一、工业化赶超带来的污染与破坏

中国环境保护传播面对的是具体而又繁杂的环境问题，是历史欠债积存的后果。这种积存表现在：首先，中国几十年的现代化是一种压缩式发展，环境问题因治理拖延而持续、集中地爆发，引起中外有识之士的深层忧虑。其次，从几十年工业化发展积累的危害后果衡量，人民身体健康受到环境恶化的毒害，机动车尾气污染与雾霾、食品污染（“速生鸡”、“皮革奶”、“地沟油”等）、“垃圾围城”、水质污染等事故层出不穷，城市人群的慢性病发病率与亚健康数量上升。再次，环境事件集中爆发，突发环境灾难上升，如爆炸、环境群体性事件突出。这些由传媒揭露的事件说明了环境风险无时无处不在，中国存在着暂时难以消除的环境风险。最后，事物发展有因有果，现在的结果从工业化起源追溯会看到一些值得思考的问题。

（1）20世纪50年代全面引进的苏联重工业发展模式有利有弊，其弊是环境危害至今未能根除。新中国成立之际，满目疮痍，百废待兴，又面临西方经济封锁，工业几乎空白。中国革命依赖苏联，新中国成立后急需援助，“一边倒”学习、接纳苏联模式成为必然选择。于是中国社会主义工业化模式几乎全盘照搬了苏联的赶超型经济发展模式，即倚重重工业优先发展，建立起多门类工业体系。全国大城市优先建设了钢铁、机械、化工等“三高”（高耗能、高污染、高投入）企业。从1952年起，东北、西北、北京、上海等地先行建起了重工业，到1956年苏联单方面撕毁援建条约时，156项工业企业（其中不乏军工企业）已经发展起来，初步建立了门类齐全的大工业体系。

（2）重工业体系在大城市建立起来，但是缺乏其他产业的匹配，影响了经济发展质量。“重工业、轻农业；重城市、轻农村”成为一项长期执行的政策。温饱问题在新中国成立后几十年中一直成为一个难题，在政治运动干扰下，工农业发展在畸形、扭曲中步履蹒跚。

（3）发展重工业带来了污染，但是没有给予足够的重视。“一边倒”地学习苏联，没有注意到这种重工业虽然效率高，但是能耗大、污染重、难持续，这在当时的背景下难以引起警觉。苏联最初的“余粮收集制”、“配给制”等战时共产主义政策的实施，让它战胜了巨大困难，在20世纪20年代后期开始实行第一个“五年计划”，1928年实现了集体化和工业化，国力迅速上升。二战之后，凭借强大的经济和军事实力，苏联继续称霸世界，成为与美国抗衡的超级大国。但是苏联的工业发展现在看来问题很多，即高度集中的计划经济不是良好的制度；同时重工业发展是靠拼资源、耗能源换来的，代价过于沉重，生产效率极为低下。由于苏联国土广阔，资源丰富，对于重工业的承载力强，所以在几十年中并没有充分暴露它的弊端。中国在全面学苏联的过程中，根本就难以顾及重工业的过度能耗问题，媒体也几乎不触及。在大庆油田发现和投产之后，中国甩掉了“贫油国”的帽子，胜利油田、中原油田、任丘油田等大大小小的石油开采区不分昼夜开挖、加工，向各地输送石油，满足工业需求，工业生产大干快上，污染就快速增长起来。

就中国当时的任务和宣传来看，就是要急于摆脱“一穷二白”的落后状态，多快好省地建设社会主义，在有饭吃的基础上，加速度追赶资本主义。这都有历史的必然性与合理性。但是50年代“左”倾冒进导致的错误决策下，掀起了人类历史上绝无仅有的“跑步进入共产主义”的全民运动，对环境的影响包括：

（1）对森林的破坏。中国大陆自从新石器时代就有了茂密的森林，占据了现代陆上版图的80%还多。但是，历代王朝修建宫室滥砍滥伐，以及战争摧残、长久屯边等造成了森林的破坏，“蜀山兀，阿房出，覆压三百余里，隔离天日”，这虽然是文学描写，但也反映出部分真实，每一个新兴王朝都会大兴土木，砍伐大片森林。

（2）对草原的摧毁。草原垦荒，加速了沙化。中国古代至今的沙化绝大多数是人为造成的，可称之为“人造沙漠”。战国时期开始，在草原上修长城、筑城堡、开荒屯垦，给生态环境造成了巨大的破坏，引起了流沙的出现。流沙在风力作用下，四处流动，面积越来越大，吞没草原、良田，就形成了沙漠。中国目前共有12个大沙漠，面积达110多万平方公里。新疆有4个，其中塔克拉玛干沙漠面积最大，达33万平方公里；其余8个都在内蒙古，巴丹吉林沙漠、腾格里沙漠面积都在4万多平方公里。根据本人带队的调查发现：目前两大沙漠在甘肃民勤有合围的趋势，民勤在未来30年有可能全部沦为沙漠。

二、人口压力造成的环境破坏

中国人口居世界第一造成了巨大的环境压力，但“人多力量大”的媒体宣传深入人心。自秦朝开始中国人口就以0.23亿人居天下第一，此后一直未被超越。“公元初即西汉元始元年人口近0.6亿。从汉唐到两宋，人口一直徘徊在0.6—0.7亿之间。”[①]由于自然灾害、地主阶级的压榨盘剥和战争的因素，人口反复波动，明清易代的大灾难（17世纪60年代）使人口从0.65亿人剧降到了0.32

① 刘湘溶. 人与自然的道德对话[M]. 长沙：湖南师范大学出版社，2004：32.

亿人。雍正推行的“摊丁入亩”刺激了人口猛增，“1736年人口突破1亿，1800年前后就超过了3亿，到了清朝末年达到了4亿多人。新中国成立后，人口再次快速上升，1958年6.6亿，1989年11亿，90年代末突破13亿”①，中国人口数量一直稳居世界第一。

如此巨大的人口，促使官方和民间对自然加强了索取。自从秦朝开始，在边境实施军屯、民屯制度，以维护边疆稳定和养活人口。汉朝、唐朝、明朝等朝代都是如此。清朝出现了规模性的焚林开荒和围湖造田行为。新中国成立后，特别是20世纪后半叶，有两次影响重大的开荒运动。

第一次是1958年“大跃进”。媒体在“大跃进”中提出了“破除迷信，解放思想”的口号，到处宣扬“人有多大胆，地有多大产”，亩产万斤、几十万斤粮的弥天大谎全国流传。受此影响，内蒙古提出了“要实现饲料、粮食、蔬菜的自给，就必须开荒种地”。于是从东到西，在内蒙古草原上大肆开荒种地，宣传“牧民不吃亏心粮”；同时，大量人口涌入草原开荒种粮，草原遭到了破坏。

第二次是“文化大革命”中“以粮为纲”、“农业学大寨”，过度强调粮食的重要性。这也源于当时中苏关系恶化，出现了边界冲突(1969年珍宝岛事件)。粮食成为重要的战备物资，“深挖洞，广积粮”的口号深入人心。1958年的草原垦荒，到此时更加扩张，大片的优质牧场变成了劣质沙田。

这两次大垦荒，给内蒙古草原造成了空前的大破坏，呼伦贝尔地区的遭遇很有典型性。呼伦贝尔草原是我国最好的天然草场之一。1958年，呼伦贝尔建立了25个自营农场，成为国家垦荒的重点地区，到1962年末一共垦荒19.8万公顷。由于机械化开荒，开荒的速度快，大面积的草场两三年就变成了耕地。此后美丽的呼伦贝尔草原很多地方变成了面积扩大的沙地。

湿地的开发也造成了生态系统的破坏。世界仅有的三大黑土带之一，素有“北大荒”之称的中国重要商品粮基地——黑龙江垦区，1999年终于停止了持续半个世纪的垦荒，目前仅存上百万公顷湿地。“北大荒”位于黑龙江东北部，与俄罗斯相邻，其中“北大荒”是一片人迹罕至的荒原。新中国成立后，为解决几亿人的吃饭问题，政府先后从全国各地动员了十几万部队转业官兵和数十万城市青年，在这块肥沃的土地上开垦耕地200万公顷，建立了中国机械

① 刘湘溶.人与自然的道德对话[M].长沙：湖南师范大学出版社，2004：32.

化程度最高的商品粮基地。目前,这里每年运出的粮食高达65亿公斤,成为中国名副其实的“北大仓”。

围湖(海)造田与狂热的“大跃进”造成了巨大社会和环境问题;同时,“大炼钢铁”促使各地毁掉了大批原始森林;“以粮为纲”又诱导大批人口涌入草原、森林和湿地,进行破坏性开垦。

20世纪50年代以来,我国湖泊在迅速减少,仅面积在100平方公里以上的湖泊就减少了543个。据长江中下游的湖南、湖北、江西、安徽、江苏五省湖泊资料的统计,新中国建立之初原有湖泊面积达2.9万平方公里,到了20世纪80年代,保留的面积仅为1.9万平方公里。素有“千湖之省”美称的湖北省,20世纪50年代有1 066个湖泊,目前残存不足300个。被誉为“水乡泽国”的江苏省境内水网密布,自1957年以来,消亡的湖泊已有40多个。近些年来,随着各地经济建设的发展,流域用水量剧增,湖泊来水量减少,入不敷出,水位下降,致使一些湖泊消失,一些大湖如洞庭湖、鄱阳湖面积大为缩减。围湖造田导致旱涝灾害频繁发生,多年来灾害无止无休。

三、环境问题的积累与爆发

中国当代的环境问题是60多年发展中不断积累起来造成的后果。20世纪50年代随着引进苏联重工业体系,污染随之出现,大规模工业建设推进,使环境破坏呈现规模性、深度性特点。最突出的是资源能源的开发带来的污染:煤矿的建设、石油的开采、金属矿的开挖等,直接导致了污染物不经处理肆意排放;农业生产中开始使用农药化肥,导致的一个后果是癌症于50年代就已经出现在云南宣威和河南林州等地。到了70年代,虽然由于政治运动的干扰,工业发展进度缓慢,但是80年代中期之后,工业化、城市化加速,各种污染进一步积累和迅猛增长。

1. 水污染

我国是世界上缺水严重的国家,虽然水资源总量为世界第六位,但人均淡水资源占有量只有2 300立方米,仅为世界平均水平10 000立方米的1/4,其排位在世界第100—117位之间,是世界缺水国之一。目前全国600多个城市半数以上缺水,其中严重缺水的城市有108个,污染性缺水的城市日益增多,因缺水而影响工业产值约达每年2 300亿元。随着城市发展和人民生活质量提高、城市扩张人口增加，缺水更加严重；农业年缺水约 300 亿立方米，造成粮食产量降低一半。我国水环境整体上呈恶化趋势。

据媒体报道，全国七大水系中一半以上河段水质受到污染，35 个重点湖泊中有 17 个被严重污染，全国 1/3 的水体不适于鱼类生存，1/4 水体不适于灌溉，70％以上城市的水域污染严重，50％以上城镇的水源不符合饮用水标准，40％的水源已不能饮用。

2. 空气污染

中国能源结构以煤为主，占一次能源消费总量的 75％左右，中国大气污染主要是由燃煤燃油造成的，主要污染物是烟尘和二氧化硫。大气污染程度随能源消耗的增加而不断加重。另外，在一些发达的大城市，汽车保有总量常达上百万辆之多，因此交通污染也成为大气污染的主因之一。城市空气污染的主要来源是机动车尾气排放、垃圾焚烧、过度装修、工地扬尘、油烟排放等，导致目前 PM2.5 形成的雾霾越来越严重。2013 年 7 月的一则报道称：淮河以北由于污染致人均寿命减少了 5.5 年①。

3. 固体废弃物污染

迅猛的城市化、大拆大建以及各种肆意浪费，制造了快速增长的废弃物。“十五”时期生活垃圾较“九五”时期增长了 48.9％。全国生活垃圾每年以 9％的速度递增。生活垃圾历年存放量高达 66 亿吨，目前全国年产 1.5 亿吨，60％集中在大中城市。并且，由于生活垃圾综合利用和无害化处理率低，在全国 600 多个城市中，有近 2/3 的城市处在垃圾包围之中，“垃圾围城”成为普遍现象。近年来由于城市化运动，大拆大建产生了无法消化的建筑垃圾，城市无法容纳，“垃圾下乡”愈演愈烈，可是媒体对此往往视而不见。

经过几十年特别是最近 30 多年的大规模、持久性工业化、城市化发展，在取得巨大成绩、人们物质生活水平极大提高的同时，生活环境恶化，尤其是健康受到直接危害，造成的结果是慢性病普遍、癌症发病率上升、食品污染突出、交通堵塞与空气污染等。同时，电子垃圾带来的辐射与重金属的输入，导致了很多难以预料的疾病发生发展，突发疫情也在威胁着人们的正常生活。所以，在多米诺骨牌的生命链条上，紧随生物多样性被摧毁和生物灭绝的就是目前人类自己正在遭受各种疾病的困扰，各种毒素的肆虐，自然无法消化人类制造的污染物，只能

① 邢思嘉. 研究称中国北方煤污染致人均寿命减少至少 5.5 年[N]. 中新社，2013-07-08.

再返还给人类自己，去吞食这种致命的苦果。

第二节 传媒视阈中政府的环境风险治理

一、中国环保事业的开创者——周恩来总理

从环境保护事业开创角度看，周恩来总理无疑是中国环保“第一人”。新中国成立后，环境污染紧随工业化出现，但环境治理极为滞后。政府、专家、记者、作家对于环境污染认识比较迟缓，媒体充斥政治话语。这一“不速之客”是以威胁者、毒害者的身份被缓慢认识的。环境治理大致经历了机构、法规、设施建设三个阶段。在运动式建设热潮和政治挂帅的不正常风气中，几乎无人意识到环境污染问题，媒体报道充斥着革命豪情、政治口号。环境问题成为政府议题主要归功于周总理的超前眼光。在政治运动、阶级斗争压倒一切的不正常氛围中，周总理高瞻远瞩、深谋远虑，发现了环境问题，很快就安排具体的治理。他的环境整治指导部署主要分为四个方面：工业污染治理，植树造林、防风治沙的要求，“化害为利、变废为宝”的综合利用思想，创立环保机构。

首先是工业污染治理，包括固体污染物和污水处理。周总理对于工业污染问题比较敏感，在视察中多次对工厂负责人强调做好污染物处理，要求每建一个工厂在工程设计上首先考虑工程投产后如何处理“三废”问题。到70年代初，中国的环境问题已经比较突出，一些工业集中地区环境污染严重，直接危害了人民群众的健康。特别是密云水库遭受污染使得销售的鱼味道难闻，群众议论纷纷。周总理得知之后，敏锐地意识到中国环境问题的紧迫性。他接连作出了许多有关中国开始环境科学研究和推进环境保护工作的重要指示，并亲自部署参与了相关事项。在此期间还发生了燕化公司环保弄虚作假事件，事后被揭露，周总理要求严查，该公司认真整改，使尾气回收取得了良好成效。针对水污染，他指示治理桑干河、蓟运河、白洋淀、官厅水库等河湖污染问题。

其次，是对植树造林、防风治沙的指示。早在五六十年代他就对于治水、森林保护问题和治沙问题，多次作出指示。1955年8月21日，周总理视察官厅水库时，在详细询问水库工程和效益等情况后，强调要加强库区的建设，充分利用水土资源，使水里有鱼，山上有树。1966年4月5日，周总理在视察岳城水库

时，基于以往治水的经验教训说："修水库，要全面规划、综合经营、综合利用，灌溉防洪、水土保持全面搞，又工又农，又要造林。水利部门要负责到底，不能头痛医头，脚痛医脚，综合经营是方向。"[①]周总理不仅关心水的问题而且重视植树造林："要两条腿走路。林业部过去只注意林区采伐，我看主要任务还是造林。工业犯了错误，一两年就可扭转过来；林业和水利上犯了错误，多少年也翻不过身来。我最担心的，一个是治水治错了，一个是林子砍多了。"[②]他要求各地保护林木，减少乱砍滥伐。他在一次政务会议上强调了造林、护林的重要性，并指出"靠山吃山，靠水吃水"这两句话要写得适当才行，不然一旦"靠山吃山"把树木砍光了，灾害就降临了。

再次，提出"化害为利、变废为宝"的综合利用思想。周总理认为，世界上没有完全无用的东西，只要善于利用，都会发挥作用。对于工业污染物，周总理是最早发现和纠正的领导人，他提出：每建一个工厂，在工程设计上都要首先考虑这个工厂建成投产后，它产生出来的危害人民身体健康的无用的废气、废渣、废水怎么处理，要大搞综合利用，充分利用"三废"，化害为利，造福人民。1971 年 2 月 15 日，周恩来在接见参加全国计划会议的各大军区和各省、市、自治区负责人时再次强调环境保护的重要性，他指出："现在公害已成为世界的大问题。废水、废气、废渣对我国危害很大……我们要除三害，非搞综合利用不可！我们要积极除害，变'三害'为'三利'。以后搞炼油厂要把废气统统利用起来，煤也一样，各种矿石都要搞综合利用。这就需要动脑筋，要请教工人，发动群众讨论，要一个工厂一个工厂落实解决，每个项目，每个问题，要先抓三分之一，抓出样板，大家来学。"[③]如果媒体大力宣传这些英明的远见并且使之得以落实，中国在环境治理上就会避免很多损失。由此可见周总理的远见卓识。

最后是创立环保机构。70 年代初周恩来总理高瞻远瞩，将环境保护问题正式提到议事日程上：一是安排代表参加了斯德哥尔摩举行的人类第一次环境会议；二是在他的坚持下，1973 年 8 月 5 日到 20 日，在北京以国务院的名义召开了环境保护工作会议，对照西方国家的环境情况，讨论了我国的环境问题；三是力排众议成立了环境保护机构。1974 年 5 月 2 日，已经重病缠身的周总理还坚持批示成立

---

① 刘春秀. 周恩来对环境保护工作的重大贡献[C]//新中国 60 年研究文集[A]. 北京：中央文献出版社，2009：56.

② 同上，2009：3.

③ 刘东. 周恩来关于环境保护的论述与实践[J]. 北京党史研究，1996(3).

环境保护工作机构——国务院环境保护领导小组办公室，安排专人担任正副组长。环保领导小组成立后，逐步成立了环保研究所和环保检测机构，组织力量翻译世界著名环保专家的重要论著，同时普及环保知识，并根据周总理对环保工作的历次指示精神，制定了国家环境保护方针："全面规划，合理布局，综合利用，化害为利，依靠群众，大家动手，保护环境，造福人类。"这些都是具有前瞻性的指导意见。

二、环保机构与法律的不断完善

在周总理的影响下，中国环境保护工作逐步推进。进行环境治理要有法可依，法律层面的环境立法稳步开展。传媒在不断宣传，国家层面一直在制定环境法律法规。早在中国第一次全国环境会议上，在周总理支持下，就制定了中国第一部环境保护综合法规《关于保护和改善环境的若干规定(试行草案)》，国务院批准会议制定的环保工作规定；80 年代确立环境保护为中国的一项基本国策。确立经济建设、城乡建设和环境建设同步规划、同步实施、同步发展，实现经济效益、社会效益、环境效益相统一的指导方针，实行"预防为主，防治结合"、"谁污染，谁治理"和"强化环境管理"的三大政策。

环保机构逐步完善。1973 年第一次全国环境保护会议召开，成立国务院环境保护领导小组，会后各级政府逐步成立了环境保护领导小组办公室；1982 年中央政府机构改革中正式成立城乡建设环境保护部，下设环境保护局，成为正式国家机构；1984 年国务院成立国家环境保护局，此后到 1985 年，各省市自治区直辖市设立一级局的有 11 个，成立环境保护委员会的有 17 个；1998 年国务院进行机构改革，副部级单位的环境保护局升格为正部级的国家环境保护总局；2008 年，十一届全国人大一次会议通过了《国务院机构改革方案》，其中一项重要改革是，国家环保总局进一步升格为国家环保部。这就使它成为国务院的组成部门，在国家有关规划、政策、执法、解决重大环境问题上的综合协调能力得到增强。

随着环境问题的发展，相关法律不断制定和完善。目前我国已经形成了以《中华人民共和国宪法》为基础，以《中华人民共和国环境保护法》为主体的环境法律体系。《中华人民共和国环境保护法》是中国环境保护的基本法。该法确立了经济建设、社会发展与环境保护协调发展的基本方针，规定了各级政府、一切单位和个人保护环境的权利和义务，在原则和指导思想上已经非常完备。值得一提的是,2015 年“史上最严”的新《环保法》开始发挥威力。

中国还针对特定的环境保护对象制定颁布了多项环境保护专门法以及与环境保护相关的资源法,包括:《水污染防治法》、《大气污染防治法》、《固体废物污染环境防治法》、《海洋环境保护法》、《森林法》、《草原法》、《渔业法》、《矿产资源法》、《土地管理法》、《水法》、《野生动物保护法》、《水土保持法》、《农业法》等多部法规。

具体的环保法规也在逐步制定。中国政府先后颁布了《噪声污染防治条例》、《自然保护区条例》、《放射性同位素与射线装置放射防护条例》、《化学危险品安全管理条例》、《淮河流域水污染防治暂行条例》、《海洋石油勘探开发环境保护管理条例》、《海洋倾废管理条例》、《陆生野生动物保护实施条例》、《风景名胜区管理暂行条例》、《基本农田保护条例》、《城市绿化条例》等 30 多部环境保护行政法规。此外,各有关部门还发布了大量的环境保护行政规章。地方人民代表大会和地方人民政府为实施国家环境保护法律,结合本地区的具体情况,制定和颁布了 600 多项环境保护地方性法规,2015 年新《环保法》开始实施,环保部门有了“钢牙利齿”,对违规违法企业开始处以罚款和由检察机关提起公诉。

除了从机构、法规、设施三个层次提供保障之外,各级政府还开展了阶段性和长期性环境治理。前者主要是根据大众传媒的揭露曝光跟进补救,如淮河的治理;后者是依据国家中长期规划和国际环境会议削减污染物,如对大江大河、湖泊水质的改善,对二氧化硫、有毒粉尘等污染物的标准控制;下达节能减排任务,对地方明确污染排放标准,进行考核;在公共卫生、能源利用、资源回收等领域都作出了有关环境的规范要求。从政策到法律,从讲话到政令,中国的环境管理与措施越来越严密细致。如果能够有效落实,环境生态会明显好转。但是环境法律法规真正的约束性不强,更没有得到有效落实;环保法律惩罚能力低下,特别是长期受到舆论诟病的“守法成本高,违法成本低”的问题突出;而且大多数环保法律模糊笼统,可操作性太差。正是这样的缺陷,导致了环保机构低效无力,很多法律法规形同虚设。

最后需要补充的是,在中央指导要求下,各地政府初步建立了突发事件应急预案体制,同时承担了环境监测与公共卫生防控体系职责,对环境保护部分都有涉及。2007 年 11 月,国务院有 18 个部委局共同签署《国家环境与健康行动计划(2007—2015)》,对这一计划的成员规则与机制都作了初步的表述,旨在应对日益严重的环境卫生问题特别是人群受到的污染毒害后果处理。这是一个由多部门共同承担的任务，中央层面已经在环保部和卫生部之间构建了协作机制，明确了责任部门的任务，形成了初步的协作机制。同时也针对一些重点区域开展了常规工作。近年来，以卫生部和环保部为主开始了卫生、环境监测工作。前者主要是监测污染严重区域的疾病种类与形成因子以及样本采集，后者主要是开展七大流域的环境指标重点监控；此外，开展了取样实地调查，针对重点区域的人群和污染物不定期收集数据。这些部委的举措促进了中央与地方的联手布控，有针对性地做了一些防治工作。如笔者数次在安徽宿州部分农村参与针对“癌症村”的田野调查中，村民不止一次提到：卫生部曾经两次进行了针对村民的健康抽检，并且中央和地方共同资助安徽境内奎河沿岸500米之内的村民打深井，以解决地下水污染问题。

三、政府有限治理的问题

中国政府一直是环境治理的主力，地方政府是具体落实者，对环境治理、风险应急等多方面都有承担。这首先从国家发展战略层面看，反映在从“五五计划”(1976—1980)到“十二五计划”的国家五年计划编制中，环境保护的要求越来越突出，还体现在自1973年至今召开的7次全国环境保护会议，以及积极参加全球环境会议，承担减碳任务等方面。中国的环境治理从20世纪70年代起在周总理推动下起步，成立环保机构，开始处理环境问题。但是1976年周总理逝世后，环保工作发展缓慢，直到1984年成立国家环保局，才开始了日常性环保管理，各级环保局成立，对于直接的环境污染进行治理，主要针对企业排污强化责任督促整改直到进行奖惩。政府始终是环境治理的主体，但存在着有限治理的缺陷。其次是不同年代有不同的环保侧重：70年代是萌芽期；80年代环境治理的主要表现是成立机构和确立环境保护国策，加强环保宣传；90年代后期开始进入正式治理期。随着环境问题的严重，中央政府根据工业增长速度高而技术水平低、工业布局不合理和企业环境管理不善等问题，逐步建立起了“预防为主、防治结合”、“谁污染、谁治理”和“强化环境管理”三大环境保护政策体系。真正大力投入资金，开展规模性、有影响的治理始于90年代后期，环境投资逐步增长，用于控制污染的费用已达到了GNP的0.8%。10多年来，在淮河等污染防治重点地区，更采取了相当有力的行动；1998年下半年，中央政府从新增

2 000 亿元基建投资中划拨 170 亿元用于环境基础设施建设。自从 1998 年洪灾之后，在朱镕基总理的力推下，重点在西北实施“退耕还林”、“封山育林”、“退牧还草”等林牧政策。21 世纪以来，国家层面倡导“可持续发展”理念，“让江河休养生息”，落实节能减排指标考核，进行河流污染、土地污染、大气污染治理工作。环保部开展流域限批和环境督察，加大了对地方环境指标的落实检查。在中央政府力推下，环境治理取得了很大成效。而且，为了进一步遏制空气污染造成的雾霾，据 2014 年 5 月 24 日的《中国青年报》报道：“从今年起，京津冀、长三角、珠三角等地区的地方政府，将接受由国务院进行的大气治理任务完成情况考核。”①由此看来，中央政府是在逐步落实环境治理，从治标慢慢转向治本。

概括来说，以周恩来总理力推环境治理为开端，至今 40 多年中，中央政府带动地方共同进行的工作择其要者有：确立了环境保护的基本国策，制定了一批环保法律，成立了完备的环保机构，逐步开展环境治理。具体落实的工作包括建设“三北防护林”工程，开展了以淮河为代表的“三河三湖”长期治理，实施“封山育林”、“退耕还林”、“退牧还草”工作，关停并转“十五小”企业和淘汰污染企业，推进节能减排工作，推动“流域限批”和落实“绿色 GDP”，以及目前为了治理雾霾而由国务院和各地政府签订年度削减 PM2.5 责任状等。

更为重要的是，在中央政府的推动下，确立了很多的环境制度，包括环境保护计划制度、环境标准制度、环境影响评价制度、“三同时”制度、排污许可与总量控制制度、征收排污费制度、现场检查与环境监察制度、限期治理制度、突发环境事件报告与处理制度、自然保护制度。这些制度在各地都得到或多或少的落实，对很多环境违法做出了处罚，对地方和区域环境做出了一定的保护和改善。而且针对近年来的环境突发事件形势，各地先后构建了应急预案体系，落实了具体的责任部门，对于各种风险的防范起到了有效的反应和处理作用，保障了社会的稳定。

几十年中，中央与地方政府共同承担了环境风险的治理任务。前者出台各种法律与政策，后者落实环境治理；一些地方政府为了大局曾经做出经济效益的牺牲，更为了完成上级任务不惜采用各种手段，对污染企业“忍痛割爱”，或驱逐，或关停，或改造，减少了污染危害。这都是以各级政府为主体的环境治理，历史贡献实在是功不可没。

① 刘世昕. 各地 PM2.5 成绩单直接提交国务院[N]. 中国青年报，2014－05－24.

但毋庸讳言，由于制度没有有效落实，所以整体上的“局部改善，整体恶化”的趋势没有得到根本扭转。在传媒关注政府的环保行动之后，却出现了“治理的速度赶不上破坏的速度”这一后果。一些地方政府对环境保护和治理抱着应付的态度，应付上级政府检查，应付环保部门督查，应付记者采访，应付舆论批评，长期以来没有真正按照中央政令和环境法律去落实，出现了环境事件就暂时处理敷衍，难以跟进实际解决。

还有值得注意的一大问题是重“治”轻“防”，这是政府在环境风险职责落实中的核心问题。由此暴露出很多政策形式上很完备，但是部门条块分割、责任不明、不想多揽事，官员不对将来负责，日常管理松懈无力，敷衍了事现象较为突出。

总之，在中央政府的安排和施压下，地方政府不得不在以经济发展为主的议程中，有限地安排了人力物力和资金，去处理环境问题。对污染严重、舆论批评的企业实施关停并转，将市区重工业包括化工企业迁移到郊区或者农村，另行设立工业园区；在企业运转中加强了环境管理与检查，对企业加大了环境指标约束；同时在环境工程实施、环境宣传、环境教育、环境治理等方面都承担了大量的事务工作，取得了一定的成绩。但是由于制度等原因，环境欠债还很繁多，舆论批评仍在持续。这说明地方政府的环境工作还有继续努力的空间。

第三节　大众传媒的环境保护传播跟进

一、中国环境保护传播的几个阶段

中国环境议题主要是媒体建构的一种结果。建构主义理论能够解释环境议题的出现与发展。环境社会学家汉尼根指出，将特定的环境状况转变成“问题”，并进而推动相关政策的制定，在这一过程中，媒介的作用是非常重要的。媒介建构环境问题的实际过程是非常复杂的①。根据汉尼根的解释，环境问题并不能“物化”自身，它们必须经由个人或组织的“建构”，被认为是令人担心且必须采取行动加以应付的情况，这时才构成问题。科学界、大众传媒、政治界有各自不同

① 姜晓萍，陈昌岑. 环境社会学[M]. 成都：四川人民出版社，2000：28.

的角色，履行不同的功能。在环境问题的集合中，科学界发挥其专业优势，发现问题、给问题命名、决定主张的基础、建立参数等，这些又是新闻媒体的消息来源。

依据这种理论建构模式，中国的环境保护传播在各种社会力量参与下形成日益突出的议题。这种议题的发展可以粗略划分为三个阶段，每个阶段情况随着形势变化而有所不同。对于这种传播的起点各有不同的说法。有的认为起自20世纪70年代末，理由是这一年新华社发表了《风沙紧逼北京城》；有的认为起自1984年，这一年《中国环境报》创刊；还有的认为应该是90年代后期，特别是1998年洪灾和连年的沙尘暴引起了全国关注，媒体开始大规模报道环境问题。相应地，对环境宣传划分的阶段也不同，例如张威认为应该分为：中国环境新闻工作者协会成立(1986)、理性主义的照耀(1990—2000)、全球化时期(2000年至今)[①]这三个阶段，依据是主要环境记者和作家作品；而陈华明把中国环境宣传划分为萌芽阶段(1985—1992)、成长期(1993—2005)、有待突破期(2006年至今)这样三个阶段，理由是从单纯环境新闻报道到关注环境问题背后的深层次原因并加以人文关怀的过渡，也就是业界所谓的从“浅绿色”到“深绿色”的嬗变。

笔者认为，中国环境保护宣传报道要依据时代特点进行划分，特别是每个时期所反映的内容与方式是分类的重要参考。所以中国环境保护宣传报道的真正起点是20世纪80年代初，相应可以划分为这样三个时期：

第一阶段是绿色启蒙与呐喊时期(80年代初至90年代初)。70年代末，中国孕育着全面开放的气氛，80年代国门打开，对追逐财富、发家致富以及“万元户”的宣传一时传遍神州大地，全民奔向致富路成为挡不住的热潮。很快在一片形势大好中出现了隐忧，沙化与污染增多。自1979年新华社发布《风沙紧逼北京城》之后，紧接着又有时任《北京晚报》记者沙青的反映北京严重缺水的《北京失去平衡》、北京城市垃圾问题的《皇皇都市》和黄土地水土流失的《依稀大地湾——我或我们的精神现实》等作品，引起强烈关注。随后又有何博传的《山坳上的中国》、徐刚的《伐木者，醒来！》与《中国青年报》“三色”长篇通讯，这些代表了80年代知识分子的生态主义觉醒，反映了知识分子清醒而冷静地观察社会发展、发现自然生态的破坏问题，以局外人的忧思传播生态启蒙思想，对整个社会发出呐喊，以图唤醒醉心于发家致富的人们。整体上这一时期媒体以报纸、广

① 张威.绿色新闻与中国环境记者群之崛起[J].新闻记者，2007(5).

播、再继之以电视为主，其主旋律是宣传改革和致富，对其他问题忽略不顾。这与整个社会氛围有关：80年代初在农村包产到户，数亿农民勤劳节俭奔小康出力流汗大干之际，城市工业改革以及此后的“官倒”出现带来了社会不满，到了80年代中后期，社会注意力被吸引，但环境保护不是焦点，也就难以进入社会议题中心。

第二阶段是具体环境危害揭露时期(90年代中后期至21世纪初期)。这是环境问题揭露曝光的高峰期，大量的污染事件见诸媒体，激起民间舆论的声讨。由于环境问题越来越突出，媒体特别是崛起的都市报以及负责任的中央媒体，开始大量揭露各种污染危害。市场体制的确立，全民经商热潮把越来越多的人裹挟其中。大批暴发户不仅挥金如土、花天酒地，而且那种极其败坏的挥霍浪费被扭曲为成功人士的派头，展现出炫目形象；追求财富促使人们加快向自然生态索取榨取，环境破坏有增无减：森林乱砍滥伐、江河污染、沙尘暴与沙化、盗猎野生动物、企业非法排污等各方面的问题层出不穷，危害剧烈，引起受害群众强烈抗议。“中华环保世纪行”应运而生，旗下中央媒体集体奔赴各地采访，曝光环境违法行为，揭露企业非法排污和地方政府纵容污染问题，将环境污染充分暴露于社会公众面前，提升了人们的环境意识。这一时期不少地方报纸开设环境专栏或追踪报道、电视创办环保频道，也创出了一些品牌，培育了一批环境报道记者。

第三阶段是21世纪以来，环境保护传播实际上在走下坡路，主要表现为媒体责任与能力都在弱化。由于缺少有力的外部舆论监督，环境污染破坏继续失控，导致环境危害后果突出，并且殃及人民健康安全。随着阜阳劣质奶粉事件、吉林化工厂爆炸等一系列环境事件发生，环境报道题材扩大，视野更为广阔：奶粉问题、污水与干旱、“癌症村”、“血铅村”、“镉米”、“瘦肉精”、“地沟油”以及雾霾等五花八门与健康紧密联系的环境报道随着环境事故发生被接连不断地揭示。环境问题不再仅仅表现为水污染、企业排污，还涉及更为复杂、更为深刻的体制、经济、文化等方面问题，而环境危害后果更多以事故形式出现，媒体报道应急化。同时令人担忧的是，环保传播在某些方面呈现衰退趋势：栏目减少、报道衰落、记者转行等令人困扰的问题越来越明显。

当然这一阶段的一个新变化是环保传播的形式有了改观，从传统媒体扩展到新媒体。新世纪以来有两个对环保传播有利的变革：一是大的门户网站关注并且参与环保和传播，设立环保频道与栏目，与新闻频道一样快速更新，其环保信息容量更大，传播形式更为灵活多样，除了能够迅速转载环保有关新闻之外，还有大量的环境新闻整合、环境专题链接;增加了与网友的即时互动讨论,给言语参与提供了良好的表达机会;此外,门户网站开设了可直接参与的环保渠道,这包括:环保志愿服务活动招募、环保账户捐助、组织各类环保比赛、各类环保项目申报、各类环保奖项参赛等。二是大量的环保信息的快速流动与交流。这主要通过手机短信发送共享、微博微信的即时互发和交流,环保信息的时效性有了极大的保障;通过新的信息交流能够创造民间的环保议题,甚至组织民间的环保活动,造成很大舆论声势,舆论的阵地发生了转移。如2011年南京网友发起"绿丝带行动",由舆论领袖带动的保护法国梧桐的网上与线下行动,黄健翔、孟非、陆川等人参与其中,引起众多粉丝和网友支持;2013年山东淄博一些企业打污水井向地下排放污水的非法行为被揭露,一时间众多中国网友揭露了家乡的污染问题,迫使各地进一步改进环境治理工作。因此,从传统媒体看,环保传播走向衰落,但新媒体则有突破,其传播方式和传播能力都有超越传统媒体的趋势。

二、中国环境保护传播的特点

中国环境保护传播依据环境问题发展扩大自己的影响。在引起关注、使环境主张合法化方面,新闻传媒的制作逻辑就是按照新闻价值规律,采取与流行问题或原因挂钩、富有感染力的语言和可直观的图像、修辞策略和方法等将具有新闻意义的事件、问题实现报道影响力的最大化。按照中国环保事业元老曲格平的观点,"中国的环境保护是靠宣传起家"。除了担任中国第一任国家环保局局长、终生不遗余力地推动环保事业以外,他还组织了持续至今的"中华环保世纪行"国家级媒体采访活动。随着新中国成立之后工业化起步,污染发生,环境宣传走过了一条缓慢曲折的道路,其主要特点是:

1. 从以正面宣传为主、成就第一,突出英模人物报道走向内容多元化与形式多样化

中国新闻宣传具有历史性的传统,环保宣传本不在其中,但是几十年中摆脱不了整体的体制约束,只有到了21世纪才有所突破。

再看宣传的倾向性。宣传基本上是突出经验、成就和模范。如对血吸虫病防治的宣传就是一例。1955年,毛泽东主席发出"一定要消灭血吸虫病"的号召。同年,中央成立了中央血防9人领导小组,提出了限期消灭血吸虫病的要

求。1958 年 6 月 30 日《人民日报》刊登了一篇通讯，题为《第一面红旗——记江西余江县基本消灭血吸虫病的经过》[①]。而在工业战线，则是突出宣传经济建设中的成就和模范人物。60 年代大庆油田的发现是新中国油气史上的一项重大成果，也是我国工业史上的重要事件。1964 年 2 月 5 日中共中央发布的《关于传达石油工业部关于大庆石油会战情况的报告的通知》让大庆和王进喜闻名全国，“大庆油田的经验不仅在工业部门适用，而且在其他部门也适用，或可作参考”，王进喜则是大庆油田的杰出代表。5 天之后，《人民日报》发表了社论，大庆和大寨开始并列成为社会主义重工业和农业的样本。穆青所写的长篇通讯《铁人王进喜》中有这样的名言：“北风当电扇，大雪是炒面，天南海北来会战，誓夺头号大油田。干！干！干！”“有条件要上，没有条件创造条件也要上！”“石油工人吼一吼，地球也要抖三抖！”[②]而在洪灾报道中，更是突出与自然灾害殊死搏斗的英雄事迹，这样的例子很多。80 年代媒体开始关注工业“三废”以及环境公害，工厂污染积累带来的危害被揭示，此时环境报道还更多涉及了土地沙化、森林砍伐、河流污染、动植物灭绝等较为宏大的问题。90 年代出现了规模化、多样化、立体化的报道。特别是 1998 年洪灾、沙尘暴的大面积发生，促使媒体前所未有地关注环境问题。这是中国环境保护传播一个新的起点。

但是在林林总总的宣传报道中，环保新闻传播却得不到重视和处理。现在回顾这些报道，当时媒体所大力宣传的，恰恰都是对环境的破坏。

进入 90 年代之后，新闻宣传走向衰落，其影响力下降，势难挽回，与之相随的环境宣传也在陷入颓境；但也正是在环境危害加重的现实逼迫下，环境宣传逐步转型，从单一的以政府工作反映为主，转向多角度、多方面传播环境信息，特别是环境知识、环境问题、环境事故，得到大量揭示。最典型的是 90 年代中后期的淮河污染，几次特大污染停水事件惊动了国务院，媒体的报道密集，沿河的“十五小”企业污染被一次次曝光，国家动用行政力量使地方强行关停了大批污染企业，整治了淮河流域的污染源，使污染状况有了好转。不仅仅是河流污染发生事故，其他化工行业的事故也引起媒体的警惕，中石油、中石化以及地方的化工企业的爆炸、泄漏等事故往往惊动政府；土地污染、空气污染、食品污染以及各种疫情显示着社会承受力的脆弱化，媒体的环境报道就是针对这个领域的突发事件

① 阳欣. 20 世纪 50 年代“防治血吸虫病”运动[EB/OL]. 国史网，http://www.hprc.org.cn/gsgl/gsys/201011/t20101122_115502.html/2010-10-22.

② 穆青. 铁人王进喜[N]. 新华社，1972-01-12.

的快速行动。

今天,环境生态涉及的领域和范围已经明显扩大。因为人们的生产生活与环境生态联系越来越紧密,除了工业生产制造污染能力强大之外,社会消费领域的浪费污染也在飙升。消费主义、享乐主义导致的奢侈浪费在把每个人变成消费者之后,又极力诱导消费者的及时行乐的倾向。这一不顾后果的浪费式消费,导致的两大危机是资源枯竭与环境污染加剧。可喜的是近年来,媒体能有限地顺应时代,也在陆陆续续地关注生活消费领域的环保问题。

2. 行政化色彩浓厚、单向传播较多

在"环境保护"成为国策之后,各级媒体奉命大力宣传,长期教育,使之广为人知,为社会各界所接受,其效力强大不可否认。但媒体各有属地,这是一个纵向的管理体制,对于环境报道反映带来的局限性是显而易见的。

除了这种纵向的管理体制之外,行业之间的环境报道又被分割为各种不同的专业领域:环保、农业、水利、林业、能源、电子、发改委等不同的行业部委。这种依然沿袭着苏联管理体制下的行政安排,除了利于专门分工之外,其条块分割的弊端也深刻影响了环境报道。1984 年,国家环保局创办了《中国环境报》,此后国家林业局也有了《中国林业报》,石油部有了《中国石油报》,农业部有了《中国农业报》等,各个部委都创办了自己的行业报纸,进行工作部署和面对本行业的宣传;各地下属行业也复制了这种模式。按照这种自上而下的行政化模式,宣传也是同样的单向进行的。很多会议、精神、政策都是文件的复制品。同时,政府也组织了宣传,主要是两个方面:一是利用活动、会议下达指示;二是通过各种新闻媒体宣传环保政策,很多环保口号已经众所周知;三是利用标语形式,在街道、社区以及一切公共场所和公共设施体现环保宣传。传播的视角基本是自上而下,命令式口号比较多。按照正常的传播规律,宣传的自上而下是第一个环节,还有自下而上的第二个环节,也就是反馈,以验证宣传的效果,这显然是不可或缺的一环。而第二环传统宣传体制没有予以重视,也就导致了传播的单向和机械,很难形成良性循环。

3. 多方参与、持久宣传,培育环境意识

20 世纪 50 年代中期,随着矿业开发和继承苏联工业模式,环境污染危害后果已经出现,但是当时干群普遍没有认识到环境问题,云南宣威、河南林州已经出现了群体的癌症,只是被当做罕见疾病对待。环境宣传教育由周恩来总理带头提倡,通过开会、讲话、下文等方式传达环保理念,但在六七十年代还局限于一些领导干部范围内。直到80年代,环境保护随着计划生育被列为国策大力宣传之后,政府加强了环保机构和法律、队伍的建设,对于每一个有关举动都通过媒体大力宣传。1984年成立了国家环保局,《中国环境报》也于同年创办。有了专业报纸,环境宣传数量迅速扩展,其中有关环境政策得以大量普及;同时各种有关环境生态的报道在中央和地方媒体大量出现,及时传达了上级精神。环境生态变动的信源大多数来自政府机构,媒体得以源源不断地传播普及环保观念。80年代开放搞活、发家致富带来了"靠山吃山靠水吃水"的开发与"有水快流"的鼓噪,开矿热、采金热让原本良好的山水草原生态遭受劫难,媒体在一窝蜂赞美经济搞活的同时,也有一些警示,最典型的是"不要走西方先污染后治理的老路"。当然,随后政府更多地还是利用媒体宣传环保的理念与政府开展的各项工作,以普及知识,获得支持。同时,也支持其他渠道的环保宣传,以多方力量促进环境保护工作。

由此,环境新闻从政府一家负责发展到媒体为主、社会各方力量参与的局面。媒体之外,研究机构、社会团体、社区群众、企业事业单位等都在积极参与宣传环保,各种群众活动也在落实环保政策宣传教育。在认识到环保的重要性,尤其是感受到一个美好环境的魅力和环境破坏的危害之后,很多人就开始了行动。大中小学的课堂也有了环境宣传教育内容,90年代以来,生物、地理课程有意识加大了环保教育的内容,环保志愿者的环保活动都在吸引中小学生注意。经过长期的教育引导,中小学生的环保意识相对高于中年人。环保还被当做一种时尚,明星带头宣传环保、身体力行参与环保活动,更是吸引了众多粉丝追随,改变着奢侈的习惯,催生了一些环保公益团体。民间环保组织自90年代初诞生,梁从诫成为中国第一个民间环保领袖,影响所及,全国各地成立了各种类型的环保组织,越来越多的环保志愿者以行动来自觉承担环保启蒙重任,影响着社会意识,带动着公众参与。

环保宣传是一个长期的工作。政府一直在推动理念的转变,媒体也在以政府工作、环境问题与民间行动等不同对象反映环保进程。从宣传力度与深度看,80年代可以视为一个起步,90年代后期得以警醒,开始发力,进入21世纪则是形式多样,媒体报道的事故化倾向比较明显,社会力量参与的力度得以凸显。借助于网络的虚拟空间,环保声音在积极传达,对环保负责的主体增多,一些网站直接承担起部分环保职责,比如举办环保活动、环保竞赛等;阿拉善SEE、阿里巴巴都拿出一部分资金面向社会招标,由民间环保团体或个人去实施环保项目。

显然,这样的举动不仅仅通过媒体宣传,而且以实体操作来体现环保的作用;还有中华环保基金会、中华环保联合会、中国林业协会、环保部、共青团中央等为数众多的民间与官方机构,都在以环保活动落实环保职责,承担环保宣传功能。由此承担环保教育功能的阵地除了传统媒体,以及网络、手机等新媒体外,各种各样的环保网站与环保产品、环保营销手段都在展示着环保教育的推广。

在政府、媒体、社会团体以及企业等力量的参与下,全民的环保意识得到了大幅度的提高。不仅仅城市居民的环保意识清晰深刻,而且农民也被普及了环保意识。仅在笔者长年开展的关于滥用塑料袋问题的调查中,99%的农民都知道塑料袋污染环境(尽管他们还是毫不节制地滥用);绝大多数城乡居民知道雾霾是由于工业污染和机动车尾气造成的,焚烧秸秆也会污染空气(但他们还是倾向于将秸秆一烧了之)。市民对环保知识懂得更多,对环境要求也更高(虽然市民垃圾生产水平大幅度提高却缺乏环境道德自觉约束)。不论实际行为怎样,但环保意识、环保观念有了进步是不可否认的事实。

4. 环保宣传的公益性突出

政府支持环境宣传,利用媒体传播各种环保理念,政府和媒体的行动都是公益性的。这是政府义务开展的教育活动,与大力发展经济获得积极回报相比,环保则是一个需要不断投入的领域,而这是整个社会都对此欠债的领域,因此应该偿还。对环保局要有资金投入,对环保研究机构、环保产业都要扶持。在污染事件发生后,政府需要及时处理,对环境受害者给予补偿,这都是暂时性的工作,但还有大量的日常性、长期性的工作要做,这就是推广环保意识、落实环保行动,进一步取得社会支持,形成群策群力的良好局面。政府宣传环保不得不作为一项义务,以会议、活动和其他各种形式来普及环保意识;对媒体要求义务宣传环保,每一个时期都有要求,有国家战略层面的:可持续发展、生态文明、节约型社会等,有日常生活指导的:俭以养德、光盘行动、26 度空调行动、少开一天车等号召。媒体自觉贯彻中央环保指示,宣传中出现了越来越多的环保公益广告,宣传节约用水、生态文明、中国梦等。大多数的报纸留出版面,长期刊登环保公益广告,特别是中央级报纸,更是以突出的版面倡导节约宣传环保;电视则在集中的时段打出公益广告,以图文并茂的形式引导环保生活。

此外,很多流媒体、企业和社区以及社会团体也在义务宣传环保,倡导环保,都在体现一种公益性。公益行动是追求奉献而不刻意得到经济回报的。不少企业家、演艺界明星都在投入环保,利用各种活动提升知名度,其公益精神令大众肃然起敬。作为近年来非常活跃的企业家，陈光标多年来不断地秀“环保”——骑自行车、戴“绿帽子”、发奖金，都在彰显企业家能够依靠实力落实环保，推动环保进程。与财大气粗的企业家不同，众多环保NGO往往经济窘迫，但是大多数环保志愿者却最典型地彰显了“我为人人”的高尚精神，这些环保志士不计名利，投入精力和金钱，为环保做出了示范。他们一边宣传环保，一边实际参与，改善环境生态，做了大量基础性的琐碎的小事，以身体力行传播环保，影响了社会认知。

三、报纸、书籍的环境问题警示

从20世纪50年代到90年代中后期，报纸、广播、书籍、杂志是最重要的大众媒体，在传播环保观念中居功至伟。从新闻种类看，通讯、报告文学影响最大，对环境问题的揭示比较全面深刻。

1. 关于宏观的渐变报道

可以书籍这种形式为示例做出分析，这是因为较之于传媒的新闻（纯粹的硬新闻），书籍的容量更大，时效性虽不强，但内容全面详尽。这方面的代表作有20世纪80年代的《山坳上的中国》（何博传），90年代的《深度忧思——当代中国的可持续发展问题》（郑易生、钱红）、《留一个什么样的中国给未来》（聂晓阳），2001年的《中国抉择——关于中国生存条件的报告》（易正）等。这些著作都有一个显著特点：以强烈的忧患意识审视中国现代化发展中对环境生态破坏的各种问题，这些问题已经产生并且在继续发展。除了对环境问题做出列举描述外，他们还都探寻原因，提出对策。以《深度忧思》这部著作为例，它主要是从可持续发展的角度来剖析中国的经济社会道德，虽然从人类的文明进化、可持续发展概念与国际争议入手，但是落脚点还是中国的可持续发展面临的挑战等诸多问题，像人口、粮食和环境难题，当然前两个方面也可以归之于环境问题，书中举例说明中国的洪水等灾难，又指出几种认识上的问题，最后作者认为要发动民间的力量，以公众参与来弥补中国可持续发展中政府单独运作的不足。该书的逻辑结构清晰，角度独特，但是论述当中略显厚重不足，不过本书已经从可持续发展角度揭示了当代中国不可持续的问题，这都是从渐变角度加以解释的。书中将传媒关于渐变的点汇集，形成全景式的渐变透视，给人提供关于环境风险的警示。

透视环境危机最具深刻性的是《中国抉择——关于中国生存条件的报告》。它从不同侧面分析环境风险，并提出有针对性的策略。该书将全部问题分为描述篇和分析篇两大部分，第一部分占了很大篇幅，列举了已经发生的环境危害，这包括：森林之毁绝、水土流失之怪圈、荒漠化势不可挡、地质灾变剧增、耕地的流失与超载水资源枯竭、江河湖库干涸、气候灾害轮番扫荡、水污染奇观、大气污染之癌、垃圾围城的窘境、近海之死、物种灭绝、矿物资源耗尽，总共十四章，列举的环境风险已经比较详尽。作者分析了大兴安岭为何经过几十年野蛮砍伐后到了无林可采的地步，其要害在于国家用一般工业的"八项经济技术指标"来考核林业，"实际上考核的主要是采伐，因此造成了谁越注意保护资源，谁就越达不到指标。相反，昧着良心剃光头的林业局往往倒成了先进"[①]。同样在第十一章，作者分析了中国的垃圾积聚问题。这是一个起于忽微又终成风险的问题，由于中国巨量的人口与垃圾生产的乘数效应，让垃圾围城成为可怕的地雷。作者引用专家结论："从50年代初到80年代中期的30多年中，中国社会总产值增加了15倍，污染就增加了6至7倍，人口增长了1倍，污染就要增加100倍。"[②]这样从整体上会制造什么风险呢？为什么2011年到2013年传媒集中揭露食品安全问题就有了答案。现在由于环境事故的突出和普遍，"这多是工厂的污染物对于附近动植物和居民的伤害：庄稼枯死，牲畜生病死亡，儿童血铅超标等，甚至出现了'癌症村'——名单不断拉长的癌症死亡人群。因此所谓渐变，对应起来就会由于显而易见原因找到责任者，但是还有更多都找不到对应的责任者"[③]。渐变的结果虽然可以知道，笼统的原因都没有足够的证据，但渐变又不容忽视。

书中揭示了在产权模糊的计划经济中，环境灾难不断积累。从单纯经济效益来看，中国资源环境破坏总量评估则是：高速增长的秘密正在于不计成本的高投入、高消耗。从森林资源、水资源、耕地资源、草地资源、自然灾害（每年直接经济损失超过3 000亿元）、环境污染这几项总体都按损失计算，则达到了21万亿元，与1997年国民生产总值7.48万亿元相比，则年度污染导致了3倍于国民生产总值的损失。到了2010年，国民生产总值已达到15万亿元，但污染造成的损失也会比1997年翻倍。因此，从经济风险角度看，中国的这种发展是不可持续的。但是从环保传播角度看，新闻报道很少达到这样的力度和高度。

---

① 易正. 中国抉择——关于中国生存条件的报告[M]. 北京：石油工业出版社，2001：10.
② 王阮，孙承永. 黑色绿色的岔口[M]. 太原：山西经济出版社，1996：58.
③ 黄建华. 环保部称：个别地区出现"癌症村"[N]. 北京青年报，2013-02-22.

2. 关于微观渐变的反映

有四本重要著作：《伐木者，醒来！》（徐刚）、《淮河的警告》（陈桂棣）、《选择》（汪永晨）、《改变》（汪永晨）。这些著作都有一个共同特点：具体、典型、深刻。作品中宏观的展示环境渐变的报道非常有震撼力，同时针对某一方面的专题进行集中调研分析也很有说服力。

徐刚的《伐木者，醒来！》是中国第一部真正的绿色启蒙之作，发表于1988年的《新观察》。此前报纸发表过叶青的《北京失去平衡》、《沉沦的风沙线》等调查报告，还没有产生轰动性的影响，直到徐刚以《人民日报》记者的身份深入中国的东北、西北、西南诸多省份调研、收集了大量的各地疯狂砍伐天然林的资料，访问了一些忠于职守的护林人与植树人，描写了他们内心的痛苦与坚守，才促人警醒。徐刚的非凡之处，在于以诗人与记者的敏锐，发现了渐变——山林里多见刀光斧影，天然林惨遭厄运，中国的天空不再有曾经的风调雨顺，而且人的心灵也在发生扭曲，破坏的行为不断蔓延。为了揭露恶劣的砍伐行为，作者选取了典型地点和事件来作为反映重点，例如反映了武夷山的天然林横遭砍伐与一个护林员的艰难抗争，以及天目山被划为自然保护区的暂时幸运①。作者还对海南岛的雨林砍伐、三峡两岸的毁林做了沉痛的揭露，又对西北的沙漠做了令人震惊的描写。而沙漠与沙化地区又是因植被遭破坏之后带来的恶果。作者深情呼吁人们珍惜眼前的林木，培育不忍之心和仰慕之情，让树林环境给人们带来美景与欢乐。最后，作者以诗性的语言呼吁人们醒来，不再伐木。作者的赤子之情和忧患意识打动了众多读者，也让中国知识分子群体中部分人开始清醒，对于渐变的环境风险有了初步的清晰认识。

陈桂棣的《淮河的警告》这部报告文学1996年发表于大型文学刊物《当代》，引起了巨大的反响。主要在于这部著作通过作者深入实地的调查，多方面、全景式地揭示了淮河被污染的历史，剖析了造成污染的主要原因，还原了人性中的阴暗面，揭露了官僚主义、地方保护、损公肥私甚至官商勾结导致的河水污染与百姓的生命健康受害，拼命抗争之下却得不到救助的悲惨遭遇，以真实、典型的案例还原了环境污染的渐变过程。作者从淮河的历史入手描绘那昔日的美丽与辉煌，然后一开篇就以一场大事故来揭示环境污染的现状。接着，作者奔赴苏鲁豫皖的污染地区和企业采访了解，一方面揭示其污染过程，造成的毒害，群众的损

① 徐刚. 伐木者，醒来！[M]. 吉林：吉林人民出版社，1997：47、48.

失，另一方面也在与污染有关者打交道过程中查找污染的原因。

该书作者走过很多地方后发现单纯追求经济增长，更确切地说是地方财政收入依赖这些所谓的纳税大户导致污染严重却对治理消极无力。例如在安徽萧县杜楼采访时，作者发现该镇有 50 多家造纸厂，造成严重污染却还都在生产，即使已经使岱河一再发生死鱼事件。作者采访该镇副书记询问怎么办，他却向作者诉苦：全镇的财政收入 200 万元，造纸占了大半份额，农业收入不过 70 万元。上边下达的财政任务就是 400 万元，假如造纸停了肯定完成不了任务。镇这一块是财政包干的，完不成任务，镇机关、离退休人员、教师（公办 360 人，民办 250 多人）统统跟着发不出工资。再说纸厂吸收的是剩余劳动力，如果停了工他们无事可做，也会成为社会不安定因素①。安徽泗县硫酸厂建在居住有 470 多人的小程庄旁边，排放的烟气毒性极大，流出的废水所经之处颜色发红，地上寸草不生，牲畜沾着就死亡，村子里发病人数突然增多。可是农民多次去厂里反映，都见不到厂长。作者在江苏徐州，山东台儿庄、临沂，河南上蔡、沈丘看到了污染与毒害，在 108 天的采访、上万里的奔波中揭示淮河流域四省 36 个地级市 182 个县以上城镇出现大面积污染的严峻事实。到了 2004 年治淮 10 周年之际，新华社爆出治淮 600 亿元资金打了水漂：《10 年 600 亿元淮河治污是否付诸东流？》②，这印证了作者艰难的走访调查呈现出受到戕害的母亲河今天的伤痕累累的污染惨景。这部报告文学以反映了淮河污染的震撼力与冲击力，夺得了首届鲁迅文学奖。

除了《淮河的警告》之外，90 年代环保作品乏善可陈。反映渐变仍然是以传媒报道作为主力，此外还有少数的期刊与电影电视涉及环保题材，但影响比较微弱。进入 21 世纪以来，有一个人的环保行动格外耀眼，这就是汪永晨。除了此前多年作为环境记者揭露报道之外，她还策划了“江河十年行”，每年组织人走一次西南大江大河，同时揭示各方面环境的渐变。2006 年开始出版《改变——中国环境记者调查报告》，2007 年推出《选择——中国环境记者调查报告》，从不同层面、不同角度反映环境问题，所收录的文章大多数是从事环境报道的记者在媒体发表的新闻。如记者调查了苏南污染企业向苏北转移的路线图，发现在苏南已经无立锥之地的污染大户却成了苏北争抢的招商引资宝贝。记者调查发现纺

① 陈桂棣. 淮河的警告[M]. 北京：人民文学出版社，1999：44.
② 偶正涛. 10 年 600 亿元淮河治污是否付诸东流？[N]. 新华社，2004－05－30.

织服装和医药化工是转移最多的两类企业。他们落户在哪里，就把污染带到哪里，让当地环境受到严重破坏。而且各地竟然以本地环境容量大为由争抢污染项目安家落户，理由又是冠冕堂皇的：我们也不想引进污染严重的化工项目，但我们不引进，别人引进，人家的发展就比我们快，政绩就比我们大，所以没有办法，只好有什么项目就引进什么。[①] 污染企业建在化工园区，这些园区基本在郊区或农村，所占的都是良田沃土，所污染的都是青山绿水。污染带来了地方的财政收入，也制造了"癌症村"，凡是化工企业出现的地方，附近农民的癌症发病率就偏高。

2007年的《选择》一书继续追踪环境污染中的渐变，很多不为人知的污染事实被揭露出来。如针对中国影视生产中的环境破坏的调查，过度包装吞噬资源破坏环境也进入了记者的调查范围。记者在亚洲水塔青藏高原看到的是：在源头之地，青藏高原的冰川正在加速消融，与之相伴的是，青藏高原也开始日趋荒漠化了[②]。该书最后就以"江河十年行"中的片段展示了西南大江大河大量建坝带来的危害与人们遭受的痛苦。第一批来自全国的记者参与了始于都江堰、徒步于大渡河，穿过雅砻江、攀枝花，进入金沙江，止于澜沧江、怒江的行动。记者在四川境内看到很多废弃的水电站，河中已经干涸，中间堆满石头。一条条河流在死亡。"江河十年行"的记者们在四川境内还了解到：目前国际上很多高耗能的工业正在转向中国，和水电配合的高耗能工业园区落户在一些生态保护良好、但经济尚不发达的地区。西南江河掀起加速开发的热潮，怒江上多个水电站正在加快施工。水利水电专家刘树坤说，在西南江河的水电开发中，最大的问题一是无视环境和生态保护的重要性，采用梯级开发的过度开发模式，造成下游河道干涸断流；二是施工过程中对山体植被的破坏十分明显，原有河流生态系统将遭到毁灭性的破坏；三是大坝建设会改变流域的水循环，造成河流节点化，淹没古镇和良田，最终影响到生态系统。从实际情况看，目前西南诸河开发已经造成了不可挽回的破坏。

四、政府主导型传播——以"中华环保世纪行"为例

在大众传媒开展环境报道的历程中，有一类不能忽略的政府主导的宣传形

---

① 汪永晨. 改变——中国环境记者调查报告[M]. 北京：生活・读书・新知三联书店，2006：190.

② 章柯. 冰川消融：争议与现实[C]//汪永晨. 选择——中国环境记者调查报告[A]. 北京：生活・读书・新知三联书店，2007：197.

式——“中华环保世纪行”采访活动(以下简称“世纪行”),该活动开始于1993年,由全国人大牵头开展,10多个部委支持,囊括了中国几乎所有最重要的媒体:《人民日报》、新华社、《光明日报》、《中国青年报》、中央电视台等28家在京媒体。这是由环保元老曲格平任职全国人大之际力推的行动,为此还专门成立了一个“世纪行”组委会,根据国家大政方针,每年确立一个主题,组织记者集中几个月时间进行采访,主要目的在于宣传我国环境与资源保护方面的法律法规,提高群众特别是官员的法律意识和环境资源意识,进行舆论监督。

本书选取《人民日报》(不含海外版)作为研究文本,《人民日报》是参与“中华环保世纪行”最重要的中央媒体,它的报道具有代表性。以该报1993年至2012年间“中华环保世纪行”栏目的报道为研究对象,对消息、通讯两类新闻分析解读。在中国知网输入“中华环保世纪行”进行篇名检索,时段为1995—2013年,可得到564篇文章。

1. 宣传与动员:环境保护作为新意识形态

从大众传播本身看,它具有多项功能,例如传递信息、提供娱乐,但从扩散社会影响的角度看,它的社会功能主要有:赋予人物、事件和社会活动以某种社会地位。美国社会学家P. F. 拉扎斯菲尔德和R. K. 默顿在《大众传播,大众兴趣和有组织社会行为》(1949)一文中认为:大众传播可以使社会事件和人物等正当化,树立威信,得到显著地位;也可使之威信扫地,败下阵来。社会控制中介作用即大众传播处于上层社会控制和广大成员之间的中介领域,能使某种公德和社会规范得到宣传和明朗化,广为人知,取得社会承认,使腐败现象受到舆论谴责。20世纪90年代以来,自觉服从党的领导,中国高端媒体正是在承担意识形态功能中发挥着这样的作用,在传达具体化的政策法规、落实政令方面功能强大。

90年代初,中国工业化快速扩张,环境问题大面积暴露,典型表现在淮河流域发生了多起环境事故。环境问题的出现和发展挑战了传统的治理秩序,这种不以人的意志为转移的新问题迫使国家增设了环境议题,从而将其纳入意识形态框架中。以《人民日报》为代表的媒体具有重视宣传的优良传统,反应迅速及时。在由全国人大安排、众多媒体组团的“世纪行”活动中,《人民日报》居于核心位置,影响巨大。其基于党报的宣传与动员特点如下:

(1) 主题明确,宣传造势。

《人民日报》“世纪行”报道活动围绕党和国家工作大局,紧密配合全国人大常委会环保执法检查工作重点，始终抓住各级政府和社会普遍关注的环境与资源重大问题、人民群众关心的突出问题，有针对性地组织采访报道。通过历年设置的主题，开展不间断宣传，体现了环境议题的整体性和宏观性。

中央媒体组团报道，主题鲜明，目标明确。从下表可以看出每一年环境主题的不同：

表 1－1："中华环保世纪行"环境宣传报道历年主题

年份	主题	年份	主题
1993	向环境污染宣战	2003	推进林业建设，再造秀美山川
1994	维护生态平衡	2004	珍惜每一寸土地
1995	珍惜自然资源	2005	让人民群众喝上干净的水
1996	保护生命之水	2006	推进节约型社会建设
1997	保护资源永续利用	2007	推动节能减排，促进人与自然和谐
1998	建设万里文明海疆	2008	节约资源，保护环境
1999	爱我黄河	2009	让人民呼吸清新的空气
2000	西部开发生态行	2010	推动节能减排，发展绿色经济
2001	保护长江生命河	2011	保护环境　促进发展
2002	珍惜资源，保护环境，促进可持续发展	2012	科技支撑、依法治理 节约资源、高效利用

2015 年 4 月发布的本年度"世纪行"主题是："治理水污染，保护水环境"。对于每一年的主题，《人民日报》都做了及时宣传，包括"启动仪式"、"采访主题与对象"、"采访现场"以及报道总结。在五周年、十周年、十五周年来临之际，《人民日报》记者还会做出总结，如《"中华环保世纪行"的舆论监督之路》[①]就是该报记者的概述。

在宣传造势方面，《人民日报》做到了"动"、"静"结合，"动"就是反映动态，每一年的活动启动和具体采访的消息都要报道，如 2012 年的《中华环保世纪行宣传活动启动》：

本报北京 4 月 10 日电（记者孙秀艳）2012 年中华环保世纪行宣传活动

① 李新彦，白剑锋．"中华环保世纪行"的舆论监督之路[N]．人民日报，2003－01－15.

启动仪式今天在京举行，全国人大常委会副委员长陈至立宣布活动正式启动，并预祝活动圆满成功。据介绍，2012 年中华环保世纪行宣传活动以“科技支撑、依法治理、节约资源、高效利用”为主题，紧紧围绕全国人大常委会环境资源立法和监督工作重点，大力宣传节约资源、环境保护基本国策，大力宣传和促进水资源、矿产资源保护与可持续利用，进一步增强全社会珍惜资源、节约能源的意识。

静态报道主要是对国家政策的解释，追随中心工作作出任务、要求的解读，以便于中央政令的贯彻执行。如《危险废物如何转危为安》就介绍了如何按照要求处理危险废物，普及了科学知识。《水土流失　治理与破坏赛跑》介绍了记者在云南东川看到的泥石流造成的危害现场，揭示了水土流失问题，促动地方加快治理步伐。

(2) 走进基层，积极促动。

该报记者善于抓典型，以典型引路，引领跟进。如《福建四绿工程绿省富民》(2006 年 12 月 25 日)的导语：

本报记者赵鹏报道：这里是满眼绿色省份——全省森林覆盖率达 63.1%，居全国第一。

这里是生态效益显著的省份——据专业部门统计，这里的生态服务功能总价值 7 012.73 亿元，平均每公顷森林提供的价值为 8.27 万元。

这里还是林业发展充满生机的省份——全国集体林权改革从这里起步，其系列配套改革成为全国集体林权改革的“标准样本”。

这就是福建。

依据每一年的活动主题，“世纪行”采访报道自始至终都是落实到基层，《人民日报》等众多媒体深入地方，结合主题宣传环保、检查国家环境政策法规的落实，对地方形成一种压力和促动。如《春都在补“环保课”》(1999 年 8 月 2 日第 5 版)以消息形式反映春都集团存在污染问题，采访了洛阳市环保局副局长忻鼎耀，又向河南省副省长、洛阳市副市长反映了情况，得到迅速回应。

该报“世纪行”还随时应国家要求跟进宣传。90 年代淮河污染事件促使国务院下令：1995 年 6 月 30 日之前，沿淮年产 5 000 吨以下的小造纸厂全部关停，并做了具体四条规定，紧接着又下达了“零点行动”，国家做出“2000 年淮河水变清”的承诺。《人民日报》带队的记者团重点采访了淮河流域水污染情况，宣传最新《水污染防治法》，促进当地水污染防治和水资源保护工作。《人民日报》于 1997 年 7 月 1 日刊发《整治污染绝不手软——国家环保局限令沿淮流域小造纸厂今晨零时全部关闭》，曝光沿淮流域治污进度缓慢，促使山东、河南两省在水污染治理中遵令而行，迅速关停了多家 5 000 吨以下的小造纸厂。

(3) 肯定成绩，理性总结。

这是《人民日报》“世纪行”多年来坚持“以正面报道为主”的报道理念在环境报道中的体现。反映在追随国家治淮过程中，以肯定成绩为主的报道，形成了相对固定的宣传风格，关于“治淮”有这么几篇比较典型的报道：

表 1 - 2:《人民日报》关于治淮的典型报道

时　间	报　道　标　题
1998 年 1 月 1 日	淮河工业污染源达标排放，淮河治污第一战役告捷
1998 年 7 月 8 日	清与浊的较量——淮河治污三年纪实之一
2001 年 2 月 1 日	千里淮河现清流——淮河治污启示录

前两篇以职能部门领导视角，面对问题强调成绩。第一篇导语为：“新年的钟声刚刚敲响，……淮河治污第一战役告捷。”文中有两段都是以“国家环保总局局长谢振华说”为引语和开头，来说明环境治理的成功。同时，不忘以群众的反应再一次证明：“饱受污染之苦的百姓……如今个个拍手称快。”

第二篇“编者按”为：“淮河污染的治理是全国三江三湖治理的重中之重，党中央、国务院对此十分关心。”文中又以领导人的视角写道：“国务委员宋健要求以壮士断腕的决心……淮河终于变清”，来说明治理的成功；国家环保总局局长谢振华的“把治淮当成自己生命的一部分”反映了国家治淮的力度。

第三篇，使用了“唤醒民众环保意识”、“辩证看待水变清”的小标题，分析了“经过沿淮四省的艰苦努力，淮河变清的目标基本已经实现，这是不可否认的事实”。但是又说：“淮河治污的成果很脆弱，只是阶段性成果，……离老百姓的真正满意还有一段距离。”

从该报的有关报道统计看，排在前四位的议题分别是：环保建设与成就占 34.1%、环保措施与行动占 20.1%、生态文明与可持续发展占 13.3%、揭露环境问题占 8.8%。其中肯定地方政府环保工作成绩的占了最大的比例，版面处理比较突出，显示了鲜明的倾向性。

(4) 揭示问题，促进解决。

在多年的“世纪行”活动中，《人民日报》和其他媒体根据民间反映，联合采访，在宣传中采用了监督检查形式。该报“世纪行”记者描写了1996年一次跟随突击检查的现场：

> 我们不打招呼突击了安徽蒙城庄子造纸厂。这家厂是在中央通知后突击扩建达到5 000吨以上产量以逃避关闭的。当我们记者来到时，全厂像马蜂窝一样骚动起来：奔跑的、嚎叫的、高声咒骂的、操家伙准备护厂的……记者直闯车间，马达还是发烫，排污口的污水像粪水一样喷涌着。[①]

实际上，该报所揭示的环境问题并不多，但以《人民日报》为代表的党报在促进问题解决方面发挥了巨大作用，舆论监督成为推动我国环境与资源保护的重要力量。“10年来(至2003年)，共有5万名环境记者参与‘世纪行’采访活动，发表新闻作品达15万件，建议和敦促解决突出环境问题2万个”[②]，正是媒体的揭露才使地方进行了环境治理。

2. 难题与障碍

承上所述，《人民日报》以中国最高端媒体的优势，进行着长期的环境宣传与动员，促进了公众和官员的环境意识提升，还推动了一些环境问题的解决。但是在20世纪90年代强大功能发挥之后，《人民日报》影响力不断衰减，其宣传、动员的能力自进入21世纪以来明显下降。造成这一后果的原因，主要有外部制约与内部宣传传统与新闻改革的滞后，在威权主义控制下，改革的步子迟缓。因此可以说，《人民日报》的问题通过“世纪行”有所暴露，与在其他方面一样：受权力制约、被动追随国家议程、运动式采访、宣传味浓厚、监督不足等等都是典型的问题。

(1) 权力制约，自主性不足，监督乏力。

《人民日报》的优势同时也是它的劣势：拥有权力却又受制于权力。这里有三层意思：一是借助于权力，该报的信源权威，采访中获得各级官员和专家的接

① 易正. 中国抉择——关于中国生存条件的报告[M]. 北京：石油工业出版社，2001：250.
② 林英. 中华环保世纪行10年解决环境问题近2万个[N]. 光明日报，2003-01-15.

待、陪同和解答；二是所揭示的环境问题无一不涉及权力的是与非，这个时候它又会受到权力制约，来自上级的或下级的，以及方方面面关系（权力）的干扰；三是从与权力的关系角度看，它所推动的活动短期内高效，长期则低效，遇到压力高效，缺少压力就低效。《人民日报》"世纪行"前期的采访活动尤其监督环境污染问题有时雷厉风行，迫使地方政府迅速解决问题，如关停污染企业、落实赔偿等，背后还是靠中央的支持。但采访报道不可能无限制透支权力，权力更会制约媒体，迫使媒体放弃监督，问题就长期解决不了，致使危害扩大。

从对《人民日报》20年有关"世纪行"报道的简单分析可以看出：缺少强有力的揭露监督导致了传播效果的弱化，难以对地方政府政绩工程纠偏，也弱化了受众对环境问题的认知和行动。《人民日报》的新闻运作具有风向标的作用，其他媒体（如《光明日报》、《经济日报》、中央电视台等）也在一定程度上追随它的动向，导致了环境监督力度的减弱，"世纪行"逐步陷于步履维艰的境地。

(2) 追随国家议程，宣传动员运动化。

作为党报，《人民日报》不能不紧跟国家议程，围绕中心工作作出反应。正如每年的活动议题不是自己确定的一样，《人民日报》的宣传动员基本成为上级布置的"命题作文"，中央的政令到了地方的落实情况，就是记者的"作业"。与依据国家议程相伴随的就是"运动式"采访。这里分为两种情况：一是围绕"世纪行"主题的阶段式宣传，二是每年宣传时段也体现出运动式的特点。如图1－2显示了20年的活动主题，每年突出的主题各有侧重，其中与"节约资源"相关的占40％；与"水"相关的占25％，以上两类占到总数的65％。

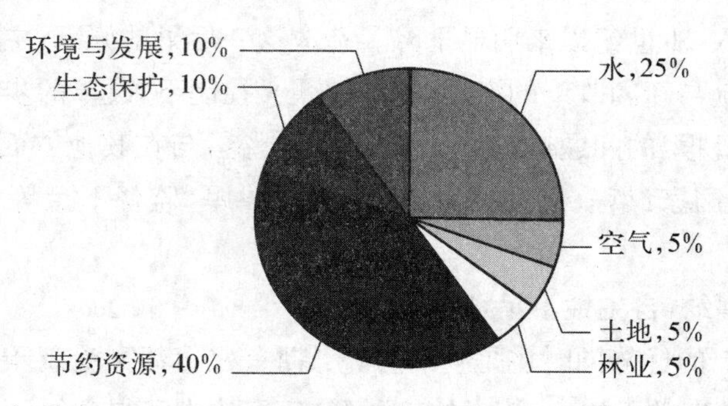

图1－2：中华环保世纪行20年报道主题分类图

"世纪行"报道数量还随国家政策变化而变化。从《人民日报》20年来关于"世纪行"的发稿数量来看，每年数量不稳定，波动较大。

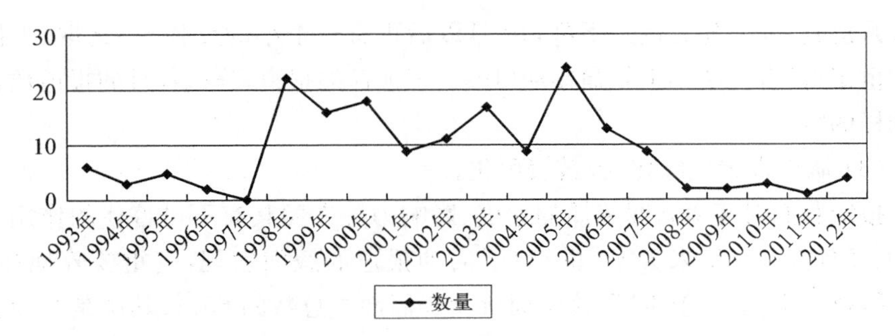

图 1-3:《人民日报》中华环保世纪行 20 年报道数量变化图

由图 1-3 可以看出，从 1993 年至 2012 年，《人民日报》对“世纪行”的报道数量波动较大，大体经历了成长、鼎盛、衰落三个时期：成长期为 1993 年至 1997 年，每年发稿数量不足 10 篇，最少的是 1997 年。鼎盛期为 1998 年至 2007 年，每年发稿数量基本保持在 10 篇以上。2005 年随着太湖污染态势加剧，国家“三河三湖”重点流域水污染治理计划启动①，《人民日报》“世纪行”以“让人民群众喝上干净的水”为主题报道。2008 年至 2012 年报道进入衰退期，2008 年汶川地震、奥运会和南方雪灾接踵而至，“世纪行”活动报道被搁置，只有 2 篇消息，这 5 年报道总数仅是 2005 年的一半。

再看每年的报道运动化和一阵风的问题。“自然之友”曾对《人民日报》、《光明日报》、《中国青年报》等近十家权威报纸 1995 年至 1998 年环境新闻刊登频率进行调查，发现报纸的环境报道在时间上有一定的规律性：基本上 2 月份最低，3 月和 4 月是绿化季节，又有地球日、爱鸟周等活动，环境报道的数量随之上升，

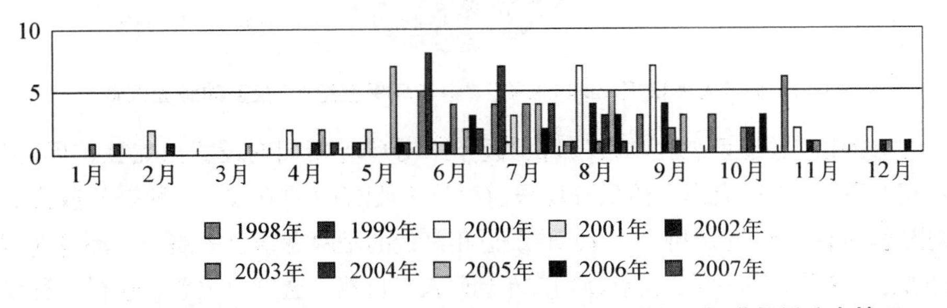

图 1-4:《人民日报》1998—2007 年对“中华环保世纪行”各月报道数量分布情况

① 刘毅. 为了干净的水：中华环保世纪行宣传活动启动[N]. 人民日报，2005-05-12.

至6月达到高峰，随之逐月下降，10月以后再有一个小的反弹[①]。选取《人民日报》"世纪行"宣传活动十年鼎盛期(1998—2007)的报道，分析各月的报道数量具有同样的特点。

(3) 版面设置边缘化、报道表面化。

报纸版面对环境新闻传播的速度、影响力等方面具有不可替代的作用。考察《人民日报》20年来关于"世纪行"活动报道的版面发现，其重要阵地在"教育·科技·文化·(卫生)"，该版面所刊登稿件占总数的65%；其次是"要闻"版和"科技周刊·人与自然"版，各占13%；其他版面如"环境卫生人口"、"经济"、"文艺评论"等版面，占总数的6%；头版只占到3%，即176篇中只有5篇。如图1-5所示。同时，传播缺乏互动性，环保问题报道"一头热"。环境报道"围绕和服务中心工作"的行政化倾向由来已久[②]，传者本位的行政化报道思路带有明显的"命令式"语气。"世纪行"的报道只是向基层受众灌输环保的政策法规，受众只能被动接受，媒体也缺乏互动渠道。基层所关心的环境问题无法及时反馈，造成环境问题决策层面"一头热"。

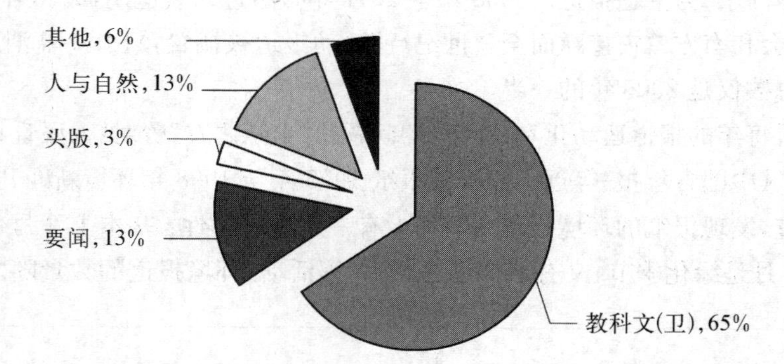

图1-5：《人民日报》20年来关于"中华环保世纪行"报道的版面配置

边缘化问题还反映在《人民日报》近年来对环境新闻的设置虽然在扩展，但是"世纪行"栏目不再突出。该报环境报道栏目主要有两种方式：一种是分散式短新闻报道，一种是专版专刊。《人民日报》近年来走的是两者结合的路子。环境新闻分布的版面主要是在一版、"视点新闻"、专刊("人与自然")这三个位置。这样一种设置

① 王婷婷. 环境新闻的嬗变历程及发展趋势[J]. 新闻实践，2008(12).
② 种婷婷. 我国环境新闻的嬗变及动因探析[D]，华中科技大学，2009年硕士学位论文。

方式，把"世纪行"挤到了边缘，大量的环境报道不在这个栏目，即使有也被湮没了。

《人民日报》"世纪行"报道虽然多种多样，但是动态消息多，深度报道少，对环境问题做出实质性分析的就更少了。报道大多是对自然环境、环保法规、生态建设、环境污染等的简单描述和介绍，并未对其发生的背景、因果及影响做深入的探讨和调查。

2007年发生了"太湖蓝藻事件"，众多媒体参与报道，《人民日报》"世纪行"不能不加以反映。而通过与《中国青年报》同一事件的报道对比，发现在揭露问题方面，《人民日报》明显薄弱，从标题制作、语言倾向、版面处理、责任追究等方面都不如《中国青年报》深刻、尖锐、鲜明：前者更多是提供信息和正面引导，甚至以评论形式表达倾向，采访不深入、监督力度小；在信源使用上，多依赖政府官员和专家学者，很少有现场访问调查，来自一线的亲身体验观察的资料比较少。而后者不仅提供信息，还深入采访，走进事故现场调查取证，在报道中敢于触及问题，如直接指出污染责任官员、提出处理措施、揭示污染源等。这也反映出作为一家新锐、权威的非党委机关报的平面媒体，能够超脱于既定的体制框架，有力地揭示问题。

表1-3：《人民日报》和《中国青年报》关于"太湖蓝藻事件"的报道对比

《人民日报》	《中国青年报》
蓝藻给太湖亮红灯（消息）	直击无锡水危机（特写）
1.9亿立方清水注入太湖（图文）	尽快让市民喝上干净水（消息）
无锡市民将重新用上清洁水（图文）	太湖污染事件影响官员问责（评论）
蓝藻水危机，污染是主因（深度报道）	无锡水不臭了（通讯）
遏止蓝藻，不容懈怠（评论）	无锡水环境形势依然严峻（深度报道）
遏止蓝藻，预防为主（访谈）	无锡严处五名"水危机"责任人（消息）
这里还有这么多小化工厂（评论）	沿岸已成化工厂集聚区（深度报道）

3. 效果与反思

"世纪行"需要增强影响既是国家环保工作所需，也是环境恶化形势所迫。就《人民日报》而言，近年来正在积极改革，版面增多、内容活泼、形式新颖、报道拓宽等[1]，但是随着新媒体的快速发展，网络的繁荣带来了一个"自媒体"时代，

① 刘友宾.关于新时期环境新闻的几点思考[N].中国环境报，2007-12-14.

读者加速分化,《人民日报》等传统媒体的影响日渐衰减。在此背景下,该报要实现自身的变革,特别是核心竞争力的提升,还面临很大挑战。尤其在网络新闻冲击下,仅仅将读者定位于中央政府官员,浓厚的宣传腔不仅使读者面太窄,而且官员也不喜欢这种风格。应该看到,只有权威、深度的报道才能吸引人们自愿阅读。因此,《人民日报》需要重塑"中华环保世纪行"这一品牌,改进报道,以增强权威性和公信力,这主要包括:主动设置议程,实现稳定、均衡报道;淡化宣传味,强化贴近,强化警示;科学设置议程,注重长效报道;培育稳定、负责的环境新闻记者队伍等工作。

第二章　中国环境保护的风险传播

由上可知，中国的环境问题经历了被动感知和开始行动的过程，当然也是传媒不断建构的过程，特别是风险的呈现。自然风险的呈现使环境受害者与社会舆论关注，并且在政府的主导下进行治理。紧随着政府议程，传媒持续报道环境问题，从被动走向主动，对政府和社会公众都形成了一种外在的驱动力：揭示问题，引起注意，促使行动。在逐渐自主选择环境议题的过程中，传媒的环境报道关注面不断扩大，塑造了社会领域的重要议题。而在这个过程中，传媒除了对自然灾难作出预警之外，还关注到其他重要的环境污染议题，如被污染的水土空气等都在造成健康伤害。这在很大程度上形成了环境风险。环境风险在多个领域爆发，通过传媒持续揭示，被受众所感知。但是感知的程度与传媒所揭示的深度和广度密切相关，反映环境风险越多越持久，那么受众感知就越深刻。于是，一个重要的问题在于：传媒是如何呈现环境风险的？它们呈现了哪些领域的环境风险？其效果如何评估？这些问题都值得深入探讨。经过多年的环境报道资料收集结合当今环境议题变迁，笔者发现以下议题是传媒格外关注并予以凸显的：自然灾难、“癌症村”、水与空气污染、食品污染、拆迁资源环境破坏（媒体框架并不关注于此）。在这一章中，将对这些传媒格外关注的典型环境议题作出分析，以此剖析传媒的内容诉求中其风险预警的成败得失问题。

第一节　自然灾难报道预警

一、自然灾难剧增的风险呈现

中国自古以来就多灾多难，各种文献都有大量记载。除了人为造成的灾祸之外，更多的来自自然界产生的灾害，干旱与洪涝是中国两千多年中交替发生的两大自然灾害，使人民生命饱受摧残。进入新中国经济建设时期以来，伴随工业化而来的自然灾害走向多样化：旱涝灾害之外，台风暴雨、泥石流、滑坡、沙尘暴与火灾等都在增多，危害扩大。这主要是由于工业的扩张与农业的推进对自然生态破坏带来的结果。自然界经过亿万年的演化，形成了一套符合它自身运行的规律，人不过是它的产物。但是当人们发展无节制的工业和农业之后，到了当代就远远超出了它所能承受的极限，于是自然的运行发生紊乱，最突出的表现是全球气候变暖。由于工农业快速扩张，尤其是煤、油、气的燃烧产生大量的二氧化碳进入大气层，产生了增温效应，使得高山冰川、积雪与南北极地冰川积雪加速融化。对于不断扩大的自然灾害，传媒一直对此作出了突出的报道，但很少反思“人定胜天”的误区。

首先，传媒对于台风与暴雨报道观念偏失。中国东南沿海和南部海域在夏秋季节会受到台风的危害，在20世纪90年代以前可称之为“影响”，但近20多年中则是“危害”，台风强度变大，次数变多，带来的有强风、暴雨等灾害。在科技日益发达进步的今天，人们可以通过传媒提供的台风预报作出预防准备。但是传媒预警和天气预报多是后发的被动反应，还是一种治标并未治本的措施。《台风越来越厉害了》[①]这篇《南方周末》的报道揭示了根本问题：台风多了，因台风造成的损失也越来越大。传媒要提供的预警不仅是预报台风，而且要进一步解释台风形成的原因，以及这些孤立的原因背后的海洋环境、天气发生的变动，使人们知其然，还要知其所以然，“传媒在提供良好的预报之外要兼顾深层原因分析，这种预报就不是单纯的海洋天气预报，这才能够有效地作出指引。在这个过程中，传播预警除了个例的台风预报之外，还有对沿海加强环境治理的调查提出应对之策”[②]。沿海地区滥砍乱伐现象严重，大批海防林几乎消失；近海过度捕捞、围海造田建港，以及无止无休的污水排放、垃圾遗弃等破坏海洋的行为，都在加剧着海洋生态的恶化。

其次，传媒所报道的泥石流与滑坡也存在引导不足的问题。2010年舟曲泥石流灾难，2013年雅安地震，2014年鲁甸地震，2015年尼泊尔强震波及西藏，传媒发动全国人民参与救援。近年来，大江大河沿岸频发泥石流灾害，造成巨大的生命财产损失。在西部、西南江河流经的山区多属于岩石破碎区，近年来发生的

① 李虎军. 台风越来越厉害了[N]. 南方周末，2005-09-22.

② 阮煜琳. 报告显示中国近海海洋环境灾害呈逐渐增加趋势[N]. 中新社，2011-04-29.

泥石流、滑坡、地震次数增多烈度加大，主要在于江河上修建了大量的水电站，拦截江河蓄水；同时大肆砍伐天然林使山体失去了植被固定，导致了诸多隐患。传媒的报道多是被动反映每次事故，随着事故处理完毕，传媒也就转移了注意力。当然，以人为本成为共识，抢救人、保护人、安置人等措施都是尊重生命的体现。但泥石流、地震灾害是否可以避免？多年的砍伐天然林，造成周围山体植被光秃，岩石土层的稳定被破坏。再者人为的侵扰也极大改变了当地的小气候。由于泥石流、滑坡属于地质灾害，而且涉及水文、地理等专业性很强的领域，公众一般很想了解其变化机理。传媒要从每一次事故中吸取教训，努力摸清各类潜藏的风险，不仅要实地调查了解，还要请教地质等方面的专家，以权威数据指导地方认识地质风险。大众所依赖的信息主要是专家通过传媒传达出来的，传媒应该负起预告责任。

再次，沙尘暴报道缺少预警。传媒通过报道沙尘暴警示沙漠化问题。1949年前由于西北地区、内蒙古及华北、东北地区的天然林与草场的植被和河流、湖泊尚属良好状态，因而发生的沙尘暴次数较少、强度不大。但是此后的乱伐森林、破坏草场和过度放牧、大片滥垦等原因造成了严重的沙化，催生扩大了塔克拉玛干沙漠、巴丹吉林沙漠、腾格里沙漠等大沙漠，使内蒙古、甘肃、新疆、宁夏、河北等地出现了不断增大的沙丘地带，风起沙扬，一路形成沙尘暴，对大半个中国以及韩国、日本、美国产生了影响。传媒对此的报道开端是1979年的《风沙紧逼北京城》①，1998年之后，连续三年的剧烈沙尘暴天气让全国人民吃够了苦头，更让传媒难以置之度外。于是众多北京记者在采访中逆风上行，探寻沙源地，内蒙古成为最大的源头，甘肃、新疆其次。记者往往发现当地植被几乎被破坏殆尽，沙化面积不断扩大，形成巨大的沙源地。当地进行了艰苦的治理，但陷入缺水、干旱、大风蒸发的恶性循环，加之不合理的开发工农业与过量抽取地下水，致使原来的抗旱植物枯死，沙漠每年以数米的速度向前推进。笔者在腾格里沙漠与巴丹吉林沙漠合围的甘肃民勤县调研中就发现：过度开采地下水使胡杨、沙枣等耐旱植物大量死亡，又加之大水浇灌经济作物以及庄稼使宝贵的水资源浪费严重；地表水流极度匮乏，依靠跨地区调水解渴只能是权宜之策。对于民勤这一河西走廊与华北的重要生态屏障，传媒多次予以报道揭示其中的风险，指出其要害是缺水，时任总理温家宝同志多次奔赴民勤指导当地治沙保水，提出“绝不

① 黄正根，傅上伦，李忠诚，李一功. 风沙紧逼北京城[N]. 新华社，1979-03-03.

能让民勤成为第二个罗布泊”。根据我们多次的实地调查，至今民勤缺水危机仍然未能有效缓解。

除了上述四组自然灾害之外，在当今中国还有日益增多的环境风险需要传媒揭露，这方面仅仅以“事故”为起点进行报道已经太滞后了。时至今日，即使一个环境意识再淡漠的人，至少也能看到日益加重的环境问题：“温室效应加剧、臭氧层破坏、酸雨污染、水资源危机、土地沙漠化、森林枯竭、水土流失、物种灭绝、有毒化学品、电子产品污染、垃圾成灾……”[①]今天人们面临的最大敌人，已不是战争、疾病、天灾、瘟疫，而是无处不在的环境问题。新的环境风险值得警惕：一是冰川融化的后果堪忧。以祁连山与青藏高原冰川融化上升为代表，一些科学家用自己观测到的数据综合分析得出了冰川消融速度加快的结论，“亚洲水塔”岌岌可危。二是水资源匮乏与浪费的风险。中国的水资源紧缺早已是不争的事实。摄影师卢广作为一个自由职业者，多年来走遍了除东北之外的多数污染省份，拍摄了大量的地方排污照片，不仅有中西部、西南、中南地区，还有东部沿海的省份，众多污染企业向沟渠、江河、大海日夜排污，偷埋排污管至河底、江心、海中的比比皆是。其《中国的污染》系列照片 2009 年获得尤金·史密斯人道主义摄影大奖。三是垃圾围城的危机。至今全国垃圾占地面积已超过千万亩，年产量超过 300 亿吨，人均 20 多吨(台湾地区人均仅 700 公斤左右)。日本是世界上垃圾回收处理最彻底的国家，综合利用率达 99%，中国仅为 20%不到。日本人认为：生活废弃物混在一起是垃圾，分开之后是资源。此外还有交通堵塞、水土流失、野生动植物灭绝、沙漠的扩大、空气污染、近海污染、矿产资源的破坏掠夺等几十种环境风险。这需要传媒正视风险，以新闻报道进一步促进公平正义。

二、渐变报道与突变报道

对于中国的环境问题，传媒以渐变报道和突变报道相结合的方式进行着反映。环境问题对于在经济上拼命赶超的中国来说是个不速之客，不请自来，令人厌憎，却又挥之不去，如影随形。从视而不见到饱受侵害，从而不得不有所行动。对于这个问题，仍有必要从历史的角度追寻中国在环境保护认识、行动与传媒反

① 焦辉东. 中国环境危机报告：带血的警告. 网易新闻，http://www.360doc.com/content/07/0411/09/2311_441418.shtml/2007-04-11.

映方面的缓慢进程。1964 年，中国提出了农业、工业、国防、科技的“四个现代化”，但环境保护并不在其中。1972 年联合国在瑞典斯德哥尔摩召开第一次人类环境会议，周恩来总理力排众议，坚持派人参加。但是中国代表团在会上集中火力抨击西方的环境危机，将其总结为资本主义危机大暴露，却对本国的环境问题只字未提，也拒绝在“人类环境宣言”上签字。1973 年的中央“十大”和 1975 年的四届人大一次会议，都没有把环境保护列入现代化的目标之内，仍然重视“阶级斗争为纲”。1974 年，国内翻译出版了《只有一个地球》，仅限于内部控制发行，在序言中对西方进行了意识形态方面的批判。1975 年出版了《国外公害概论》，也是政治挂帅，限量发行。直到 1984 年初的全国第二次环境会议上，我国才开始把环境保护列为国策。

从 1973 年第一次全国环保会议以来的 40 多年里，环境风险有增无减。中国的环境破坏不仅没有缓解，反而继续恶化，环境事故处于高发态势。这个局面说明了 80 年代大众传媒所警示的环境危机多是一种渐变，也即对生产生活中出现的人为哄抢国家集体财产，盗窃、侵占国有资产的种种行为，在两权分离的背景下予以揭露。

传媒很少揭露的是：中国经营权和所有权（也即产权）相分离在现实中成为环境、土地、工厂等遭破坏的根源。国家利益被弃之一旁，化公为私、损公肥私行为蔓延开来。“要保护好环境，减少环境风险，不是短时间内就能完成的，也非三年两载就能见效的，这恰恰又与厂长、县长、市长、省长等官员任期有限且充满变数相矛盾，两者又不兼容。”[①]在两权分离的状况下，环境破坏不可避免，渐变不断地发生，演变为今天防不胜防的环境风险，也就给传媒带来了应接不暇的可报道的内容。

突变往往体现在环境事故或事件发生时，在传媒的关注下成为热点。90 年代淮河流域发生了数次停水事故，淮河污染积累多年终于导致一次次的巨大灾变，震惊了社会，惊动了中央领导。此后沙尘暴、停水事件、原油泄漏、雾霾等都被命名为“事件”，特别是 2011 年以来持续肆虐的雾霾，让传媒增加了不计其数的新闻素材，只要与之有关，都是新闻。而此前的污染积累的渐变得不到追问，也就被遮蔽和遗忘了。

越来越多的环境突发事件被传媒格外关注。这并不是环境生态真正引起人

① 孙英威. 落实科学发展观：保护好生态是最长久的政绩[N]. 新华社，2005-07-16.

们的关心，而主要是这种事故满足了各种窥探好奇心理。都市报的市场化取向也在开发、引诱和迎合这种需求，以至于此后突变类的环境事故报道越来越多了，这一方面确实是环境污染渐变导致的一个结果，另一方面又是传媒刻意为之造成的局面。突变是渐变带来的结果和并行不悖的过程。前者在传媒得到突出的反映，也被认为新闻价值更大、更有关注度。渐变和突变都变成了传媒需要反映的内容，“突变的报道侧重于已经发生的事故和造成的突变危害，这成为今日报道的常态，成为吸引受众的主要手段，也变为他们潜在的心理期待”①。由此可以看出，传媒之所以更为热衷于突变报道，也有受众的“事故期待”，以及传媒获得了所期待的看点。这样看来，传媒关注渐变应该是基础性的工作，但是回顾传媒的实际表现这方面是欠缺的，环境污染由量变到质变突发事故越来越多，渐变与突变报道失衡的问题值得反思。

三、风险多样化的揭示

中国的环保传播原来以政府推动为主，带有典型的政府主导性质，多年来就具有鲜明突出的政府宣传特色。以下主要考察两个方面的内容：一是以环境保护为主的宣传，以及它的各类体现；二是突破宣传框架，自主走向风险揭示的专业努力。应当说，这有一个转变过程。

1. 环保标语的宣传

自从 20 世纪 70 年代成立环境保护机构以来，中国就注重对环保的宣传。宣传环境保护，向社会传播最便捷的途径除了大众传媒，就是各类标语，刷在墙上，长期保存，人人可见，又深入人心。在 70 年代以阶级斗争为纲的特殊政治时期，随处可见的是各种政治标语，没有环保标语的容身之地。进入 80 年代，墙上标语出现了“计划生育”、“四个现代化”、“五讲四美”等新内容。同时“环境保护”的标语开始出现，在 80 年代中期也被醒目地刷在建筑物上。但是环保标语为更多人所知还是在 90 年代后期，随着政府的标语安置点增多，它不仅被刷在墙体、商店、公告栏、公交站台、路边垃圾箱上，还出现在各类横幅上，配合了城市各类检查评比。利用一切可利用的平面、立体的空间刷出环保标语，引起人们的关注。21 世纪以来，市政建设在加大垃圾处理力度的同时，也在每个垃圾箱上印

① 丛姗姗. 遵循新闻传播规律　做好突发事件的新闻报道[J]. 现代交际，2012(11).

刷了"环境保护,从我做起"、"环境保护,人人有责"的标语,公交车上也有了"爱护环境,珍惜美好家园"、"节约资源,呵护家园"等标语,大型商场、步行街、人行天桥、广告栏等处也被刷上了环保标语。经过十多年的坚持,政府不仅让它们在街上安家,还使它走进社区与居民时时见面。这样一来,环保标语就覆盖了人们工作生活的大部分区域,保证了每一个识字的人都能经常性地看到环保标语并耳熟能详,理解环保并落实环保行动,成为一种意识进而变成一种行为和习惯。在这方面,环保标语的传播效率是巨大的,它以高覆盖、广传播、深介入的方式到达人们的视野中,真正做到了入耳入眼入心。环保标语的普及率达到了极高的水平,再辅之以报纸、电视、广播、网络宣传,以无所不在的能量,类似于商业广告的方式,让人们在生活、工作中不间断地接触接受。

环保标语的传播持之以恒,一定程度上普及了环境保护意识,取得了良好的效果。政府的目的也非常明显,即通过持久广泛的宣传,让人们了解环保,知晓环保,并且参与环保。仅仅由政府独自承担这项工作力量是不够的,只有公众参与才是一个完整的治理过程,才能达到环境保护的最佳效果。这也有社会动员的意图,过去政治运动总是强调发动群众,新时期环境运动再发动群众不是以运动形式大规模的快速行动,而是日常生活、工作中的细微习惯培养,让人们自觉养成良好的道德规范。当然环保标语在内容、方式上也有一些细微变化。

原来类似于政治动员的"加强环境保护,造福子孙后代",到 90 年代变为诉求式和警醒式的标语:"不要让地球上最后一滴水,变成我们眼中的眼泪",以及"但留方寸土,留给子孙耕";还有倾诉式的"呵护蓝天碧水"、"小草青青,踏之何忍"、"河流哭了"等①。另外,一些环保节目、政府或环保 NGO 自制标语上街宣传,内容更丰富,形式也更多样,吸引人们去关注和参与。到了近十多年中,由地方政府主导的评比活动不断利用环保口号来获得合法性支持。环保模范城、山水园林城市、宜居城市、生态旅游城市等的创建多种多样,利用人们关注环保、渴求自然的心态,屡打环保牌,从表面上改善城市生态环境。

公众长期不能有效参与环保带来了一系列问题。城市绿化问题突出(如少数市民想植树很难,很多广场、道路、公园等地方却移植从农村掠夺的大树古树,树死无人担责),传媒也没有提供良好的反映诉求的途径,让普通公众对环保失

① 刘友宾.对新时期环境宣教工作的几点思考[J].环境教育,2008(1).

去了信心与热情。今天也只有政府部门在议程实施中对它加以利用。人们平时从事的消费生产很少自觉遵循环保理念,例如垃圾处理,即使居民文化素质较高的北京,在小区推行垃圾分类都困难重重,难以持续,更不用说其他城市的垃圾分类试点了。绝大多数居民过多消耗塑料袋和一次性包装,又将各类垃圾混装一扔了事,根本就不会关心造成了多少环境污染与资源浪费。这与日本环保落实在生活中有天壤之别。政府在多次动员之后垃圾分类没有进展,只好继续走焚烧和填埋的老路。

但是环保标语从来都是需要的。它的简明、有力、鼓动和倡导对于人们认识的转变、行动的落实都至关重要;它们能够带动社会新风尚,让人们能有一个美好的目标去追随。弘扬真善美,也是让人们去学习真善美,共同营造一个山川秀美的祖国,营造十八大提出的"美丽中国"。环保标语存在于生活中,持久的传播并作有益的提醒,也在促动政府加紧环境治理,认清形势,加快环保步伐,也为民众树立一个良好的形象。环保标语也让企业认识到自身的责任,生产中不破坏环境,创造经济效益的同时也要维护社会效益。既可以通过技术改进实施环境保护,又可以利用自身雄厚的资金从事环保事业。时代在前进,新的环境问题又会出现。人们除了从大众传媒那里直接了解有关知识之外,还需要标语的引领,它在一片喧嚣中非常鲜明。节能减排、低碳出行、26 度空调行动等指明方向,群众也能很好地响应,在生产与消费领域有明显的改变效果。它也是连接公众、传媒与政府的纽带,通过它的鼓动能够让三者走到一起,进行沟通与合作,将环境治理落到实处,共同改善生态面貌。总之,环保标语还有很多其他方面的积极作用,它能够引导人们追求真善美,也在推动社会走向和谐与美好,它成为一个引导前进的路标。

2. 环保传播突破宣传框架,走向独立报道的目标

从以往的宣传框架看,反映工作、报道成绩成为环保传播的普遍模式。由此可知,环保宣传总是容易将有利于自身的工作与所谓成绩硬塞给传媒受众,而不关心受众是否需要。这样的环保宣传就与受众的期望之间拉开了距离。可见环保宣传有着严重的背离新闻规律的地方,因为后者追求信息满足才是非常重要的。

由此再从新闻和宣传两者的差别来比较,就更能看出问题之所在。首先,不能将新闻与宣传混淆,片面的政治功利观左右着新闻传媒,使其没有按照新闻传播本身的规律运作,其突出表现之一就是把新闻同政治宣传混淆起来。沉重的历史教训警示我们:"要使新闻工作不误入歧途,要使宣传工作正常合理的展开,

必须在理论上将新闻和宣传区别开来。”[①]我们所理解的宣传，是政府通过传媒将政策、法规、决议、精神进行传播，使更多的人知晓并遵循。而新闻侧重于提供给人们新的信息，能够消除各种不确定的东西，也就是新闻传播的基本功能应该是传播渐进变动事实的信息。所以，环保传播也就应该提供很多人们所不知道的环境信息，满足人们的知情权。在环境领域由于以政府为主导，人们过度消费制造了多少环境风险后果大家都不清楚。

国家法律对传媒的信息公开起到了有力的推动作用。从1987年党的十三大确立的“重大事情要让人民知道，重大事情要经人民讨论”，到党的十五大、十六大、十七大都有关于信息公开的要求，特别是十七大进一步明确了公民拥有知情权、表达权、监督权、参与权，就使人民有了更为具体的权利。既然公民拥有“四权”是合法的，那么传媒就更有权利去作合法的公开报道了。当然从国家意志上确认了公开权利，还并不等于实践中的落实，因为很多地方权力会因公开报道危及自己政绩而打压报道，特别在环境新闻报道领域，涉及面大而且矛盾冲突尖锐，受到的阻挠、压制非常大，成为极为敏感的问题领域。在这种不利局势下，一向被视为弱势部门的国家环保部，近年来掀起了“流域限批”、“绿色信贷”、“区域环评”等环保风暴，让地方感到了环保法令政策开始动真碰硬，同时环保部还力挺传媒的揭露曝光，让一大批违反环保政策的项目得以披露并上了环保黑名单。环保部的督察还让传媒参与其中，加大了对监督对象的舆论高压力度，一度让地方不敢上马污染项目。环保部门的强势当然让传媒有了后盾，能够在其支持下，去揭露地方的问题，也一度有力地震慑了一些地方顶风上马破坏环境的项目。

总之，经过传媒自身的力争，其预警能力有所提高。在灾难、事故发生之后能够有效报道，这是一种进步。一个不容否认的事实就是，中国进入20世纪90年代以来的自然灾害与环境事故正在呈现快速增多的特点。这种增多与中国快速工业化、城市化等运动呈现正相关，传媒也随之跟进。但是环境保护传播的现状只能说明中国的环境问题不但没有减少，反而大大增多，环境风险提高也让人担忧。因此对于传媒的职责来说，不仅仅是报道已经发生的事实，还要发挥两个方面的功能：一是尽早地为社会发出预警，尽量不当“事后诸葛亮”；二是以报道和策划促动政府部门行动起来，加大环境治理力度，减少对环境的破坏不遵循可

① 陈霖.新闻学概论[M].苏州：苏州大学出版社，2008：193.

持续发展只能是饮鸩止渴，遏制不住的强拆毁田需要传媒揭露批评、带动舆论力量纠正失误和促动上级权力的干预处理。除了推动政府开展环境治理科学决策来减少污染行为之外，传媒还应发动环保 NGO 等民间力量协助自己对环境风险的渐变多加关注和行动，既为自己提供报道素材，又要使民间力量成为参与治理的重要力量。

第二节 "癌症村"报道预警

一、"污染下乡、垃圾下乡"与"癌症村"传播

与西方发达国家污染大大减轻(原因在于一方面是污染被转移给发展中国家，一方面又强化了自身环境保护)的现状相比，中国的污染程度不断加重。广布于中国乡村的"癌症村"即是一个代表。在当今中国，"癌症村"的增多表明急功近利的现代化让人们在脱贫致富的同时，又以肆无忌惮的污染把人拖向深渊。"癌症村"虽是传媒命名的结果，但是与众多早发的癌症患者的病痛与坠入死亡以及带来的精神创伤相比，这一名称向社会公布还是太迟缓了。毕竟有太多的辛劳一生的农民莫名其妙地患上不治之症，不少人因病返贫，很多人只好忍受病痛的折磨。记者的精力有限，他们不可能去实地访问每一个"癌症村"，传媒对这一议题关注非常有限。其产生原因主要是多年来持续的城市以农村为牺牲的"污染下乡、垃圾下乡"，使农村成为被动纳污之地。

城市污染农村的格局难以改变。长期以来在物理空间中盛行这种污染转移的现实，既没有受到学界足够关注(多年来只有林景星一个学者做专业跟踪调查)，又在社会系统中缺少一种理论观照，城乡两个系统之间的环境影响是相互封闭的。这方面德国社会学家卢曼对环境问题倾注了很多思考，他认为：典型的系统理论假设社会体系是个人和制度的交流，交流使社会更为真实。按照卢曼的理论，现代社会的中心是绝大多数子系统未能很好交流。它们往往是自我参照的，太局限于自身内部的讨论和理解，以至于无法欣赏其他子系统①。西方

① 王芳. 环境社会学理论的经典基础与当代视野[M]//洪大用编. 中国环境社会学——一门建构中的学科. 北京：中国社会科学出版社，2007：37.

的社会系统话语不存在城乡分割的学术语境，但中国的城与乡也的确构成了两个封闭的系统，相互之间的文化、思想交流极为稀少，如果存在也只是随着大批青壮年进城进一步使农村依附于城市。在不平等的关系格局下，一方以另一方牺牲为代价。这就带来了很大的问题，在社会结构层面，中国目前既有前现代社会的结构特征（即块状或区隔分化的特征），又有理想社会的结构特征（即功能分化的特征）。这种结构混合状态对中国面临的环境问题的解决既有不利的一面，又有有利的一面。城市一方面是环境的主要消费者，另一方面又占有极大部分的环境治理资源。这就使得中国的环境优先治理局限在相对小的范围，即城市中。环境治理优先保证城市，让城市表面变得更美好。

但在这种表面光鲜的背后，却是城市刻意掩盖的不公平。违反环境正义的做法得不到应有的重视。如大树进城装点了城市，但是昂贵且死亡率奇高的大树从何而来？大多耗费巨资取自农村（农村的古树所剩无几）和国外；城市中的乡土风味的饭馆其摆设如石碑、石槽、石碾等也是来自农村。越来越多或者干脆说能跑得动的青壮年进了城市（年老者回乡）从事各种苦脏累的工作，农村大多只有留守的老弱妇孺。与其说农民羡慕城里的花花世界自愿奔向城市，不如说他们更多是出于一种无奈的选择。“在家千日好，出门一时难”，除了打工挣钱，大多数进城者被迫漂泊于城市的边缘。

一方面是城市对农村展开旷日持久的资源抽取，又一方面又给农村带来无穷无尽的污染。城市不想要、农村不愿接纳但无奈被动承受的污染物毒害，导致“癌症村”快速且大量出现。多年来，这种行为是否构建了一套稳固的路线图了呢？实际的调查最有说服力，这方面有相当多的典型案例。

路线图之一，是污染工厂下乡。具体有三条路线：一是直接在农村办厂。80年代沿袭先进地区污染落后地区的梯级分布，外国先进的但有污染的企业转移到中国，先在东南发达城市上海、广州等地落户，而后上海等地将污染企业转移给苏南的二三线城市，苏南再将污染企业转移到苏北、西部等地，这就是总体上的东部污染西部，城市转向农村，南方迁于北方。城市工厂直接转到农村，加上80年代苏南乡镇企业崛起（所谓的“三分天下有其一”，其可观的财政收入被中央肯定），这一被费孝通称颂的苏南模式制造了来势迅猛的污染。90年代中后期至今城市的污染与重型企业外迁到农村安家落户，这是城市经营中的一个重要手段，既为减轻城市各种压力包括污染，又为城市腾出土地进行房产开发。城市中不需要的污染企业，纷纷迁到农村，这是代价转移，如首钢最终迁移到曹妃甸，对当地造成生态破坏。二是90年代兴起的开发区热、工业园热让污染企业集中。这些开发区发展最早，是城市征用郊区甚至更远的农村土地建设的。90年代以来从省到市以及县到乡镇都争相建起规模巨大的开发区，占用了大量良田沃土；90年代末各地又掀起了工业园热，将招商引资进来的企业统一安置于工业园内给予优厚待遇，使得这些企业制造了大量污染。放纵污染使得不断增多的污染企业堂而皇之地在广大农村安家，污染的最直接受害者就是附近的村民。但受到"无农不稳，无工不富"的诱惑，办厂似乎成为脱贫的唯一法宝，农村抢都来不及。

路线图之二，污水下乡。中国大多数城市都依河流发展，城市往往位于河流附近。污水最先产生于城市，最终流入农村，致使农业与农民成为受害者。由此导致的"癌症村"案例非常之多。山东肥城肖家店村，10年中因癌症死亡150多人。该村位于大汶河（这是中华文明——大汶口文化发源地之一）河岸边，90年代以来大汶河上游建成了几十家化工厂，都向河中排污，在专家对肖家店的土地化验中发现蔬菜、粮食中重金属等有毒物质严重超标。① 江苏徐州奎河，发源于该市云龙湖，经安徽宿州最终在江苏泗洪汇入洪泽湖，其中大部分在安徽境内，但它也是淮河流域毒素较多的一条河流，流经的宿州地区癌症死亡率达到1 600/1 000 000，比世卫组织公布的标准要高出160—200倍。不仅是城市污水，更多的开发区取用消耗大量的地下水和自来水，又生产大量不经处理的污水，使得农村癌症患者增多。"近期，世界银行一份评估中国污染成本的报告再次确认了癌症已经成为中国人口死亡的主要因素。该报告还表明在中国与水污染相关的癌症死亡率，比如肝癌和胃癌，远远超过了世界平均水平。"②生产企业不付出任何成本的直接排放是最便利的选择。为了逃避责任，企业会采取"打游击"战术，白天不排晚上排，明处不排暗处排，晴天不排雨天排，还有的将管道铺设到河里、江中、海边，日夜不息直排出去。当然，现在情况已有所好转。

路线图之三，跨界输送排放污水、粉尘污染物。这是污染工厂的有意为之。很多企业不安装不使用脱硫、除尘、回收设备，任由污染物随意飘散，跨界污染，而责任难以追究。江苏响水自21世纪以来引进了不少家苏南的污染企业，2002

① 邓飞. 中国上百癌症村悲歌[J]. 凤凰周刊，2010(51).

② （世界银行英文版）Anna Lora，Wain wright. 癌症村的人类学研究：村民对责任归属的认识与应对策略[A]//Jennifer Holdaway，王五一，叶敬忠，张世秋编. 环境与健康：跨学科视角[M]. 北京：社会科学文献出版社，2010：239.

年以来已吸引40多家化工企业入驻，但是数年中发生多起事故，“2007年11月27日，园区内的江都联化科技有限公司发生爆炸，致8人死亡数十人受伤；2010年11月23日，园区内江苏大和氯碱化工公司发生氯气泄露，导致下风口的江苏之江化工公司39名员工中毒；2011年2月10日凌晨，因为‘谣传’化工园区发生爆炸事件，导致方圆十多公里内上万名群众惊慌出逃，引发多起车祸，已有4人死亡，多人受伤。”①企业不愿安装除尘设备，或者即使安装也是做做样子，依然使有毒有害物质与气体向外扩散，外部受害，自己却不承担责任，造成了经济学上的“外部负效应”，即污染成本不由自己支付，而是转嫁于社会。

除了以上三条“污染下乡”的路线图，城市对农村的毒害还有一个更突出的方面：垃圾下乡。这是一个社会忽视而传媒遮蔽已久的现实问题，城市垃圾以合法与非法两种形式向农村（市郊）倾泻。合法的形式就是每日将垃圾从市区各个中转站收集之后送往远离城市的填埋场掩埋，或者在垃圾厂焚烧。由于现在的垃圾（主要指生活垃圾）是混合堆积清运，其中各种污秽混杂发出极为难闻的气味，垃圾堆积处往往是一片腥臭肮脏。即使是垃圾焚烧发电，但由于混杂太多非可燃物以致燃烧值极低，发电效益并不理想。目前生活垃圾处理方面没有更好的方法。非法的形式则是城市垃圾偷运至农村。大量生活垃圾已经由环卫部门每日多次收集处理，但工业垃圾、建筑垃圾往往没有专门的机构进行把关，导致它们被大量向农村偷运不止。无休止的被动接纳有毒有害以及腐化腥臭之物，使农村土地、河流、地下水、空气都遭受了持久性的污染而一时难以恢复。

大城市垃圾向中小城市及其农村倾泻，中小城市与县城再向农村倾泻，呈现梯级转移。80年代初国门打开，国人全方位拥抱西方的各类有形无形的产品，对表面光鲜实际毒副作用不甚了解的“洋垃圾”竟趋之若鹜，争相追逐。上海将大量垃圾运往苏南，此时苏南正处于乡镇企业崛起之初，崎岖泥泞的乡间小路、生活原料匮乏的工厂都对上海的垃圾求之不得，用来垫路和作为原料，节省了一笔开支②。当“苏南模式”中这种“家家点火、户户冒烟”的作坊式企业自己生产出巨量垃圾之后，又面临着为它找出路的难题，堆放垃圾于田地在所难免。效仿苏南，许多城市为垃圾找出路而不得不将它们大量转移到农村。但在80年代后期之前，城市与农村一样将垃圾绝大多数充分利用，或还田或资源化，基本不存

① 朱旭东，王骏勇. 一则谣言引发“万人出逃”的背后[N]. 中国青年报，2011-02-13.

② 陈阿江. 从外源污染到内生污染：太湖流域水环境恶化的社会文化逻辑[A]//洪大用. 中国环境社会学[M]. 北京：社会科学文献出版社，2007：135.

在太多的垃圾。但是随着工业生产的扩大，塑料袋、建筑垃圾、工业垃圾生产量、使用量快速增长，它们短期内无法降解也无法还田，就导致了垃圾源源不断被运往农村。

对于垃圾的出路，传媒很少倡导中国应该学习日本的做法才能造福于整个社会，这就是垃圾分类、资源转化。这实际上是周总理早就反复告诫的垃圾综合利用思想。日本垃圾处理的资源化率达到99%以上，几乎所有物品都能够充分利用。垃圾被称为是放错了地方的资源。日本垃圾分类的名目繁多，其琐细认真的韧劲在世界堪称典范。大众传媒长期的宣传，引领社区坚持不懈，多年引导让日本民众养成了自觉分类习惯。中国每天都要生产出大量的垃圾，但绝大多数都没有资源化，传媒没有发挥出应有的引导和参与作用。

前面论述了作为城市污染农村的“污染下乡，垃圾下乡”的三条路线图，以及污染现象的梯级分布，这导致城市和传媒大多不曾预料的一个后果：“癌症村”，而且这又涉及市场化转型中的道德、秩序崩塌的问题。每一次传媒所揭示的案例都令人惊悚，又不得不反思责任在哪里。对此的反省有两个方面：

（1）“癌症村”作为一个恶果出现，受害者却得不到应有的话语权。中国在50年代开始大规模工业化，由苏联帮助援建了一批企业，形成了粗具规模的重工业体系，在大量生产和大量废弃中制造了污染物，污染由此蔓延扩张。70年代大型医院开始收治癌症病人，表明工业污染已经显露其突出后果，只是当时阶级斗争的意识形态占据了主流，癌症没有得到重视，污染也没有引起太多关注。尽管周恩来总理多次强调要重视环境治理，成立了环境保护机构和召开了环境大会，但多徒具形式。80年代从中央到地方开始成立环保局，着手控制工业“三废”（废水、废渣、废液），但是很难开展有效治理。随着乡镇企业遍地开花，东南沿海环境污染问题突出，90年代淮河污染严重，这两个区域产生了占全国比例最多的“癌症村”，农民癌症明显多发高发。

受癌症折磨的病人以及家人包括受潜在危害的农民没有话语权问题突出。他们的声音往往难以得到反映，最终所能用的主要资源就是自己的身体，所以不到万不得已他们不会进行身体的抗争：围堵工厂、上访静坐、打出标语。信访部门被那些更具威胁性的突发事件以及拆迁上访、老上访户缠访等事务折磨得头疼不已，更遑论这些渐变的、静态的，又缺乏专业证据的癌症控诉问题。农民缺乏相关的社会资本，只好去向传媒反映。传媒报道“癌症村”往往要破除重重困难才能达到预期目的，这也是至今传媒对此揭露较少的一个重要原因。

表 2－1：2000—2010 年报纸对环境问题的报道：城乡对比

年　份	农村污染	城市污染	癌症村	农药污染	动　物	民间环保
2000	13	128	3	217	6	36
2001	39	169	3	236	8	45
2002	37	216	1	296	18	60
2003	40	213	7	344	27	92
2004	68	301	32	289	36	142
2005	144	443	48	435	34	223
2006	228	524	34	342	31	211
2007	245	560	32	298	40	248
2008	278	589	45	321	47	267
2009	289	765	35	312	78	189
2010	307	864	29	201	231	122

(2) 求富心理和工业化的“路径依赖”导致“癌症村”不能从源头上根除，反而在加剧这一趋势[①]。中国结束“文革”十年史无前例的浩劫之后，转入一心一意搞建设、谋发展之路，这本是一个正常发展之势，但随即在 20 世纪 80 年代初就出现了被忽视的问题，搞建设过度迷恋工业化，几乎全面复制了西方的发展模式，即“三高一低”的重工业增多并占据工业的主导地位，农业的龙头地位逐渐让位于工业，重工业产生巨大的污染，却并未引起重视。同时在传媒对工业的大力鼓吹之下，农村乡镇企业迅速崛起，“十五小”工厂如雨后春笋般在东部、南部、中部地区出现，在产生一些效益的同时直接排放了大量的污染物，但是不论中央传媒还是地方传媒大多数都会热情洋溢地歌颂其成绩，而不顾工业“三废”导致的危害后果。

传媒报道只看到工业有利的一面，而遮蔽了其有害的另一面。这就误导了受众，使其难以发现和认识污染问题，这引发了竞赛式的工业增长和生产者与消费者也包括旁观者对污染的漠然置之。日渐恶化的淮河流域的环境生态、恶臭脏污的河流、逐渐增多的“癌症村”使中央传媒屡屡揭露淮河污染问题。原《安徽

① 陶庄. 中国的癌症村：经济繁荣的背后——淮河流域“癌症村”归因于水的疾病负担研究[J]. 健康，2011(2).

日报》记者陈桂棣、新华社记者偶正涛、《南方周末》记者刘鉴强以及《中国青年报》、中央电视台、《工人日报》等多家传媒记者深入现场走访揭露污染，越来越多的人了解到这是“吃祖宗饭，造子孙孽”的败坏行为。

消费主义也对癌症多发负有责任。历经30多年的改革开放，大众普遍解决了温饱问题，衣食有余，但是在追求舒适享乐方面仍是欲壑难填，虚荣攀比之风日炽，拜金享乐之心更盛。消费主义成为弥漫于社会的不令而从的主导意识形态，驱使消费受众追求金钱永不疲倦。[①] 求富拜金一旦演化为大众自觉遵循的价值观念，那么这即成为一条路径依赖，既不能回头，又在加剧恶果。传媒同时推波助澜，对更多“癌症村”和绝症患者出现的报道过少。为何消费主义(求富)会产生这样的后果？因为消费主义不是天人合一的消费观念，不再是人与自然和谐的消费，而是反自然反文明的。传媒鼓动求富与消费，只是把光鲜可喜的一面过分夸大，却回避了事物一体两面的问题，即合理的求富与消费是正常的，但漫无节制的鼓吹消费主义有害。无休无止的对自然资源环境的掠夺式索取，在制造环境失衡的同时又产生数量猛增的对自然的毒害物。“垃圾下乡，污染下乡”给农村带来剧增的污染物，同时却又从农村获取了更多的生活资料。一方面因传媒没有尽到消费污染的告知义务，“另一方面掀起的攀比挥霍之风制造更多污染物让人自食其果，就使人们陷入一个恶性循环又不可自拔的怪圈，越是消费就越是不足，在传媒引诱下更多地消费，制造环境风险，却又更是遏制不住挥霍的冲动，再去生产更多的污染物，产生不断增长的毒害”[②]。

二、报纸成为“癌症村”的主要命名者

“癌症村”是一种关于环境畸变描述的话语。这种表征与建构过程本质上是一种权力生产过程，即话语权。德莱泽克(Dryzek, 2005)认为，话语能够使那些赞同他们的人来解释某些信息，并把这些信息连接成连贯的情节或阐释。长期以来，“癌症村”是独立于城市之外的、众多市民不知晓也很少关心的一个现象，它成为一个象征、一种符号与标志，主要得之于传媒尤其是报纸的大量报道，予以命名。报纸之所以优先成为命名者，于它本身而言，有历史传统的原因。作为

① 高友斌.中国成世界第一“拜金主义”国　八成网友认同[N].环球时报，2010-02-25.
② 刘方喜.消费社会[M].北京：中国社会科学出版社，2011：105.

所有传播媒介中历史最为悠久的传媒，报纸的从业者能够深入生活的一线采写新闻，有其职业的便利，也培育了感受现实的触觉。现代报纸发展模式被引进后，中国报纸记者更是发扬了密切联系群众的传统，虽然电视、网络媒体崛起，但它们的公信力尚不如报纸。报纸记者在责任驱使下揭露深刻的社会问题，这就值得去分析探索原因之所在。

1. 报纸作为主要命名者，依靠“癌症村”信息来源的提供

这一信息来源不是记者亲自获得的，往往是由别人来提供，自己利用一个传播的平台发挥命名作用。信息提供者的身份是个关键，而他们大多数是癌症的受害者，他们多偏居于遥远的乡村，对于癌症是无知的。从20世纪80年代勤劳耕作获得粮食增产之后，农民在劳动中主要依赖土地生存，并把它作为命根子。虽然青壮年进城打工，但大批中老年农民还是局限于田地，传媒的信息对他们只有缓慢的影响。伴随着所谓“科学种田”的媒介传播，化肥、农药开始规模性地施用，但还不至于对农民自身产生太大的毒害。而在这个过程中，传媒所关注的城市及其工业开始发生变化：工业污染物与城市垃圾增多，随之而来的是这些有毒物的转移及向农村扩散。最初出于实用目的，农民还将自己都不了解的东西进行再利用，例如建筑垃圾、塑料袋，但没过几年就发现其毒副作用，庄稼、河流、空气、土壤等被毒化。污染物的出现超出了他们的经验范畴，知识、技能的欠缺都导致他们无法面对新的毒害，而此时他们最需要传媒的帮助，可是却得不到。因为传媒高调宣扬的是发家致富，对于污染下乡、垃圾下乡并不关注，更不知其危害后果。农民限于各种条件难以处理污染毒害，本能的反应是躲避和被动承受，当受到直接毒害之后再去找政府，继而又寻找传媒帮助。

“污染下乡、垃圾下乡”导致“癌症村”的出现，其信息有效传达到传媒的过程是漫长而艰难的。农民自身的地位决定了他们的能力有限，表达的渠道有限，面对自身遭受的病害，只能先花钱求医，再接着眼看乡亲们在死亡线上挣扎，最后落得人财两空自怨自艾①。类似的怪病例子多起来之后，才引起农民的警惕并想到去投诉反映。

以上线索来源除了一种相对静态，在既定框架内的癌症命名之外，还有受害农民的抗争行为对“癌症村”的命名。浙江东阳、江苏阜宁等地近年来发生了当

① 陈阿江，程鹏立.“癌症—污染”的认知与风险应对——基于若干“癌症村”的经验研究[J].学海，2011(3).

地农民抵制化工厂生产而聚集行动的事件①。冲突产生了客观上的视觉刺激效果，因此吸引传媒的关注。“随着网络发达和信息的扩散，农民对于外部世界的了解更为充分，其权利意识逐步苏醒，对来自政府的侵害敢于表达不同意见，进而在切实感受到健康受损害时就出面抵制，共同的受到屈辱的愤怒也让农民在几无退路之后铤而走险，容易联合起来依靠人身进行抵制。”②对于他们来说，可用的资源就是自己的身体，因此他们不惜以身抗争。

2. 传媒记者依据“现场”采访还原“癌症村”，增强为之命名的可信度和刺激性

对于大多数新闻报道而言，“现场”是极为重要的，这是新闻真实的主要依托，是确立新闻的主要尺度。“癌症村”对于城市而言还是颇为陌生的对象，因其距离遥远、印象模糊而缺乏必要的关心。很多困难因素也让传媒对“癌症村”报道比较慎重，但还是有一些记者敢于冲破禁令奔赴现场揭露问题，让癌症患者的惨相公布于世，引起了广泛而强烈的关注和反应。这些以往闻所未闻、见所未见的现场，如此逼真地呈现于面前，会引起受众强烈的心理反应。各类媒体均对癌症村进行了报道和披露。

（1）报纸媒体记者的采访成为“癌症村”报道的主力军。报纸媒体记者具有独特的优势：报纸历史悠久，记者相对责任心强，进场容易，采写灵活，进退自如。报纸记者所进行的采访是用事实说话，是对现场的描述，又是多方探寻收集事实的一个整合结果。命名要以大量的现场事实作支撑，其中细节最为重要，细节应是典型的“这一个”，即恩格斯所说的“典型环境中的典型人物”。此外，还有命名的重要一环即专家话语，他们提供科学数据和权威结论，记者获取后加以传播，得出合理观点。记者报道中关于山东肥城肖家店村这个“癌症村”就是如此。“这个位于大汶河下游的行政村癌症患者10年间死了150多人。村民请来专家对该村土地、河流、庄稼以及蔬菜做了化验，发现其中铅、铬等重金属严重超标，被人体摄入后积存下来致使体内组织发生病变，导致人患上癌症。”③记者报道援引专家对于癌症构成元素的化验结果，进一步确证了癌症来源于污染，污染来自附近企业，企业背后又有政绩工程的推动。记者有运用语言、创造语言的优越条件与

---

① 张玉林．中国农村环境恶化与冲突加剧的动力机制［J］．社会学研究，2010(3)．

② 同上．

③ 陶庄．中国的癌症村：经济繁荣的背后——淮河流域“癌症村”归因于水的疾病负担研究［J］．健康，2011(2)．

职业特点,80年代以来不少新词语的流行就是报纸以及记者对语言创造发明的结果,例如"万元户"、"瘦肉精"、"非典"等成为专用语,成为某一时期的特指对象。

(2)杂志对"癌症村"的命名和报道。自90年代以来,杂志出版发行一路走高,其中关注时事热点的杂志大量出现,《新闻周刊》、《新民周刊》、《三联生活周刊》、《南方人物周刊》、《凤凰周刊》等新品牌期刊纷纷展开了对热点问题的独家调查。这些贴近现实的期刊就主动走近了读者,也不惜成本与版面鼓励记者去挖掘真相。像"癌症村"类的事例并非突发性新闻,时效性不强,比较适合杂志作深入的调查。为此其记者能够深入偏远的农村去探访"癌症村",进行详尽的调查,掌握大量的第一手资料,对此作大容量与深度的开掘,推出一篇又一篇深度报道为读者完整地解惑。杂志记者的优势在于不跟报纸争时效,可以从容不迫而又深入地去挖掘事实,让污染致癌的真相逐步暴露出来,提供了更多的细节。

(3)电视报道"癌症村"。相对于平面媒体,电视报道这一现象的数量落后于前者,其劣势主要在于庞大贵重的摄像设备使其出行不便且容易暴露目标。但电视在反映癌症后果方面又以其画面逼真、形象生动、如临其境等优势在传播中给人留下极为深刻的印象。电视记者必须深入现场,寻找拍摄素材,发现新闻点,搜集材料多多益善。又必须进入农户家中摄录癌症患者,同时伴以采访录音,掌握第一手资料。由于环境要求,拍摄必须满足一定的光线、温度、空间等条件,采访的难度相对比较大,但其播出后的影响也大。

(4)网络对"癌症村"的反映。相对于传统媒体的单一性新闻报道,网络的整合能力与自由加工成为它的突出特点。网络综合了文字、图片、音频、视频等所有传统媒体的优势,又增加了即时互动功能。网络还有一个突出的特点是储存容量无限大,能够将信息无穷无尽地加以搜集归纳,使之供各种检索应用。这样在"癌症村"的命名中,"网络就拥有了巨大的便利条件,能够将尽可能多的有关知识信息、新闻报道纳入其中,使命名的过程更有效更集中,产生的效果更突出,因为它还突破了时空限制,加上强大快捷的搜索功能,使命名产生持久的作用。网络虽然尚未直接采集此类信息,但这种对信息的处理使其拥有了多功能、综合性的命名优势,产生着巨大影响"①。至于广播的命名效应,因其受众数量下降,群体年龄偏大,影响力已大大衰减了。

① 单文贤.揭开导致癌症村形成的幕后黑手.http://www.voc.com.cn/Topic/article/201111/201111011432126751.html.2011-11-01.

3. “癌症村”议题中报纸对环境风险的建构问题

著名环境社会学家汉尼根曾指出：为什么一些环境问题早就存在，但是只有到了特定时候才引起广泛注意？为什么有些环境引起了广泛注意，而有些环境问题却默默无闻？其意在提醒人们：环境问题并不能物化自身，它们必须是经个人或组织的“建构”，被认为是令人担心且必须采取行动加以应付的情况，这时才构成“问题”①。也就是说20世纪80年代与90年代环境风险议题呈现更倾向于宏观、遥远的问题，如荒漠化、江河断流、冰川消融等都是如此。但是随着环境污染毒害越来越严重，受害者、传媒与专家等群体开始发挥显著的作用，其中传媒的揭露无疑是关键的。

事实的前后对比反映模式比较常用。记者的采访面对癌症病魔袭击下农民生病死亡的惨相必然会受其触动，努力地摄取现场，收集反映有关材料。其中对比思维也会起到支配作用，就是将过去与现在作比较。对“癌症村”的报道中很多老人成为历史的见证人，在他们的往事描述中，这个地方往往是山清水秀、良田沃土、风景优美，田园风光令人恬适安详。但是外来项目在此毁田建厂，让河流变脏变臭，空气、土地被污染，庄稼、家畜等受到毒害，作为一份环境遗产的农耕传统中形成的山水土地、林业风貌就被主政者安置的污染企业破坏殆尽。西方发达国家污染水平下降并非仅是治理的结果，而是主要污染转移到后发国家以邻为壑带来的环境变好。“发达国家在治理工业污染中本已拥有先进的技术，能够实现基本的废物处理循环，可以将生产中的废水、废渣、废液进行加工处理实现无害化，或变废为宝，实施再利用。但是资本主义逐利性决定了发达国家不会充满仁慈地为后发国家提供技术、资金支持，也不愿带头做好示范，而是违背世间的普世伦理，进行污染转移。”②世界上所有污染的源头都来自西方的大机器生产，自工业革命发端规模化污染就开始了。

癌症风险呈现的背后，是隐蔽的缓慢而又相对静态的各种环境风险。2013年，环保部第一次承认工业污染造成癌症问题：“个别地区因环境污染出现癌症村。”③对于报纸记者来说，有可能只是围绕“癌症村”进行村内的探访，远一些的地方就是致污的工厂，这只是由点到点，至多有“线”的触及，却容易忽略了“面”。这有新闻时效性规定的限制，使记者难以深入全面了解癌症大面积发生的深层

① 洪大用. 社会变迁与环境问题[M]. 北京：首都师范大学出版社，2001：55—56.
② 赵贺. 发达国家高污染产业转移及我国的对策[J]. 中州学刊，2001(5).
③ 郄建荣. 环保部：个别地区因环境污染出现癌症村[N]. 法制日报，2013-02-20.

机理——土地污染。新华社“新华视点”记者葛如江、姜刚采访发现:“一根豆角被喂 11 种农药,从田间到餐桌一路绿灯”[1],揭示了食品安全问题背后的土地污染风险。报纸能够为“癌症村”命名,主要还在于借助于专家的专业知识加以传播从而成功命名[2]。

“癌症村”的相关学术研究虽然已经出现,建构了大众对于这一议题的认知,如医学、环境学、生物学、法学、社会学、经济学等专业均关注此类问题(对“癌症”有很多专业研究),但是社科类专业论文数量稀少。输入关键词“癌症村”,通过中国知网查询得到 136 篇文章,其中:新闻报道 39 篇,研究论文 20 篇(其中医学类 4 篇、法学类 5 篇、社会学类 7 篇、新闻类 4 篇),评论 14 篇,无效 9 篇,重复 13 篇,统计有效文章 82 篇。

从中国知网获得的 136 篇文章中,有关研究论文主要是医学(癌症疾病病因)、法学(环境立法、执法环节、环境权)、社会学(癌症认知、环境冲突)和新闻传播(风险传播、预警传播)等学科。这印证了“相对于大量关于癌症村的报道,相关主题的学术文章就显得较为罕见”[3]的研究结论。“癌症村”背后涉及复杂的政治、经济、社会、文化等深层次问题,相互之间有着错综复杂的关系,是一个跨学科的课题,仅有的研究主要还从本学科切入分析,但从传播学角度观察“癌症村”的成名过程,就显得非常重要。

综上可知,对于“癌症村”的命名是一个社会建构过程。这是由受害农民、污染企业、地方政府、专家学者、大众传媒共同参与博弈并进行命名的复杂行动。各方都力图利用传媒表达自己的主张,特别是报纸在命名中成为各方争夺的主要对象,力图反映各自的利益。受害农民希望报纸为他们呼吁解除痛苦,进一步则希望清除致病的污染。记者采访客观上为他们提供了表达的机会,但他们只能用既成的受害事实作为报道的证据,因此在这场命名的博弈中处于最为弱势的地位。能够被传媒报道的“癌症村”只有 140 多个,但全国仅有西藏、青海未发现癌症村存在[4],可见进入报道视野的只是众多“癌症村”中的极小一部分,“显然是一场命名的发起者和组织者,在这个过程中,动员了各种力量,尽管都会利

① 葛如江,姜刚.“一根豆角被喂 11 种农药”,从田间到餐桌一路绿灯[N].新华社,2011-08-23.

② 孙月飞.中国癌症村的地理分布[D].华中师范大学地理系,2009 年毕业论文.

③ Jennifer Holdaway,王五一,叶敬忠,张世秋.环境与健康:跨学科视角[M].北京:社会科学文献出版社,2010:129.

④ 喻尘.中国癌症村赶走鱼米之乡 死亡名单不断拉长[N].南方都市报,2007-11-05.

用传媒进行博弈，但传媒进行了整合，使命名得以进行，为社会接受”[①]。命名成功显然不是一家传媒独自完成，而是由报纸带头，其他媒体跟进，多家报道与转载，扩大影响达到的效果。

4. 大众传媒运用了描写的策略

报纸是如何利用报道框架营造“癌症村”议题的呢？这就涉及报纸的反复描写，在描写中必然涉及框架理论(Media Framing)。“框架”的概念源自贝特森(Bateson，1955)，由高夫曼(Goffman，1974)将这个概念引入文化社会学。后来再被引入大众传播研究中，成为定性研究中的一个重要观点。高夫曼认为框架是人们将社会真实转换为主观思想的重要凭据，也就是人们或组织对事件的主观解释与思考结构。加姆桑(Gammson)进一步认为框架定义可分为两类，一类指界限，也就包含了取舍的意思，代表了取材的范围；另一类是架构，人们以此来解释外在世界。

大众传媒的再现策略，其实就是媒介如何构造现实的策略。托德·吉特林认为：“媒介框架既是关于认知、解释和再现的稳定模式，也是关于选择、强化和排除的稳定模式，借助于这种模式化的符码编排，符号控制者得以按照理性的方式组织话语。”[②]潘忠党和杰拉尔德·科斯基的研究也发现，“媒介框架是一种有关组织架构的研究领域。通过将新闻故事的不同语义元素(标题、照片、引文、导言等)整合为一个连续的整体，以此来界定这是一个什么事件”[③]。考察所收集到的报纸有关报道[④]，仅从题目看，分析框架几乎都集中于批判范畴，具体的标题如：《污染造成肿瘤村》、《淮河流域癌症村：村民已经习惯了癌症和死亡》、《江苏盐城癌症村百人死　领导称上访的人都是渣滓》、《“癌症村”12岁女孩下葬　政府岂能不作为?》、《河南惊现“癌症村”　死人就像“家常便饭”》、《中国癌症村赶走鱼米之乡　死亡名单不断拉长》、《全国多地现“癌症村”》等；还有些是在小标题中加以运用：《谁得癌症，谁家就得败》、《都是癌症造的孽》等将框架予以标识。

再具体来看，体现批评框架的报道中有几组对立关系得以凸显：工业与农

---

① [加拿大] 约翰·汉尼根著，洪大用译. 环境社会学[M]. 北京：中国人民大学出版社，2009：97.

② 刘涛. 环境传播：话语、修辞与政治[M]. 北京：北京大学出版社，2011：109.

③ John Hannigan. *Enviromental Sociology: A Socioal Constructionist Perspective*. London: Routledge, 1995.

④ 根据孙月飞的《中国癌症村的地理分布》(2009年华中师范大学毕业论文)图表提供的报纸出现次数，报道“癌症村”的报纸出现了54次，占全部新闻来源127份的43%，其中有些报纸重复出现，如《中国青年报》、《南方都市报》等。

业、工厂与受害者、官员与农民、城市与乡村。最有力的批评框架是表面客观冷静的事实描写：

离河边还有几十米，有人开始干呕。味道很难形容：甜、腻，像某种化学制剂，还混合着一种奇臭的味道。想不呼吸是徒劳的，韩说，早已习惯了。

把河水舀上来，浓咖啡一样的水，浮着浑浊的颗粒。手上的水蒸发后，一层黄黄的东西就粘在手上，恶心味许久都去不掉。

“知道水不好喝，没钱，将就着喝了，没想到喝出病啦！”在记者喝了他家的浅井水后，一个40多岁的农民笑呵呵地说。①

这仅仅是对污染之后的河流、土地的描写，来证明污染的明显后果。土地是农民赖以生存的命根子，但是无情的污染使土地毒化，甚至致人死亡。在“癌症村”现场的观察与间接的描写是必不可少的环节，以“比兴手法”反映癌症患者的惨象就更令人震惊了：

走进位于奎河岸边的安徽省宿州市墉桥区杨庄乡张庄村，一座四周零星摆放着几个簇新花圈的坟墓静静地伫立在冬日的小雨中，坟墓的新土在周围背景萧条的对比下显得格外扎眼。一位路过的张庄村村民韩秀枫指着这座新坟告诉记者，这是该村的一名12岁女孩由于患胃癌前几天刚刚下葬，同时他还告诉记者，最近一两年，沿奎河附近的村庄30多岁、40多岁的人同时去世的现象经常不断地发生。

花季少女被癌症无情地夺去了生命，这一悲剧的背后是河流污染，河流污染又是上游肆意排污的后果。其实一切都不需要多解释，少女之死已经在无声地控诉工业污染之害。记者反映的事实借助于现场描写，在冷静的叙述中揭示了污染之害；但一样饮用污水的未死之人还在痛苦中挣扎：

一位癌症者盖着一床厚被子躺在床上呻吟。经过化疗和放疗，她的头发已经稀稀疏疏，头皮清晰可见。裸露在外的胳膊和腿，瘦得皮包骨头。守

① 江华. 一条吞噬生命的河流[N]. 南方周末，2002-11-28.

在身边的丈夫，愁眉不展，目光呆滞，偶尔给妻子掖掖被子。“家里有多少钱，也让病折腾穷了。”他说。

“谁得病谁家就败。”王子清说，有钱的人家，病人能多活两天，没钱的，就只能等死了。

王子清的一位叔叔患了胃癌，家里拿不出钱为他填这个无底洞，于是，在一个夜深人静的晚上，他上吊自杀了。“因没钱看病上吊自杀的，村里已有好几个。”他说。①

报纸的描写揭示了“癌症村”现象既是死亡事件，又是污染事件，还是抗争事件。对于这种受癌症折磨生不如死的农民苦难的描写，在绝大多数报道里都可以看到，无辜的农民被癌症缠上，不仅家破人亡，人财两空，这些乡村迅速走向衰败。该报道中的“都是污染造的孽”一节里这样写道：

随着20世纪80年代末、90年代初，沿河一些污染工业项目纷纷上马，沙颍河水逐年开始变坏变臭，致使源自沙颍河的灌溉沟渠的水也变得腐臭难闻。2005年，国家疾控中心曾对淮河流域癌症高发地进行全面普查，其中包括沈丘县全境，最终结论是：一、淮河流域沿河、近水区域癌症高发；二、癌症高发与劣Ⅴ类淮河水密切相关。②

从多篇新闻报道分析，淮河流域河南、安徽的“癌症村”被曝光最多，揭露的癌症患者惨状令人震惊，其次是江苏、山东、浙江、广东等中东部几乎所有省份。报道中的批判框架除了对癌症受害现场做出如实反映之外，还有对过去河流美好的回忆、工厂排污的追寻，以及地方政府的态度和治理等。这一类报道都有相似的批判框架，众多报纸纷纷加入对“癌症村”的报道和转载中，传播影响也随之扩散。

三、“癌症村”议题与环境风险传播

以上论述的是以报纸为主的传媒对农村癌症患者的报道命名、描写手段运

① 郭建光.河南惊现“癌症村” 死人就像“家常便饭”[N].中国青年报，2007-09-26.
② 同上.

用，接下来分析传媒关注“癌症村”议题的动机，以及如何揭示这种环境风险。

1. 传播中的议题设置动机

通过资料阅读可以发现，几乎所有的“癌症村”报道都是批判性的，都是针对地方政府的发展主义、追求个人政绩做出的直接或间接否定。依上分析，报纸命名与描写的目的是“代理”——环境正义的诉求。在“癌症村”报道中，大众传媒的修辞策略，除了现场逼真描写之外，还有“代理”：一类是事实的揭示代理，另一类是对策的代理，第三类是“价值”的代理——隐藏于文本之后的意义、观点、倾向等。这可以理解为一种软性道德“代理”。

首先，事实的揭示代理。正如“知沟理论”揭示的，农民成为媒介传播的被动的接受者，主动参与表达的能力欠缺，手段匮乏，受到的伤害达到了极限。而且随着城市对农村的侵害愈演愈烈，污染下乡——大量工业企业迁往农村，造成了污染毒害后果——癌症群体出现。但是农民除了反映、上访以及消极等死之外就几乎无能为力，他们不会运用媒介手段——比如发博客、微博直接控诉，因为没有条件。在《夺命GDP：江苏省盐城市癌症村严重化工污染调查》这一篇报道里，使用了三个小标题：《天灾还是人祸?》、《投资者就是上帝?》、《70块钱了结?》。三个小标题都使用了疑问句式，实际表达了否定语气。

其次，是对策的寻求。在描写了癌症受害者的事实之后，媒体必然要寻找拯救的路径。这在描写中总是会涉及的，有的是采访肇事企业，有的是追问地方政府，还有的借助专家话语。这既构成了新闻报道的内容，又必然体现了媒体责任的主动担当。令人揪心的污染、非正常死亡的摧残、癌症群体的扩大，需要有人出面为之呼吁解决。农民自身对此往往无能为力，多是被动等待，显得无力与无助。只有媒体才能在一定程度上帮助他们，在有些追踪报道中，反映出了地方有限的环境治理，这对村民是一种挽救。

再次，“替代话语”的价值重塑，也是一种话语隐含。话语争夺不仅仅是合法性构建的内在权力机制，同时也是现实构造的内在动力机制。传媒力图呈现的世界，是一个精心拼接组装的世界，这是广阔时空中再度凸显出来的令人震惊的图景。

2. 在理论上高度呈现环境风险背后的不平等制度安排

按照刘涛的分析，丹尼斯·皮瑞戈斯和保罗·奥力克提出了“主导型社会范式(Dominant Social Paradigm)”，认为这是一个时代普遍共享的话语系统(Discourse System)，这种话语系统将一个时代的符号意义和象征秩序悄无声息地植入公众普泛认同的伦理道德、价值信仰和心理结构中。在中国的现实语境中，有一个主导型社会范式在深刻误导人们，"无工不富"暴露了对工业主义的盲目崇拜，"增长即发展"又把过度追求经济增长当做政绩。

对抗话语通过对社会问题的重新建构(Social Problem Re-construction)，来引导公共舆论的集体生产与转向，并且通过对工业主义话语的控诉来挑战主导性话语的合法性。环境污染后果如今表现得多种多样，如前所述，已经到了剥夺生命的地步，每一种危害都是对工业主义的否定，都是媒体所利用的素材，癌症就是典型。《河南惊现"癌症村" 死人就像"家常便饭"》里引用了受害者的话：

> "村民：治癌就是无底洞，谁家得病谁家就败！"

又如：

> "都是那些企业造的孽！"李金刚所到之处，总能听到这样的"控诉"。
>
> 在另外一个村子里，李金刚还看到过这样一幅画面：一个刚刚过世的癌症患者遗像旁的挽联上赫然写着"鸣冤"的字样。[①]

在工业主义框架内，垃圾围城、污染下乡、镉米、血铅、癌症、雾霾等环境问题被认为是"进步的代价"以及"经济增长的正常支出"，暴露出人类要牺牲自己的暂时幸福来谋求更大的商品幸福的荒谬。随着被揭示的"癌症村"以及癌症群体的增多，替代话语所借助的事实传播逐渐产生了影响，正义、公平的观念被从环境视角重新认识。

3. "癌症村"这类环境风险的传播主体重点在人身上

除了环境污染受害者在"癌症村"报道中被大量描写展示之外，制造污染者群体也应该纳入传播范围，他们才是直接的责任人。分析报纸样本则会发现，大多数责任人的面目是模糊不清的，这里既有污染企业的主管者，也有生产工人，更有地方权力主政者——大大小小参与其事的官员，都是应该被舆论追究的公平正义审判台上的被告。这才是揭开污染谜底的要害所在。但是，这是一种比自然风险更加不可捉摸的风险。从传播效果可以发现一个不容乐观的事实，"癌

① 陈凤莉. 一次希望与救赎的调查[N]. 中国青年报，2011-10-20.

症村”报道不仅仅招致肇事企业的愤怒，而且遭到地方的阻挠。大多数的报道要么被置之不理敷衍了事，要么就使得记者难以再踏入此地。环境风险难以消除，除非能够驱动上级权力干涉介入，如淮河治理。报道所形成的舆论力量毕竟还是弱小的，随着时间而淡化。然而，环境风险不会因为人为淡化而减弱，相反呈现加重趋势。

由此，“癌症村”报道的缺陷就比较明显了，主要责任人的面目难以有效揭示，其污染动因难以清晰展示，仅仅从受害者角度呈现后果是不够的。记者的采访需要由浅入深揭示现代化工业化迷思的逻辑所驱使的招商引资与重工业依赖所带来的污染风险不能再持续下去了。对于企业盈利渴求与官员所负有的政绩压力都要做深入的剖析，通过惨象唤起基本的道德良知，反思少数人决策影响伤害多数人生命与自然的症结，以期待有所醒悟和纠正。

第三节　水与空气污染风险报道

通过传媒的复制扩散，水与空气污染问题演变为一种可视化的存在。有关文字、图像频频展现出视觉化的意义建构。20 世纪 90 年代以来，因积累的水与空气污染导致事故引发媒体报道，由此拉开了环境预警的序幕。与其他渐变的事物一样，水与空气污染是一个长期潜伏和加剧的过程，易被人忽视，直至带来事故，导致毒害。在传媒报道中水与空气污染的表现有河流的脏臭毒害、近海的赤潮，以及地下水的污染、雾霾等。在传媒的新闻中，水与空气污染议题在 20 世纪 90 年代多关注环境渐变及后果，21 世纪以来则因突发危害增多变成了事故新闻。另一方面，水与空气污染之痛挥之不去，事故频发，危害日重，在一个人口快速增长、对水和清洁空气需求量上升的形势下，这一问题显得格外严重。传媒一次次的报道不过是初步预警，跟着事故走的报道模式效果尚不清楚。

一、工业化导致水污染加剧

20 世纪 90 年代以来，加速工业化促使全国兴起了重化工项目热，造成水污染严重。各地重复上马汽车、钢铁、化工、建材、电子等“三高一低”（高投入、高能耗、高污染、低效益）项目。这些项目投资大、消耗重，本身就对环境产生了巨大压力，对城市正常发展构成了威胁。据一份资料显示：全国城市中有 80 多万家化工企业沿江河而建，为的是取水方便[①]。它们在大量耗水的同时，也在生产几乎相当的污水，并被排入江河之中。只要工厂不停产，污水就不会停止排放。其中污水处理设施大多数没有正式运转，因为这要额外增加一笔成本，在外部监管不力、惩罚力量不够的情况下，企业当然倾向于外排污水让社会承担危害后果。从企业方面看，工业化污染不是自己造成的可以不负责任，导致严重事故媒体进行报道了，受到舆论和行政压力企业也许会暂时改变，等到风头一过又一切照旧，还是应污尽污，不承担社会责任。对此，传媒与受水污染之害的农民、市民需在事故后跟踪监督，堵住企业侥幸排污的漏洞。这里需要分析几个问题：传媒何时发现、关注工业污染尤其对水质的破坏的？工业化崇拜从何时而来？国家与地方对工业化的态度怎样影响了传媒报道的视角？

80 年代以来，伴随着国门大开，改革开放春风让亿万人民欢迎着来自西方的新鲜事物，工业技术与设备开始大规模进入中国。由于传媒的渲染，人们对机器工业充满了好奇与倾慕，甚至连它冒出的滚滚浓烟也不觉得呛人难闻。传媒的宣传就是让人只看到事物的一面，而忽视了另一面。此时，“无工不富”的说法不胫而走，其发明者就是传媒，尤其是报纸、广播。它们都“用事实说话”，这里的“事实”就是一批先富起来的典型，分布在广东、上海、苏南等东部沿海城市与农村。其中苏南的乡镇工业企业最为突出，“星期天工程师”来往穿梭于上海与苏南乡镇之间，扶持后者办起了工厂，“家家点火，户户冒烟”使这一片江南水乡很快以无数的工业作坊取代了水乡种植农业。这里的农民在全国尚未觉醒之际就率先以工业突破富了起来，华西村成了典型，报纸、广播的宣传使它在 80 年代几乎是家喻户晓，无数人心生羡慕，也争先恐后在致富路上赶超。

在一个带动一个的工业化热潮中，工业污染悄然袭来。80 年代西方产业升级换代，大量污染企业、技术与设备向发展中国家转移。当时正值中国改革开放急需西方的工业支持之际，于是将污染当宝贝引进，传媒美其名曰：吸收国外先进技术。由于中国 1949 年后引进苏联的工业化模式，但各种运动与突出政治使工业化水平仍比较低，80 年代改革开放的国策使中国又追随欧美，引进自己并不知晓而西方又刻意隐瞒的污染企业。污染是个渐进的过程，与生产、产值相比，它总是处在隐性、渐变的位置上，并不容易引起警惕。当报纸、广播为主导的

① 宋家庆. 化工企业大多沿河而建，环境风险大[N]. 中国环境报，2010-09-14.

传媒对改革开放的一片欣欣向荣和新事物忙于唱赞歌时，就不会去关注负面的隐忧。传媒对苏南模式（乡镇企业早发展、快崛起、高产值）的反复报道，就是在以典型引路，肯定它们的积极意义，有缺点也要回避或美化，一段时期内人们把传媒报道的当作了真实，也就对现实污染问题视而不见。

引进和遮蔽污染也是传媒崇洋媚外倾向的结果。“外国的月亮比中国的圆”，让绝大多数中国人在反躬自问中认识到了一种崇洋媚外的症结。追溯工业化崇拜的源头，是中国近代被迫开放与遭受屈辱之后的文化自卑症结。近代历史已为人所熟知，传媒所反复宣扬的是救亡图存，但其中西方的船坚炮利，是对上至清政府，下至各级官员与豪绅的慑服。其间整个国家民族经历了一个对远方蛮夷的从不屑一顾到被船坚炮利恐吓之后的屈服，签订一系列丧权辱国的条约当然会让民族心理遭受深重的创伤，留下对政府的失望和对外夷的愤怒不平。启蒙家由下层文人产生，他们通过翻译外国书刊、留学、交流等方式将“西学”、“新学”尤其是西方的文明、进步传给国人，作为样板促人醒悟并去模仿。在广泛宣扬中，启蒙者通过传媒特意强调了西方的工业，因为他们直观地发现西方先进武器、科技等背后都是工业化的支撑，于是认为找到了富国强兵的根本，于是就在洋务运动、维新运动等近现代启蒙中反复持续宣扬，使工业化逐步成为上层知识分子的共识。社会主义新中国模仿苏联全面发展工业化体系，让工业发挥出威力，使国家经济上升很快，财富创造的速度大大提升。在落后的中国发展工业化，快速追赶西方国家，尤其是在改革开放以来30多年中让中国经济实力快速上升，最终在2010年经济总量超越日本，成为世界第二大经济体，经济成就令世界惊诧和称赞。由此中国人更有理由相信工业化代表着财富，加上西方发达国家工业化刺激，就更加坚定了对工业化以来的感受与认识。但工业化以牺牲自然资源和破坏环境生态为代价换来经济发展，虽然在短时期内创造了巨大财富，但也留下了诸多长久的后遗症，随着时间推移，恶果会逐渐显现出来。

对于水污染导致的癌症问题传媒不仅发现晚，报道影响迟，而且相关学科、专业领域至今反应迟滞而缺乏跟踪研究。这涉及环境生态、生物、化学、医学、社会学、物理学等学科。时代影响是一个方面，还有研究者自身的责任心问题，是否自觉关心底层人群命运。学科专业人士生活和工作区域在城市，他们愿不愿意下乡主要看他们自己的责任与学术良知，但迄今为止，这样的学者仍然数量稀少。验证污染及其毒害人体健康是一个复杂过程，在中国学界专家那里研究才刚刚开始，但他们要么做得太少，要么又局限在专业圈子里，不为外界尤其是传媒所了解，因此就使得污染的风险还处于实际扩散但表面因传媒很少涉及大众知之甚少的状态。

总之，工业化作为实现中国现代化目标的一种路径选择，是在“落后就要挨打”的心理预设和以洋为师的背景下的选择结果。追求工业化富国强兵的梦想，也让传媒在改革开放后几十年中大力宣传并得到广泛认同。但是在工业化扩张背后是日益加剧的污染，虽由国家层面出台政策设立机构予以治理，但不合理的GDP考核刺激地方形成了工业化路径依赖，却没有进行有效的环境治理。传媒只是偶尔对环境造成的危害后果如事故进行揭露，对环境污染以及工业化的批评与揭示还显得稀少而且滞后，直到事故发生才予以报道反映已经较为迟滞了。作为最严重的贻害最深的后果，就是水污染问题，也是传媒关注较多的社会议题。

二、水污染危机——以淮河污染治理报道为例

21世纪以来，中国大地的水污染日趋严重，其中尤以地表径流受到工业污染最为突出。江河湖塘等水体流经城市、乡村，与人们的生活与健康休戚相关。但是20世纪90年代以来这些水污染问题虽有传媒反复予以揭露，但还不足以表明人们已经认识危机并采取了有效的治理措施，所以水污染的风险还在进一步深化。环境污染尤其是水污染仍然是个不为人们注意的隐蔽过程：“污染产生的影响可能无法轻易显现，它们可能会在相对长的时间里悄然发展。”[①]以下将以淮河流域作为水污染分析样本，准备涉及几个问题：第一，报纸等平面媒体是如何反映淮河水质问题的；第二，对造成淮河及其支流污染的责任是如何“追究”的；第三，传媒是如何彰显风险议题的；第四，淮河水污染预警以及成效、报道时间等。

1. 报纸等平面媒体如何反映淮河流域水质问题

如果粗略浏览报刊反映污染问题的时间跨度，大约有11年，从1994年到2005年是报道比较集中的时期。主要原因是国家在90年代初针对淮河流域“十五小”企业的整治决策，决定从1994年起投入巨额资金对淮河进行治理，但

---

① 苏扬，段小丽. 中国环境与健康工作的现状、问题与对策[A]. //Jennifer Holdaway，王五一，叶敬中，张世秋. 环境与健康：跨学科视角[M]. 北京：社会科学文献出版社，2010：243.

10年过去了效果不尽如人意,600亿元治淮资金打了水漂。在这样长的时间里,传媒除了报纸作为主体进行密集轰炸之后,并未促动地方从根本上解决淮河的污染,显示了媒体的影响有限。当然同时突发的环境事故快速增多,也吸引了媒体转移视线去追逐热点,近七八年中对于淮河有关报道明显稀少,即使有也多与"癌症村"直接相关。对于媒体如何呈现淮河污染,还要先介绍当地自然情况并以时间为顺序对报道予以考察。

淮河流域在地理位置、人口数量、经济地位等方面非常重要,其污染具有典型性。淮河流经河南、安徽、江苏、山东,穿越中国的中部,是南北分界线的标志;它拥有"一级支流120多条、二级支流460多条,哺育着近2亿人口,其人口密度居全国各大流域之首!流域内有36个地市,包括182个县"[1]。新中国成立后国家大力治淮,共同清除它的洪涝之害,使淮河流域成为全国重要的粮食作物生产基地。但随着苏南乡镇企业以"前店后厂"的粗放式作坊模式致富之后,"无工不富"煽起了工业发财的梦想。淮河流域的"十五小"企业凭借着丰富的水资源大干快上,一大批工业设施简陋、能源消耗严重、污染过多的企业在淮河流域出现,仅仅四五年时间就造成了全流域191条较大的支流中,80%的河水已经变臭变脏;2/3的河段完全丧失了使用价值成为劣五类水,持续的污染使得这样的河成为害河了。淮河污染已经成为严重问题。

淮河污染报道惊动了当时的国家环保总局、全国人大环境资源委员会、水利部、国土资源部以至国务院,此后对淮河开展了治理,这也是各级媒体长期跟踪的根本动力所在。对淮河发生的事故报道增多,最典型的当属1994年江苏盱眙停水事件。当年7月28日,淮河自安徽五河至洪泽湖口形成了长达100多公里的污染团带,造成重大渔业损失,以及盱眙全城无水喝的局面。对此次事故,地方与全国报纸共同的问题是反应迟缓。江苏《新华日报》8月10日以《干旱下的洪泽湖》为题只是反映当地的干旱,却对盱眙停水和淮河污染只字不提;反应最快的是《中国青年报》,在8月5日即盱眙停水事故一周后就以照片的形式在头版报道了此次特大污染事故;8月13日,《人民日报》使用了《污水大于天灾》的标题直接揭露了这次事故。1996年淮河流域又爆发了有史以来最严重的水污染事件,历时百日以上。面对频频发生的淮河污染事故,国家领导人接连作出批示,要求下大力气治理污染,国务委员宋健在蚌埠主持召开大会,代表中国政府

① 陈桂棣.淮河的警告[M].北京:人民文学出版社,1999:2.

宣布:“一定要让淮河水在本世纪末变清!”随之,1993年成立并开展行动的“中华环保世纪行”记者团就重点对淮河流域的污染工厂进行了明察暗访,“安徽环保世纪行”记者团对省内沿淮企业作了采访报道,山东“齐鲁环保世纪行”记者团对鲁南造纸厂、化工厂等直接曝光,“江苏环保世纪行”记者团对苏北污染企业作了暗访。《中国青年报》、《中国环境报》、《南方周末》、《人民日报》等报纸前所未有地关注淮河污染,对其中隐藏的问题作了有力的揭露,也使淮河问题为大众所了解和关注。陈桂棣在《淮河的警告》里对1994年盱眙特大污染事故中河面惨象是这样描写的:

> 七月二十八日凌晨,被连天干旱的高温折磨得筋疲力尽的盱眙人,一觉醒来,吓呆了:平时黄绿色的淮河,突然变成了酱油色,浑浊不堪的水面像涂抹了一层又厚又怪诞的油漆,浮荡着白花花的泡沫,奇腥恶臭;随处可见的死鱼无不翻瞪着恐怖的大眼,像在怒问苍天。

现实的描写震撼人心,水污染使河水扭曲了它本来的面目,改变了人们心目中河流的形象,从爱水亲水转而产生惧水憎水的心理,也留下了长久的阴影与创伤。

而对同一事故,该书所收录的另一位记者的描写更是令人触目惊心、惊悚不安:

> 13日(7月),河南沈丘县槐店闸为确保自身安全,开闸泄洪。大闸公园内养的10多只猴子一夜之间全部失明,公园负责人卫洗玉说:“这水太毒了。开闸放水那天,光听见猴子在哭,像是坏了的锯条一样响成一片,两只爪子乱抓眼睛。发觉自己眼瞎以后,猴子就通宵达旦地嚎哭……这毒平时积淀着,开闸放水一搅动,毒气就冒出来,河边的树木全熏死了,100多个过路人当场熏倒,送进医院抢救。那天,全城人眼睛都熏得不停地流泪……”

这是易正在《中国抉择》里对淮河污水奇观的一个场景描写,它主要不以人为反映对象,而是以动物所遭遇的悲惨命运为典型来揭示水污染毒性之烈,读来就产生了视觉和感情的冲击力以及思想的震撼力。水污染已经不是一个潜在的危机,而是演变为现实的风险。

除了用文字表达淮河水污染之外,新闻记者还以新闻图片直观揭示着污染带来的惨痛后果。《工人日报》记者周寅杰发表于该报的《淮河污染：世界之劫》(1996年5月25日)以9幅图片进行全景式反映：污水、死树、患癌、控诉、哭喊、找水、绝望、毒水等，一群中小学生打出“救救我们吧，水被污染了，我们要喝清水！”的横幅。该文开头这样描述：

> 淮河边，老人望河兴叹：过去河里鱼虾成群，碧水蓝天，喝口淮河水，甜的；如今的淮河水，鱼虾死绝，臭气熏天，人喝了淮河水要生癌，庄稼灌了要减产、绝收。

一图胜千言，新闻图片事实的直观给人深刻的视觉刺激，产生眼见为实的感官冲击与心理转换，画面留下的印象更为深刻持久，让读者为之震动，容易唤起内心深处休眠的良知与义愤。于是极端的事实表现会冲击人们的认识与体验，促人警醒。如果传媒效果达到这一步，也就基本完成了任务，因为“传媒的一个基本功能是预警，而预警中的‘警’必须是具有刺激性的事实才能让人警觉，刺激性往往是反常的、离奇的、极端的，而重度污染的淮河水就呈现出与日常生活中人们所依存所想象的水体完全不同，现实的河水发生了恶化，导致了视觉、嗅觉的美感破坏，还致人生病与死亡”[①]，这当然是非人的生活环境。从新闻价值角度看，淮河污染这种反常、异常与极端具有较高的显著性、重要性，但是这种以生命的受害与死亡为代价所积聚成的新闻价值是不应有的，违背正常伦理的。

2. 传媒对淮河水污染风险的责任追究较为艰难

通过文献搜索可以看到，绝大多数新闻报道所反映揭示的责任者主要有两个：一是污染企业，二是地方政府。陈桂棣的调查揭示：在千里淮河沿岸，工业布局几乎到了随心所欲的地步，到处有颇具污染危害的工业项目。随着乡镇企业遍地开花，特别是大量的乡镇企业采用原始的、极其落后的工艺进行生产，这就把乡镇的环境污染与城市的环境污染连成了一片。他接着分析对淮河构成巨大的污染源的造纸行业：“造纸成为淮河流域经济振兴的重要支柱，同时又是葬送淮河的主要杀手！用麦秸作为造纸制浆的原料，既方便，又经济，特别是草浆造纸的生产技术并不复杂，而经济效益却炙手可热。但草浆造纸，其废水、废气、废渣和噪声污染无一不具。废水排放量大，是难以治理的原因之一。大量的废

① 盛蓉.从危机事件报道看传媒的预警责任[J].青年记者，2009(15).

水不仅含有大量的原料悬浮物，还有大量的化学药品和杂质，成分复杂，它含有的大量汞、砷、苯酚都对人体的健康危害甚大。”①同样的，记者易正从宏观上准确地提供了数字：“淮河两岸日排污量超过万吨以上的城市多达136个，其中淮南等6个城市日排污量在20万吨以上，不包括数十万个（仅河南省流域内，乡以上企业就有60万个）乡镇十五小企业（小造纸、小酿酒、小印染、小电镀、小制革等）。每年淮河流域所接纳的工业废水和生活污水总量高达24亿吨左右，而全流域年处理污水能力不足5 000万吨（且大部分未能达标），仅为污水总量的2%。一位淮南市自来水公司副总工程师介绍，自1989年以来，他们那里的自来水厂已成污水处理厂。”②虽然经过大规模治理后污染源减少，但是污染物大多仍然沉淀于河底辐射于两岸，这就是为什么近年来淮河流域癌症发病率仍然上升的主要原因。

底层的农民是最直接的受害者，但是这种真实反映面对着残酷现实。以上从宏观描述中还不足以精确反映工厂排污状态，在记者调查中还有不少对直接导致附近农民受害的排污企业的危害后果的描写。陈桂棣对泗县硫酸厂污染作了调查，披露了泗县硫酸厂正式投产之后，小程庄一百多户人家从此遭了殃。烟气一来，牛打滚，人关门，树叶落一层。不仅如此，作者在对污染企业的调查中还揭露了有关负责人的回避问题、阻挠调查等行径。在一次又一次的揭露中，污染企业大多处于强势，受害者却处于劣势，本来是要维护合法权利的却很难获得支持，企业的态度却更加盛气凌人，甚至发生将反映污染问题的村民打伤打残的令人发指的恶行。采访企业排污也伴随着各种各样的风险，预报风险者自身还要冒着风险去揭露，其难度可想而知。但民间摄影师卢广历经数年的暗访偷拍形成的系列作品汇集为《中国的污染》，以真实的记录，反映中西部、东部地区广大农村遭受的污染问题。系列作品中除了将镜头对准职业病、畸形儿、癌症者之外，还反映了工厂排放浓烟、污水、污物的可怕景象。由此记者对企业责任的追索，往往是间接手段运用得最多。对企业进行责任追寻之后，还有地方政府。

3. 传媒如何彰显淮河污染议题

如前所述，传媒对淮河进行报道突出其污染风险是在国家启动治淮的工作部署下的跟进行动，传媒揭露呼吁引起地方与中央政府的关注，进而吸引国家

① 陈桂棣. 淮河的警告[M]. 北京：人民文学出版社，1999：32.
② 易正. 中国抉择——关于中国生存条件的报告[M]. 北京：石油工业出版社，2001：118.

投入力量治淮，随后再报道跟踪，到后期关注减少，再到最近几年就很少涉及淮河问题了。在这个长达 20 年的时间（从 1993 年揭露污染、1994 年启动治淮，到 2004 年 10 周年之际传媒对治淮效果的争议，再延及 2014 年）里，传媒不论整体还是个体对比报道都呈现出前多后少的整体态势，反映出风险议题由强变弱的变化。

淮河污染风险呈现得益于传媒的持续揭露。淮河受污染有一个过程，但是沿淮的“十五小”企业在 90 年代初集中爆发式出现，排污的迅速扩大导致了污染量的暴增，使得淮河水质急速劣变，鱼虾绝迹，人民群众生产生活以及生命健康遭受严重伤害。对此受害群众将问题反映给传媒，后者不得不对这种“新鲜事物”予以关注，对受污染毒害的惨象作出触目惊心的揭露，引起更大范围内的关注。在将这种污染、破坏、伤害展示的过程中，地方政府向上级政府汇报，直至中央政府。在这个信息上传的过程中，污染风险的内容既有政府部门自己的调查，又有传媒记者的报道，两者共同汇成了足以让省级与中央政府感到事态严重的事实材料。基于来自受害者的呼告、传媒报道舆论以及地方政府的汇报，中央政府不得不实施有别于第一次治淮的计划（新中国成立后遵照“一定要把淮河治好”的最高指示，地方针对的是淮河严重的洪涝灾害[①]），向淮河污染开战，除了投入资金外，调集了几个部委与沿淮四省地市政府与环保厅局等专业人员开展治污，而且还发动、接纳了中央与地方媒体的参与，让记者跟随采访，及时发布报道。

值得注意的是，在报道发展过程中传媒的风险议题侧重点有了变化，由原来关注水质与生物危害转移到了“癌症村”的揭露。在传媒的报道中，淮河流域出现了全国数量最多、也是最为集中的“癌症村”，这让社会对其有了关于人的悲苦命运的深刻感受。这一风险议题其实是污染延伸导致更为严重后果的揭示，已经暴露出农村遭受着毒害生命的风险，农村生态环境整体恶化，由此衍生出的健康危害开始凸显了，但风险议题到这一步很难再有大的突破。

4. 淮河水污染预警及其成效

应当看到，在中国所有的江河水系中，淮河是多年来被传媒报道最多的一个，其他六大水系都没有受到如此的关注。在长达 20 年的淮河污染风险预警

① 钱敏. 淮河安澜　成就辉煌——写在毛泽东主席“一定要把淮河修好”题词 60 周年之际[N]. 光明日报，2011 - 07 - 05.

中，从中央到地方，从平面媒体到电子传媒留下了难以计数的新闻报道，这对人们认识淮河、关注污染、寻求对策提供了有效的帮助，其预警作用是非常突出的。让社会认识到污染的存在，有效设置风险议题，对淮河污染受到长期关注具有辐射和示范效应。受“淮河风险传播模式”（大兵团作战、事故后追踪、长时期关注等①）影响，中央和地方传媒也会对本流域水污染风险予以关注，形成了程度不同的预警，起到了推动环境风险治理的作用。

总之，上文以淮河污染报道为例分析了传媒的风险预警，回顾了淮河流域由一个富庶秀美的地方因工业污染成为全国“癌症村”最集中区域的预警过程。在错误发展观的误导下，工业主义导致的水污染却被解读为经济发展道路上必要的牺牲和代价。以报纸为主的媒体加大了反映力度，揭示了水质恶化的问题，也在调查中寻找制造污染的责任者，但地方保护主义与官员政绩追求是淮河污染风险预警的最大阻力。传媒跟进报道既反映问题也总结工作，使得治淮工作成为官员与传媒合作的重点，促成了一批污染严重的“十五小”企业的关停并转。在这个过程中，传媒有时集中化作业，大兵团作战，显示了规模化效应，对违法企业形成了震慑，明目张胆排放污染的现象减少，在一定程度上缓解了污染加剧的局势。

三、空气污染议题偏离——以雾霾传播为例

传媒对于空气污染报道是比较滞后的，主要借助于雾霾的警示才使其问题凸显。传媒报道大致分为两个阶段：第一阶段是对工业污染的揭露批评，第二阶段则是对包含工业污染在内的生活污染尤以雾霾为典型的曝光。中国自从工业化起步就产生了空气污染，但是很长时期内大众很难警醒，政府对于空气治理非常滞后。从20世纪50年代延续到80年代初期，烟囱曾经一度被作为进步的象征而受到肯定，由此传媒报道主题也一直没有大的改变。直到90年代一些大城市的烟尘、雾霾严重，才引起部分媒体的关注，例如北京、兰州、太原、西安等城市，由于重工业无序排放污染物与煤烟型消费结合，导致空气污染加剧。由此，不论地方还是中央传媒都基本上从工业污染和生活污染两方面加以揭露。从

① 赵思雄，张立生，孙建华. 2007年淮河流域致洪暴雨及其中尺度系统特征的分析[J]. 气候与环境研究，2007(8).

1993年开启的“中华环保世纪行”，重点对乡镇企业“十五小”和城市过度使用的煤炭取暖、餐饮业导致的空气污染做了揭露。地方政府也逐步关停并转了众多“十五小”企业，搬迁了一批企业进入工业园区，一定程度上治理了空气污染。但是随着工业污染对空气影响的下降，生活消费造成的空气污染上升：私人汽车迅猛增长，不良生产生活方式的出现（焚烧秸秆与滥吃烧烤、滥放烟花爆竹、制造过多垃圾促使更多的焚烧等）导致很多恶劣后果。而其中传媒针对雾霾频频报道，持续广泛揭露，给中央和地方政府都带来了舆论压力。以下将具体分析雾霾传播与公共性建构的问题。

2009年，美国驻华使馆通过Twitter网站公布的北京PM2.5监测数据受到中国媒体关注。2011年，灰霾（即雾霾）天气中官方空气质量数据与外国使馆、环保组织自测的监测数据大相径庭，引发公众对空气真相的质疑。在舆论压力下，环保部推出了空气质量新标准，2012年北京和其他一些城市开始PM2.5试验性监测，到2013年初，北京和多个城市开始全面监测、发布PM2.5信息。但雾霾被大规模关注特别是媒体的连篇累牍报道，则是在当年1月、2月的多次空气重度污染之后。雾霾造成了持续的社会冲击。据国家发改委的统计：“年初以来持续雾霾天受影响人口约6亿人”①，更为严重的是雾霾在2014年一季度持续笼罩北京、天津等北方城市，雾霾危害还在持续。在舆论强烈关注和整个社会为之忧虑的情况下，雾霾无可争议地成为典型的公共性议题，媒体介入其中，努力凸显这种公共性议题以影响国家议程，而怎样推进公共性认同从而更好地应对这一议题的挑战，则是令人关心和颇具难度的。

雾霾议题凸显了典型的公共性。这正是应该讨论的一个核心——“公共性”，并非媒体本身的公共性，而是雾霾议题的公共性。在汉娜·阿伦特的公共性概念中，公共性意味着公开、可见和开放。然而阿伦特只是在哲学话语中侧重分析公共性的空间特征，以及政治参与。而在中国对应的现实语境中，这种公共性，其本质是全局的、公益的、公众的，触及几乎每一个人的切身利益，不仅具有空间的广延性，而且还具有一种历时性——经得起时间检验，要求法学视阈中的代际公平，指向未来。在分析中国现实的问题，特别是公共事务层面时，就涉及公共议题、公共利益的概念。简言之，公共议题是涉及大多数人利益的讨论话题，公共利益则是大多数人应该享有的正当利益，两者都体现公共性。正是在讨

① 仝宗莉.发改委：节能减排形势严峻　我国6亿人受雾霾影响[N].人民日报，2013-07-11.

论、参与和推进公共议题的过程中，公共利益得以维护，公共性得以体现。因此可以这么描述：雾霾属于公共议题，体现公共利益，具有公共性。但是雾霾本身不能自我主张这种公共性，它必须经由一定的表达主体来替代它发言，呈现出这种公共性，在唤起社会关注和理解的同时，促使责任主体去维护公共利益，解决公共议题。

1. 样本分析：如何呈现公共性议题

在不同文化背景下，不同制度框架会有不同的公共性解读，以及对待公共事务不同的解决方式。在雾霾的事实再现中，能否触及深刻的体制、权力、利益等，仍是考验，因为这与公共性紧密相关。在沿袭“就事论事”的报道模式中，沿着一般人的认识：提出问题，追究责任(原因)，讨论对策，呈现出要求政府决策的意图。但是，媒体能否把握的是：“公共议题对所有个体或团体产生的影响都是相同的，没有一个个体或团体可以置身于这些问题之外，它超越了人为的地理界限。”[①]因此，媒体在对雾霾进行报道中，是否有效地体现了公共性，也就是是否最大限度地维护公共利益？基于此，就要对包括框架选择、信源使用、媒体发布、时间跨度等指标作出初步考察。

雾霾频繁来袭，它作为一个急迫的公共议题需要跟进研究，而目前从新闻传播角度涉及的成果还不多。通过中国知网检索到两篇相关论文：《我国新闻媒体雾霾天气报道的经验及启示》[②]、《从雾霾报道看气象新闻的拓展》[③]。前一篇总结了媒体如何报道雾霾问题，如及时跟进、服务公众等，以及媒体采用有效方法等，从纯业务角度分析总结了媒体报道的成果；后一篇主要分析了媒体面对雾霾如何增加实用性预报内容等，最后提出改进对策。从主题和内容分析看，两篇论文都是具体业务报道的探索，还没有将雾霾传播置于一定的理论视野中考察，特别是这一公共议题的建构方式、手段，还有待深入分析。

根据对雾霾传播的研究，笔者粗略统计了高端媒体的相关报道，从《人民日报》、央视、中新社、《财经》杂志、《光明日报》、《中国青年报》、《新京报》、《经济参考报》、《北京晨报》等10多家知名媒体中，选择《人民日报》、《经济参考报》、《北京晨报》三家不同类型的报纸在2013年上半年关于雾霾的文字报道，三家报纸分别代表党报、专业报纸与都市报，都具有相当广泛的舆论影响，在雾霾报道中

① 张庆东. 公共问题：公共管理研究的逻辑起点[J]. 南京社会科学，2001(11).
② 郑保卫，张峡. 我国新闻媒体雾霾天气报道的经验及启示[J]. 新闻爱好者，2013(5).
③ 彭耕耘. 从雾霾报道看气象新闻的拓展[J]. 传媒观察，2013(3).

的表现具有典型性。选取三报的新闻体裁有消息、通讯、评论三类，主要分析它们在雾霾议题中所使用的框架与信息来源等。经过对报纸库的检索，2013 年 1 月至 7 月《人民日报》有报道 53 篇、《经济参考报》有 9 篇、《北京晨报》有 24 篇，此后还有很多雾霾新闻，如"十一"期间的报道，没有统计在内。

表 2-2：主要报纸的雾霾报道指标

媒体名称	报道框架	主要信源	报道月份	涉及区域	体　裁
《人民日报》	依靠政府、寻求出路	政府、专家	1、2、3、7	北京、天津	消息、评论
《经济参考报》	经济问题、专业问责	政府、专家	1、2、3、7	北京、华北	通讯、消息
《北京晨报》	地方服务	政府、民间	1、2、3	北京	消息、评论

(1) 框架选择。

高夫曼认为框架是人们将社会真实转换为主观思想的重要凭据，也就是人们或组织对事件的主观解释与思考结构。加姆桑进一步认为框架定义可分为两类，一类指界限，也就包含了取舍的意思，代表了取材的范围；另一类是架构，人们以此来解释外在世界的视角①。框架理论有助于说明媒体反映事实的意图和倾向，在中国的语境中，众多媒体对同一事件的报道，一般都有着一定的框架使用也即主观设定，也希望借助于这种预设反映事实，由事实隐含一定的倾向性。这也成为体现公共性强弱的考察依据。《人民日报》选择了"依靠政府"和"寻求出路"的框架，例如《雾霾还需"超常"手段》、《环保部回应雾霾防治》等，在《防治雾霾，走出"靠天呼吸"困局》(3 月 16 日)里主要部分这样写道：

"今年中东部地区频繁遭遇雾霾天气，这和不利气象条件有关，但根本原因还是 PM2.5、氮氧化物、臭氧等污染物排放超过了环境容量，大气已不堪重负。"四川环保厅副厅长钟勤建代表说，按新的环境空气质量标准，达标城市比例会明显下降。

面前的压力依然不小。北京市市长王安顺代表说，北京人口目前达 2 060万人，且每年增长 60 万人左右；全市汽车保有量已达 520 万辆，再有 5

① 吴媛.突发公共事件中"科学松鼠会"的框架分析[J].科技传播，2009(8).

年将达到640万辆，这将加大空气污染防治成本。

报道承认雾霾是污染物过度排放造成的结果，这是依靠政府获得的认识，但不涉及政绩考核的制度追问；对于北京市汽车增长的压力，媒体也没有问责。党报跟随政府官员、通过官员陈述事实，相对客观地呈现问题，能够引导公众认识问题。

《经济参考报》选择“经济问题”、“专业问责”框架，如《机动车年检“走过场”》、《“环首都雾霾圈”谁之责》等，从多个角度找到问题根源，以专业视角深入剖析，往往抓住问题要害。在《“治霾窘途” 尾气污染背后的雾霾之责》(7月15日)开头有这样一段话：

国家发改委上周表示，今年初以来，发生大范围持续雾霾天气，受此影响面积约占国土面积的1/4，受影响人口约6亿人。环保部原副部长张力军日前直言：“尾气排放是造成灰霾、光化学烟雾污染的重要原因。同时，由于机动车大多行驶在人口密集区域，尾气排放直接威胁群众健康。”

受访专家介绍说，尾气排放无法尽如人意，既有车的问题，又有油的问题，“车油不同步”一直困扰我国尾气防治。

在引用国家发改委的数据之后，该报以环保部官员的坦陈引出报道主题——汽车尾气这一主要因素。随后的报道内容都是试图从车辆、油质两方面揭示雾霾的源头没有得到有效控制，个人与行业、企业与买主存在着复杂的利益博弈。

《北京晨报》使用“地方服务”框架，如《解霾还需种霾人》、《专家与市民探讨雾霾治理》、《抗雾霾口罩市场异常火爆》等，自觉服务于市民百姓，告诉市民注意与防范事项，有着特殊的贴近性。可见，不同的框架所隐含的意图都有媒体体现的观点，也就具有各自不同的倾向性，倾向性也会涉及公共性。

综合三家报纸的框架来看，基本都是围绕雾霾后果追问原因、寻求对策，包括公众自保措施。在追问造成雾霾严重的原因方面，三家媒体分析最多的是：机动车尾气、燃煤、工业生产、工地扬尘。此外，还对烧烤、烟花爆竹、油品等加剧雾霾的因素加以挖掘。体制问题是也公共性问题，虽然媒体框架得以表达和形塑的过程同时也是一个公共商议得以发生的过程，这是一个传媒中介的

(mediated)商议过程,但媒体关注具体细节的同时放过了体制追问,使得雾霾蕴含的公共性无形中被削弱。

(2) 信源使用。

信源是反映议题公共性的重要指标,它能够代表多少实质性的公共利益,这需要区分不同的信源。只有超脱既得利益的组织或团体,才会彰显较为可信的公共性。此次雾霾事件中,在京媒体使用的信源比较趋同。政府官员、专家学者成为最主要的两个信源,而民间组织被冷落一旁。环保部、北京市政府、北京市环保局、中国气象局、国家发改委等成为雾霾信源的集中发布机构,同时中国科学院、北京大学、清华大学、中国人民大学等高校以及一些专业科研机构都成为记者采访重点。每每遇到公共事件,官员与专家的声音都会通过媒体表达出来,这种信源有不断增多的趋势,被反复强化,其他信源影响力并未彰显。

与以上两类所占比例较大的信源形成反差的是:环保 NGO、网友作为信源的数量稀少。《每日财经》(2013 年 1 月 17 日)的报道题目是:《环保组织称北京市大气污染防治条例(草案)处罚力度偏弱》,是非常少见的引自民间环保组织的信源。不具名的网友虽有时也成为信源,但被采用的多是"戏仿语言":厚德载"雾",自强不"吸"、"霾头苦干、再创灰黄"。从整体看,媒体对雾霾事件的报道多谈成绩,回避责任,缺乏自主性。据不完全统计,雾霾报道中 32%的新闻只对政府召开的会议进行了简单转述,61%的新闻是政府或部门发布的官方信息,46%的新闻有政府官员的直接引语,而有普通民众直接引语的新闻只有 25%。

(3) 媒体分布。

雾霾让高端媒体迅速反应,但冷热不均。2013 年 1 月 12 日,当新年第一场雾霾天气发生时,第二天几乎所有的在京主要媒体都作出报道。《人民日报》、新华社、中央电视台等都全部突出报道。《人民日报》头版刊登文章《雾霾笼罩中东部》,《光明日报》头版刊登文章《北京 PM2.5 指数濒临"爆表"》,《经济日报》二版刊登《雾霾天气仍将持续数天》、《雾霾的"偶然"与"必然"》。在媒体市场化特征越来越突出的情况下,虽然媒体及时反映,但是报道的趋同性更加明显。检索 1 月三次比较严重的雾霾天气报道,在京报纸于 1 月 13 日、14 日几乎都把它作为头版和头条予以突出;而到了第二次的 18 日、19 日雾霾再次来袭时,雾霾新闻基本退居二版、三版;到了 1 月 26 日雾霾又一次严重时,报纸很少强调,有些就干脆不报;而在"十一"期间雾霾再发,其信息就淹没于节日议题中,这呈现出"前多后少"的特点:整个 1 月份,第一次雾霾报道占到 82%,第二次为 13%,第三次为5%。到了全国“两会”期间,涉及雾霾的话题又多了起来,雾霾来袭是主要因素,“雾霾”此时成为全国与地方媒体曝光最多的词汇。

(4) 时间跨度。

北京空气污染加重引起了广泛关注,由专家命名的专业词汇迅速进入媒体,对此有三个关键词:治堵、PM2.5、雾霾。报道起点是2010年12月,至2011年11月PM2.5经过媒体传播很快广为人知,到2012年10月之后转入雾霾报道。2013年1月12日是当年度雾霾报道的起点,央视《新闻联播》当晚用了8分钟播出雾霾新闻;13日到16日是一个高峰期,13日在京各大报纸几乎都关注了雾霾;之后18日到20日、26日到30日因雾霾再度严重也成为报道相对集中期。2月之后,虽然雾霾屡次发作,但报道数量骤然下降,直到6月29日一条消息引发争议:《研究显示华北雾霾平均令人减寿5.5年》,7月11日一篇引自国家发改委的统计数据编发的新闻《发改委:年初以来持续雾霾天受影响人口约6亿人》被众多报纸、网站转载,但此时已经不能引起如此前的强烈关注了。在“十一”期间,雾霾又被关注,但关注度明显低于对各种不文明行为的揭露批评。

表2-3:四年来北京空气污染主要议题的变迁

年　份	2010	2011—2012	2013	2014
议　题	治堵	PM2.5　灰霾	雾霾	雾霾

由上可知,框架、信源使用反映出媒体的一种局限性,其价值倾向不仅自我设限,而且还有深刻的制度背景没有挖掘;信源只是集中于政府和专家,弱化了普通团体和公众代表的公共利益,公权力与知识权威中隐藏着损害公共性的因素,这不利于公共性维护;再回到媒体自身,公共性的历时性与传媒报道的暂时性之间似乎存在着无法统一的矛盾。新闻只有一天的生命,而雾霾造成的影响还在延续,制造雾霾的源头还在。媒体的报道很难覆盖一定的时间跨度和空间广度。

2. 公共性议题的建构要素

在论及公共性时,很多研究者总是把媒体的公共性拉进来,不断重复哈贝马斯的公共领域理论。媒体具有公共性,这已是常识。但是媒体面对公共性议题如何认识特别是如何操作,却还很少有人深入探讨。显然,雾霾属于公共性议题,而且它不是一般的局部污染事件,它波及面广、历时性长,既具体又抽象。因此这一议题与以往有所区别,“这次雾霾天气属于由气候变化所引发的突发性危机事件，它具有影响区域广、作用周期长、辐射范围未知、作用人群普遍的特征”[1]。这就突发公共事件的特点而言，具有相似之处，但是就雾霾报道而言，又不止于此，结合公共性议题考察，需要考虑到公共性的三个要素。

表 2－4：公共性的三类对应属性及对应事件

公共性的三类属性	具体与抽象	眼前与长远	局部与整体
代表事件	雾霾　小悦悦事件	拥堵　圆明园风波	厦门 PX　中东部雾霾

(1) 抽象的公共性与具体的公共性。

公共性有抽象与具体之分。“公共性”这个词义是抽象的，同时它通过媒体所传播的具体事实承载的意义和价值也是抽象的。当然一些具体的事实具有明显外在的公共性：河流污染、野生动物灭绝、土地沙化、粮食短缺等，媒体反映出的具体公共事务，此类公共事务有可观可感的外在形象，当然更能够体现公共性，其主要依据是涉及大多数人的利益；而抽象公共性则体现在伦理道德、精神信念、传统文化等非直观的方面，它当然也是通过个案表达。三岁女童小悦悦被车碾压，路人见死不救，老人倒地讹诈事件反映出伦理道德这一公共性资源的稀缺；《评说罢跪，沉重命题》则反映出民族尊严公共性议题。

由此可见，公共性借助于新闻报道在明确的对象中是可见的、具体的，但背后又有抽象的主题。再看雾霾，它所蕴含的公共利益是抽象的，但触及的每个人的利益是具体的。北京市民遭受浓雾侵袭、呼吸困难，带来身心痛苦，体验到的是具体伤害，而雾霾议题又反映出公共利益，不过人们往往关心个人感受，而忽视公共利益，可能表现出一种认识与心态的狭隘性。媒体如果只是就事论事，就难以启发人们看得更远更广。

(2) 眼前的公共性与长远的公共性。

如果把报道涉及的公共性切分为眼前与将来两部分，会发现两者在公共利益体现的层面存在冲突对立，主要是代表当前公共性的行为(个人或集体的)却会违背和伤害将来的公共性。媒体的公共性议题可以揭示为满足当前需要的合理性，也更应维护未来的利益。人们活在当下，更为关注眼前，注重短期利益可以理解，但还要兼顾长远。如追求有房有车是人们普遍的生活目标，大多数人为

---

① 郑保卫，张峡．我国新闻媒体雾霾天气报道的经验及启示[J]．新闻爱好者，2013(5)．

此奋斗拼搏。房产和汽车产业从集合视角看是基于一种公共需要，因此这种发展具有公共性；但是如果只是满足于这个目标，对长远的公共性不予考虑就会陷入困境。土地减少、资源稀缺、城市交通拥堵、雾霾频现等暴露出长远利益被忽视、伤害之后的不良后果。雾霾问题是昨日不对今天负责，只关注眼前不顾长远，导致两种公共性的冲突的结果。空气污染早就不是新闻，“世界10个空气污染最严重的城市有7个在中国”①这一说法已众所周知。长远的公共性也需要维护。政府为迎接2008年奥运会对北京与河北、山东采取了最为严格的控制污染措施，保证了奥运期间的优良天气，也维护了眼前的公共性。可是奥运会之后，空气污染又趋于严重，直到雾霾议题的刺激，才显示出长远公共性的重要。媒体反映揭示眼前的问题，长远的后果其实更需要以负面事实加以警示，而环境警示却明显不足。

(3) 局部的公共性与整体的公共性。

媒体传播的事实往往是社会的局部，局部是整体的一部分，而整体也是局部的反映，由此可以说两者密切相关，但不能相互代替。进一步说，媒体揭示的局部公共性也许是合理的，但是于大局却不一定合理。被媒体视为公共参与成功的案例——厦门PX化工事件即是局部抗争有效的例证。该项目前期投资数十亿元，却并未告知公众，市民的抵制使得工程停工并迁建于漳州。于厦门本地市民而言这是维护了公共性，但是“避邻效应”本身就有一个漏洞：赶走了污染项目，却放任它危害别处。局部采取的措施不是消除污染企业，而是让它们迁于别处，整体公共性还是受到伤害。高端媒体的报道反映不应再局限于北京一地，而应该走出去，整体观察，反映和维护广大区域内的公共性，这已经非常重要。

3. 公共性议题建构中的缺陷

对照前文所述，结合媒体具体传播，可以看出三家报纸在雾霾报道中公共性维护上的缺陷：

第一，在框架选择上，思考既有的秩序与体制者很少，大都纠缠于细节的反映。雾霾肆虐的背后暴露出更为普遍、也更深层的体制问题。特别是一些地方政府垄断资源逐利的扭曲行为，被社会学研究者称之为：政经一体化（张玉林，2009）。雾霾造成危害，媒体反映危害：空气能见度不足、病人增多、航班延误、

① 章轲. 报告称世界污染最严重10城市有7个在中国[N]. 第一财经日报，2013-01-15.

交通拥堵等，媒体框架要反映不同的背景因素。

第二，信源选择偏好带来的不全面。我们知道：在社会转型期，缺少法律约束和舆论监督制约的地方政府会放纵逐利的欲望，产生市场中的寻租行为。新闻报道需要正确的信源，依靠政府官员个体提供信息，会不会有意回避责任，或者夸大事实？甚至不提供真实的事实？有意的错误得不到追究，歪曲的报道更会误导公众的认知；至于专家学者，他们一般能谨慎地解疑释惑并引导公众的行为。但是，近年来受到各种利益集团的干涉、拉拢，专家话语也出现了违背专业性、公平性甚至违背常识的错误，从而受到质疑批判。专家也难免为利益集团代言，偏离公共利益，破坏公共性。

正是主要基于框架、信源的分析，在公共性的三个维度中对照，会发现媒体公共性议题建构的不足。媒体、舆论能够促使政府在解决公共性议题方面缓慢前行，这充分显示了新闻实践与民意过程促进社会意见的商议、凝聚与共鸣“景观”的建构。媒体公共性的建构需要历时的过程。一阵风和零散性的报道，缺失了基本空间的广延性和纵向的历时性，不利于公共议题的解决，还出现了越来越多的有始无终的“烂尾新闻”①。具体表现主要有四个：一是对于具体的公共性与抽象的公共性处理，顾此失彼，偏于一端；二是偏于话语传输，鲜见具体事实描写；三是眼前的公共性与长远的公共性处理只是随热点而转移；四是局部的公共性与整体的公共性之间顾此失彼，“以点带面”、“以小见大”。报道中熟练操作的“以个别代表一般”与反映的普遍性之间的矛盾没有很好处理：个别应该是典型中的个别，是能够代表或者最大限度地体现典型所具有的品质的那些方面，它能够代表一般。媒体报道的只是“这一个”，也往往只能是“这一个”，但所选择的事实还是应该尽可能多一些，覆盖面大一些，确实能够代表整体或一般。

第四节　食品安全风险预警

中国食品安全问题从环保角度看是遭受多年的复合式污染的结果。食品安全已经不是一个新议题，但是在2011年以来却成为传媒格外关注的问题。自从这一年初传媒曝光“镉米”事件（南京农业大学教授潘根兴调查出全国至少10％

① 吴善阳. 报告称中国近三成环境舆情事件严重“烂尾”[N]. 北京晨报，2013-08-20.

的大米中含镉)到各种食品掺杂使假，其中“瘦肉精”、“地沟油”成为这一年与“镉米”位列三大食品安全问题的重点事件，以致到年终传媒对奶业、肉类行业的接连曝光，延伸到2013年的“速生鸡”、“毒生姜”等让消费者对于食品安全基本丧失了充足信心与美好期待。食品安全问题是个环节越来越复杂、危害越来越严重的问题，其中最突出的是食品污染，它与主观故意的掺杂使假等问题混在一起，涉及多个行业领域(工业、农业、交通、卫生、化工、环保、食品、生物、化学、质检、种养、加工等)，有着极为深广的关系网络与错综复杂的利益纠葛。在舆论近10年来的高涨呼吁之下，国家也在加大打击整治力度，但食品安全问题越发严峻。这是社会其他问题不能有效解决最终殃及食品卫生的一个结果。从社会道德伦理看，这是作为普通人的民众信心失落的表现。从社会关系来讲，又是西方侵入蔓延的拜金主义促动“惟利是图”的结果。而最后从片面、急切追求个人政绩角度看，各地大干快上的招商引资运动、强拆运动、毁田运动产生污染，再推行“垃圾下乡、污染下乡”导致农村遭受深重污染之后，城市再被传递产生毒害的后果。

所以，以环境污染为源头的食品安全议题传播才更为艰难，它涉及的是多方的利益和复杂纠葛。利益尤其是私人利益混杂其中，形成破坏力，加上当地政府介入其中，就会借助于公权力产生摧残后果，导致环境保护的全局性失控，进而由土地、河流、空气再延伸导致粮食、蔬菜、果肉、蛋禽等食品的污染。各种毒素通过各种人接触、食用的介质进入人体，引发各种慢性和急性病症。其导致的后果是：过半国人处于亚健康状态，“三高”(高血压、高血脂、高血糖)患者非常普遍，同时怪病、绝症(癌症)患病率直线上升，“癌症村”在增多，巨额的治疗费用曾使众多农民陷入困境，还加重着农村医保的负担。在这个过程中，作为“社会雷达”的大众传播应当发挥的作用和功能是巨大的，实际上“关于食品安全问题基本上是传媒予以揭露和反映的，把各种各样的信息传播提供给社会，以起到警示的作用”①。生活在一个食品都不安全的社会中，还有多少幸福与快乐呢？尽管如此，传媒仍然坚持着“揭出病痛，引起疗救者的注意”。传媒揭示问题引发的舆论也会对地方政府以及职能部门产生更大的压力，促使它们去加以纠正和解决，也会唤醒这个“自媒体”时代网民的觉悟，人人都可以拿起手中的通信工具如手机、相机等拍录上传使之广为人知，让丑行劣迹大白于天下，让违德犯法者无处遁形。由此我们在肯定传媒积极作用的同时就要力求全面、深入地分析问题。

① 姚娟.当前食品安全报道存在的问题[J].新闻实践，2011(7).

食品作为人们的每日消费品本来不应当出现问题的，但多年来随着媒体一次次的揭露才暴露出如此严重的食品危机，这就值得深思，也需要关注以下几个问题：一是食品安全事件频发中传媒呈现的侧重；二是食品安全报道的个案分析；三是被遗忘的农村环境风险议题中城乡差异鸿沟。

一、食品安全事件频发

如果不是大众传媒持续的揭露，作为消费者的大众很难将各种怀疑通过传媒印证为事实。大众每日消费食品趋旺，但"病从口入"，过半数的国人处于亚健康状态。食品安全的问题以一次次事件作出注脚。传媒对食品安全问题的反映有一个过程，其中以典型的案例为标志，体现出愈演愈烈之势。从空壳奶粉到有毒奶水，从添加剂泛滥到"速生鸡"问题，以及各种名目繁多的掺杂使假，传媒都有揭露，都引起消费者的心理波动。

从纵向的角度简单回顾，传媒的揭露有这样几个特点：一是关注个案曝光。最初影响最大的事件当数2004年安徽阜阳空壳奶粉事件，当地劣质奶粉横行数年，皖北的工商管理部门尤其基层工商机构对此不闻不问，直到地方医院收治了数名"大头娃娃"之后有人反映给媒体记者才得以揭露，而此时危害已存在了数年，直接造成13名"大头娃娃"死亡和100多名病患婴幼儿在医院救治，但巨额费用让贫穷的农村家庭根本负担不起。随着传媒揭露和更多记者的明察暗访，当地才行动起来查封劣质奶粉，对县、乡工商所负责人作出行政处理，就此算是一个交代。但是劣质的奶粉并未就此受到严厉打击，在缺少有效监管之后又流向农村很多地区，危害仍在持续。第二次的典型个案也是发生在奶业，不过是鲜奶，直接造成全国数十万结石宝宝。《东方早报》记者简光洲在报道甘肃数名患胆、肾结石婴儿在医院收治事件中点到了"三鹿奶粉"，随后引起了轰动，全国数省的"结石宝宝"陆续见诸媒体，酿成了一场世界舆论关注的奶业风波。此外还有各种各样的问题食品被揭露曝光，"如肉类最为人熟知的是注水肉，蛋类则有人造蛋，鱼类是避孕药，蔬果则有化肥、农药、催熟剂、保鲜剂、色素、添加剂等数不胜数的掺杂使假，酒水、饮料、调味品乃至米、面、粮、干货、水发品等无一不可造假和掺入化学制品都给人体带来毒害"①。当奶粉与鲜奶问题被曝光之后，传

① 郝洪.食品安全，警钟为谁而鸣[N].人民日报，2011-04-18.

媒就掀起了一场围剿食品问题的战役，一直持续至今，这涉及第二个特点：即传媒围绕政府议程而开展监督。

正是传媒揭开的三鹿奶粉黑幕使中央政府决定整治食品问题，地方政府遵从行政命令，动用工商、质检、卫生、医药、公安、法院、检察等部门开展程度不同的食品问题检查与非法添加食品的打击行动。这些自上而下的部署与跟进得到传媒广泛而持久的关注。不言而喻，行政部门的行动就是新闻，所以受众十年来看到听到被查获和曝光的问题食品增多了。在这种跟进报道中，传媒的报道便利之处在于：一是有关食品安全的数据、案件能够方便接近和掌握；二是有机会跟随检查、执法人员进入制假售假窝点，获得了第一手资料，这就免去了暗访之苦之险；三是行政部门的这种工作事实为传媒提供了新闻素材，有了可报道的对象和内容。传媒围绕政府议程开展报道，也是对其工作的支持，是落实整治食品违法犯罪工作的精神，因此能获得政府的肯定，两者目标实现了一致。

第三个特点是食品安全问题更多是通过揭露而显现的。也就是说，更大程度上是监督，把地方的食品问题给揭开的。更多的问题揭露其实不是靠有关部门自我揭短，而是传媒突破了这种盘根错节的护短让黑幕展现出来。“传媒的揭露可以分为两类针对行政部门的监督：一类是软监督，如对一家黑作坊的暗访曝光，揭露一家制假的黑窝点，曝光一家食品非法经营店铺等；另一类是以点带面，曝光一个食品生产加工销售链条的乱象，引起轰动效应，直接导致问责和刑责，如阜阳空壳奶粉和石家庄三鹿奶粉都有行政官员被追究刑责，尤其是后者导致全国制品企业三鹿集团迅速破产，董事长被判刑。当然这两起事件共同之处还在于都造成婴幼儿严重的伤害，死亡与重症已经说明问题的性质。”①这是记者对问题食品坚持挖掘和揭露并顶住压力曝光的结果，这对严重性食品犯罪具有震慑作用。2011 年公安部破获了河南、湖北、江苏 3 省的涉及“瘦肉精”的大案，逮捕并判刑数人，虽然这些人的违法犯罪行为并未致人死亡，但国家加大打击力度也源于传媒不断揭露的一些地方出现的“瘦肉精”中毒事件使政府形象受到损害。

第四个特点是传媒改变策略，从跟进政府行动、事故报道向日常渐变的有限预警转变。传媒不再总是跟着政府工作走，也不总是当“马后炮”，反之是重视对事前和事中的问题揭示。2011 年新华社“新华视点”8 月 24 日报道《一根豆角被

---

① 李丽英，王青波. 食品安全报道的现状和对策[J]. 新闻爱好者，2012(3).

"喂"11种农药》，揭示了普通蔬菜被过量农药培育的事实。记者从三个层面反映问题：第一，菜农"想当然"打药；第二，农药残留检测一路"绿灯"；第三，"管不住"与"管不全"。记者从种菜老农那里得知的是："现在种菜不容易，三天两头要打药，基本上没有不打药的蔬菜。"老农还说，不打药就没有收成。打了这么多药的豆角在农药残留检测中都是放行，对于这个问题，记者了解到，地方每天的蔬菜交易量巨大，即使抽检也无效。因此专家认为：应建立一套科学的全过程控农残体系，着力加强源头监管，激发监管活力，逐步增强菜农的科学用药意识，从源头上扎好质量安全监管的"篱笆"。应当说，新华社这一篇报道是一个很好的食品风险预警，因为记者深入基层，到田间地头实地访问掌握了食品污染的第一个环节、第一手资料，看到听到了农民为保收入而滥施农药的现实问题，对于环境风险作了具体直观的揭示，剖析了食品安全问题的源头与原因所在，对城市普遍关注的食品污染作了警示。由此可知，除了有意掺杂使假和制售假冒伪劣商品这样的问题食品以外，还存在着并不为人所了解又远在城市视线之外的污染造成隐性毒害。传媒不去反映就几乎等于不存在，会形成对真相的遮蔽。

食品安全事件频发除了传媒所反映的典型个案之外，还有其他媒介参与。《民以何食为天》一书热销，是作者根据大量调查针对各种对食品添加的劣行作出的揭露；而专题网站的出现更具有创新性。复旦大学研究生吴恒邀集网友义务收集资料制作了网站"掷出窗外"，收集近年来2 130篇传媒报道的各类食品问题。两者的食品问题传播都产生了广泛的影响，进一步扩大了对食品问题的批判。对于中国的这一类食品问题，外国传媒都频频批判揭露渲染，为西方制造反华行动提供了借口；还连累了中国食品业出口，不断遭遇"绿色壁垒"，反映出国际社会对中国产品的严重不信任。

除了见诸传媒揭露的食品事件之外，还有大量的隐藏问题并未见之于公开报道。食品问题可分为动态的、静态的，城市的、农村的。传媒较多反映的是城市的、动态的事实，而对于农村的、静态的事实反映并不多，这就是说，还遗漏了不少问题，也使其危害继续发生和潜伏着。食品安全问题的复杂性、长期性都需要传媒锲而不舍打一场持久战。

二、食品污染报道个案分析

在近年来被传媒曝光的食品污染事件中，造成直接危害后果的往往是传媒重点关注的。这会引发舆论强烈批评与政府高效行动,但是对于较为隐性、源头在农村的食品污染则是报道滞后且数量稀少,长期的、广泛的毒害被掩盖以致人们对此几乎一无所知。源头在农村的食品污染后果更为严重,这其中最典型的当数“镉米”背后的重金属污染土地与“瘦肉精”背后的人为添加及饲料毒害问题。以下对于这两个事件将采取先描述后分析的方法,寻求对农村环境污染之后的风险呈现策略,考察其传播效果是怎样的。

1. 关于“镉米”事件

《新世纪周刊》2011 年 2 月 14 日推出《镉米杀机》封面专题调查,刊发记者宫靖的文章《调查称中国多地大米镉超标　食物污染链持续多年》,该文引发社会轰动。文章主要揭示了以广西、湖南为典型的镉米产区的镉污染现状。在多处现场描写中,呈现饱受镉毒害的农民无奈无力的受害情状;借助专家的权威调查,报告了中国有 10%的大米镉超标危害存在,记者进一步更是以专家的调查数据揭露出全国普遍存在的重金属污染问题:“中国科学院地理科学与资源研究所环境修复中心主任陈同斌研究员,多年来致力于土壤污染与修复研究。……他根据多年在部分省市的大面积调查估算,重金属污染占 10%左右的可能性比较大。其中,镉污染和砷污染的比例最大,约分别占受污染耕地的 40%左右。如果陈同斌的估算属实,以中国 18 亿亩耕地推算,被镉、砷等污染的土地近 1.8 亿亩,仅镉污染的土地也许就是达到 8 000 万亩左右。”①通过专家调查和数据披露,记者突出强调了镉米的普遍存在。污染大米直接毒害人体健康,农民成为最大的污染受害者,这是多年来他们几乎多方面处于弱势地位的一个结果。同时,镉米不仅在农村广泛存在,它还流向城市:“但陈同斌及其同事多年观察发现,随着土壤污染区农村居民生活日渐富裕和健康意识的增强,他们更趋向于将重金属超标大米卖到城市,再换回干净大米,所以城市居民遭受重金属毒害的风险也在增加。”②

以上描述触及镉米及其危害,那么更为严峻的问题是多个地方的重金属污染问题:中国快速工业化过程中遍地开花的开矿等行为,使原本以化合物形式存在的镉、砷、汞等有害重金属释放到自然界。这些有害重金属通过水流和空气,污染了中国相当大一部分土地,进而污染了稻米,再随之进入人体。这就可

① 宫靖. 镉米杀机[N]. 新世纪周刊,2011-02-14.
② 同上.

以看出，比镉米毒害更为深广的问题是重金属对土地的污染还没有解决，其主要原因逆向推演为：重金属污染→开矿等污染→有关部门不作为。土壤重金属污染并非某一届政府的责任，而是长期应对不力结下的苦果。这样的问题揭示出来让人看到了症结所在，原本寄希望于有关部门负责，但它往往敷衍了事，这一问题没有根本解决，尽管专家作出了调查结论。

2. “镉米”事件由传媒揭示出一种环境污染的风险

这种风险是一种链条式的传递，最终结果是剥夺受害者生命。这些被描述为风险的食品污染，在有些地方已经演变为现实，有些正在逼近，但城乡居民还对隐患源头浑然不觉。传媒的这种风险呈现具体策略主要有：一是展示镉米污染的场景，记者以最大篇幅、最多细节描写了广西阳朔县兴坪镇里的村民患病情况；二是借助专家话语探索背景揭示本质，包括污染物介绍与病症分析、镉米污染个案、全国抽样调查、重金属污染后果等；三是运用对比的方法，以日本20世纪六七十年代的骨痛病(痛痛病)映照今天广泛存在的镉米问题；四是点面结合的报道手段，不是局限于个别地点的问题，而是以专家话语作为权威结论来揭示具有普遍性的存在。在“镉米”报道中，记者选取了底层农民、中层的专家作为叙事主体，但没有对地方政府的直接采访，官员在本篇报道中没有出场。这里既有采访风险的考虑，又有先外部取证的报道策略。从全部报道的特色来看，专家话语占据了主导地位，专业问题需要专家支持，专家的调查数据能够有效反映问题，在新闻报道中权威性最高，也成为“镉米”的可靠信源。记者通过调查发现“镉米”的生产、流通处于不设防状态，最后又发出警示：有一个趋势值得注意，即未来中国农产品安全问题中，重金属将取代农药，成为事故多发地带。风险既在今天成为现实，又将在未来变得更加突出和严重。

记者对风险的揭示，不仅仅是“镉米”本身，而且还借此反映一个广阔的社会存在。风险不是一个点，而是背后有着广阔的面，即社会问题。更多的读者感受最深刻的恐怕是“镉米”不知在何处，自己是否会中毒等，但实际上作者不是局限于此，而是由此及彼，由浅入深触及农村的环境污染，对于工业化、个人政绩的过度竞逐导致了污染的扩散和加剧。而作为污染受害的结果之一，是那些直接相关者的反抗，以及社会情绪的波动。所以风险的揭示策略对于传媒虽是就事论事，从具体入手，再由此作出隐喻，但让人感受到风险的转化与升级，这种警示非常深刻。

3. “镉米”报道的传播效果

总的来说，该报道难免影响一时，热议一阵。《新世纪周刊》2月14日刊出

《镉米杀机》的报道之后，第二天就被至少 50 家平面媒体转载，接着是不计其数的网上转发和网友评论，随之而来的反响和效果主要朝两个方向发展：一是许多城市和省市纷纷表态本地检测没有发现“镉米”，《北京晨报》、《新闻晨报》(上海)、《新快报》(广州)、《南国都市报》(海口)、《当地生活报》(南宁)、《东南快报》(福州)等多家报纸发布本地未见镉米的消息；同时，南京、海口、昆明、厦门、青岛等城市质监部门均对媒体表示未见镉米，这仿佛是《新世纪周刊》发表了有误的报道，应该予以批评纠正。二是“发布全国 10%大米镉超标的专家——南京农业大学资源与生态环境研究所教授潘根兴也在几天后通过报纸表示：此前检测反映的数据只是个别地方而非具有普遍意义”[①]。2 月中下旬。“镉米”无疑成为大多数传媒包括网络热议的食品安全话题，舆论也对食品污染表达担忧、愤怒等情绪。这一事件揭开了食品污染的隐形的、长期的问题，对于总是忽视农村污染的传媒以及公众是一个警示，食品问题已不仅仅是一个掺杂使假的简单过失了，它的背后有着纷繁复杂的环境污染，以及城市污染农村的后果等。当“镉米”报道由大米本身而反映出背后的重金属污染土地进而毒害人体健康时，就把一系列风险揭示了出来，让人看到背后问题的严重性。它也会促使各专业的工作者展开进一步的调查、研究，寻求对策，也会促使地方政府加强对污染物的管理和对环境的治理。

“镉米”事件加剧了食品的形象危机，其传播的事实形成了一种警示。食品一直是每个人生存所依，却在最近几年中出现了假冒伪劣和环境污染的毒害。广泛食用的大米镉积存的潜在毒害，让公众的信心由此大受打击，对食品的不信任又进一步加剧，这当然会危及很多正常运行的行业，抬高了社会交易的成本，如本应是“免检”的产品，却不得不检测，本来具有的信任就此荡然无存。人与人之间基本的信任却变为相互猜忌和提防，出现霍布斯所言的“人对人是狼”的原始对立状态，虽然目前还未如此严重，但“镉米”的阴影投射正在摧毁脆弱的社会心理，让人们对食品越来越不放心。从积极意义看，“镉米”事件能够促使人猛醒，推动职能部门进一步亡羊补牢、纠正错误，但消极后果则是人们会从中得到负面暗示，不愿意自觉承担信任成本，而要先行设定对方不可信再以门槛来约束双方，由此带来交流交易的困难。此外，“镉米”事件影响还越过国界进入世界的新闻传播序列之中，加深着国际尤其发达国家对中国食品安全以及其他各类产

---

① 岳平. 法制晚报澄清“大米镉超标”出手快[J]. 新闻与写作，2011(3).

品的偏见，抬高贸易壁垒，中国国际形象也伴随着食品安全事件受到不良影响。

但不可否认，“镉米”的传播影响会趋于弱化直至被淡忘。这既是由人的记忆能力所决定，不断地认识记忆又不断地遗忘以接纳新事实，又是媒介传播的结果。传媒要持续不断地制造新闻热点，每一个热点引人关注一阵，轰动一时，但随之又被传媒制造的新的热点所吸引，每一个热点就如江水波涌前仆后继，永无停息。其实新闻热点太多就必然透支受众的注意力资源。人的精力是有限的，透支之后就会疲沓，就容易丧失关注的热情。传媒就得加大刺激力度，以新的事件激起人们的兴奋。这样制造的追逐热点的后果是：热点很快过时而湮灭于一连串新闻之中，“镉米”事件报道也概莫能外。“从社会心理学分析，只有刺激才引起反应，即刺激—反应模式适用于人，有所刺激就相应有所反应，还须依赖外力推动。刺激的强度决定着反应的强度。刺激强烈，反应就快速及时，反之就弱。”①尤其值得注意的是，越是事在临头、危急关头，才会有即时的反应，所谓“兵来将挡，水来土掩”即是如此，呈现出一种被动应急的临时抱佛脚心理，不顾长远，只管当前。

由此看来，“镉米”能够被传媒揭露并构建起一种风险，但能让受众关注多久、促使政府改进多少都是疑问。因为它存在如下不利情况：第一，“镉米”是慢性毒害而非即刻直接感受到的后果，不如“瘦肉精”引起中毒、生病等问题来得可怕，因此受众对此产生一阵恐慌之后又对此产生无奈而归于淡定状态，渐渐对此遗忘也是很正常的心理。第二，与众多食品污染案例刺激相比，“镉米”事件必然被淹没于众多刺激之中，于受众而言，看到听到的太多，也就会变得麻木迟钝而反应不足，还会任由它发展。第三，如上所述，对相关部门压力不足既是由于问题处于隐性、无主状态，又源于它没有直接导致人的死亡这样突出的后果，因而在焦点性质上也易于被忽略遗忘。

由此可知，传媒报道往往体现出“一次性”的特点。“风险社会的来临使事故发生变成常态性的景观，随时发生的环境事件吸引着传媒，它会主动地进行报道，也会以新闻影响舆论，促使地方政府快速反应，这种反应又成为传媒新闻报道的来源，于是传媒以事故始、以政府行动终的报道成为一种越来越固定的模式”②，但政府对此会不会治理、治理到什么程度虽然可以报道，却也不是传媒能

① 张力行. 剖析行为主义心理学的刺激反应理论[J]. 西部教育研究，2008(2).
② 贾广惠，吴靖. 中国“镉米”议题与传媒社会预警[J]. 学术论坛，2012(11).

够完全掌握的，只能顺势而为，并在自身议程与政府议程的相互影响中不断地变换。传媒报道新闻的本职要求使它依赖于“唯新是求”，而不是短暂地集中于一个议题，这样既要制造热点，又得迅速抛弃热点，再去展示下一个。热点快速变为冰点不以受众期望甚至也不以传媒意志为转移，纷繁快速的生活节奏与应接不暇的社会变动都要求传媒为其进行反映，但这又相当困难，于是传媒既要作出选择，又要在抛弃旧热点与寻找新热点中反反复复转换。

因此，“镉米”传播作为个案的意义主要在于反映了一个现实。基于渐变的、遥远的、缓慢的环境风险导致的食品污染，更应该促使传媒加以关注，促动舆论施加压力于相关部门促其尽快开展农村与城市的环境治理，而不是仅仅作为独家“一次性”新闻报道就完成了任务。不仅仅是“镉米”这样的为传媒和社会所忽视的隐性问题存在，还有很多其他方面的食品污染背后的环境隐患尚未得到揭露。这种由污染传导于食品的表现构成了一项关于食品安全的议题，但已经到了末端，前端的城市污染农村、农村接纳污染与输送“返还”污染的问题只是偶有揭示，还未能深入予以暴露，环境风险在已变成现实中快速地发展着。

第五节　拆迁议题中的传媒遮蔽

环境污染涉及越来越多的领域，破坏力不断攀高，直到影响社会稳定，拆迁就是这样一个沉重议题。自 20 世纪 90 年代以来，“拆迁”问题成为中国经济、社会、文化等发展中的突出症候。拆迁正在牵动社会各阶层敏感的神经，它为环境风险作出了另一种为人所忽略的注解。在传媒对此扭曲和失语并存的情况下，拆迁迅速演变为普遍推广并蔓延城乡的运动。

一、城市拆迁运动及传媒议题

居者有其屋，自古以来中国人追求安居乐业，住房是一个重要指标。但是当城乡居民自 20 世纪 90 年代以来初步解决居住难后，忽然出现了一股逆势而行的运动，这就是地方政府主推的拆迁，导致全国众多文化遗产在十几年间就遭大量破坏，千城一面和乡村新楼矗立已成触目可见的景象。

中国城乡拆迁运动起之于城市，如自 20 世纪 90 年代初北京就着力推进旧城改造。城市建设、发展、改造本是地方政府的一项本职工作，通过适当的发展改变城市面貌、改善居住条件，众多居住者与未有住房者也是拥护的，甚至后者盼望政府加快改造步伐。北京市实施的旧城改造中大量毁坏名人故居、胡同、四合院，民族英雄袁崇焕衣冠冢被强行拆毁，为其世代守墓的余氏后人——两位七十多岁的老人被强行架走搬离①；梁思成林徽因故居，在其子——全国首家民间环保组织创始人梁从诫面前被野蛮拆毁，梁氏后人悲愤莫名。在旧城改造名义下，大量的建筑文物被毁，其中80年代尚存的4 000多条胡同几年时间就只剩下不足300条。从元明时起，北京建成了世界上最富有民族特色的建筑——城墙、胡同、四合院、门楼、牌坊等，虽历经动乱、战争仍保存最为完整的城市古建筑群，具有重大的历史价值与文化价值，以整个城市列为世界物质和非物质文化遗产都当之无愧。但是50年代毁掉九门城墙，到了90年代初，北京各类古建筑群遭到了大量破坏。当大批的文化遗产遭遇毁灭之时，就剩下那些碎砖烂瓦、破石旧木，被当作建筑垃圾运往城外、农村去毁占农田、河流，其破坏后果持久巨大：既产生长期难以消化的建筑垃圾，又消耗了过多的资源能源。

北京市的强拆在少数学者、专家与环保组织等的强烈反对中仍迅速推进。从90年代的毁故居、铲民房到后来扒胡同、推门楼，从东西南北四个方向朝中心区推进。各个城市纷纷效仿，每一座城市的多数古宅都在无力抵抗中灰飞烟灭，基本所剩无几。但是有些地方在拆除老建筑之后又建起了仿古建筑，弄出许多的赝品，这些仿古建筑全无文化内涵，丑陋恶俗，令人望而生厌。

强拆的根源在于：一是解决财政收入困难，二是增加灰色收入，三是捞取政绩。② 从地方财政收入分析，就会发现很多地方政府20多年来不是踏踏实实抓好国有大中型企业作为地方财政支柱，而是求助于招商引资和土地财政带来投资的固定资产及产值的增长以推高GDP，又可以带动一部分当地人的就业。在解决财政收入困难方面，真正让地方政府为之倾心的是卖地、拆迁重建的财政收入。根据记者报道："2013年上半年地方政府所收取的土地出让收入就达16 722亿元，同比增长46.3%。这些收入，除了少数用在改善居民住房上外，多数用于地方的其他建设和形象工程等。"③

当然，这也有中央的收支体制改革与控制弱化的因素。1994年以来，国家

---

① 李玉宵. 372年守墓史曲终人散[N]. 南方周末，2008-12-05.

② 陶小莫. 专家称地方官政绩观扭曲是暴力拆迁直接推手[N]. 检察日报，2011-05-24.

③ 郭文婧. 政府卖地收入应彻底关进"笼子"[N]. 中国青年报，2013-08-09.

与地方实行了分灶吃饭，但中央通过国税、地税分家与增值税固化，以及培育央企等手段从地方获得了大量的财政收入，而地方剩下的是多项支出的巨大压力，收入少但各项社会事业都要钱，钱从哪里来？大中型企业因改造久、见效慢不为地方政府看好，除了招商引资之外，还需另想办法。在北京市实施以旧城改造名义的房产开发获得巨额收入之后，就启发了地方政府依赖土地财政。但政府还需有能力操纵，这就是推高地价，也顺理成章抬高了房价。自从2005年以来，各地房价节节攀升，北京、上海、广州等特大城市房价成倍上涨，就在全社会形成了一种抬高效应，连年房价上涨最终让百姓无奈地接受，还催生了一种以房投资的风气。

二、拆迁中的环境破坏与资源浪费议题

传媒聚焦于拆迁中的冲突，但是集体忽视了由此伴随的环境破坏与资源毁灭。传媒都关注直接的受害者——作为个体的人，但执于这一端却忽视了另一面，即受害的第二个重要对象：生态与资源。当一座座具有深厚历史文化价值的古建筑被摧毁、当建起仅仅数年的新楼被铲除（住建部副部长仇保兴在第六届国际绿色建筑与建筑节能大会上说，中国是世界上每年新建建筑量最大的国家，消耗了全世界40％的水泥和钢材，却只能持续25—30年。《中国日报》报道称，相比中国的25—30年的平均建筑寿命，发达国家的建筑，像英国的平均寿命达到了132年），传媒仅仅看到被拆房主的利益受损和房屋被毁掉的痛苦，却很少看到由此带来的环境破坏与资源浪费（仅仅过早拆除房屋与桥梁就造成每年至少7 000亿元的经济损失），使得能引发传导作用和反思价值的环境恶果被遮蔽了。个人的生命是短暂的，而环境价值是长久的，它的毁灭性破坏带来的负面后果却会影响几代人甚至更为久远。由于受害的环境生态无法成为法律意义上的自我主张权利的主体，因此这种侵害往往隐而不彰，传媒对此很少揭露。其危害主要体现在：第一，被拆建筑寿命大大缩短带来了第一层次的资源浪费；第二，拆迁产生巨量的建筑垃圾，长久污染农村良田、河流；第三，毁掉原有建筑又重新盖楼耗费建筑材料，造成第二层次的资源浪费和环境污染（资源开采、加工、运输、利用等每个环节又都产生资源消耗与污染）。有学者考察了2009年以来见诸媒体的几起典型的拆迁事件，梳理其中的环境生态关注因子，根据报道内容设定了几个简单的测量指标，如表2－5所示：

表 2-5：近年来部分引起媒体关注的强拆事件

时间	事件名称	报道关键词	采访主要对象	报道结果	环境资源关注
2009	唐福珍事件	强拆、自焚、抢救、死亡	唐福珍家人、政府官员	拆毁、赔偿	无
2008	潘蓉事件	强拆、对峙、刑拘	潘蓉邻居、法院	拆毁、拘役、保释	无
2009	东宁事件	强拆、殴打、自焚	被拆迁住户、县政府	拆毁、驱赶	无
2010	宜黄事件	强拆、冲突、自焚、劫访	钟如翠及家人、县政府	赔偿、免职	无
2010	郑州事件	强拆、殴打、扔弃泥沟	被拆迁人、目击者	拆毁、上访	无
2010	太原事件	强拆、恐吓、打死	孟福贵邻居、保安公司	清退、赔偿	无
2014	湘潭事件	房屋、自焚	公司、村民石干明	拘留、赔偿	无
2011	郑州事件	城管局、强拆队伍、汽油	王好荣、邻居	批评、开除	无

从上表可知，传媒对于强拆事件关注的焦点几乎都是拆迁双方的矛盾冲突以及冲突后果，而环境资源问题不在报道内容之内。如果从追求故事性叙事角度看，事件的起因发展高潮结局构成了一个比较完整的故事性体系，而环境资源等隐性因素自然不在其中。拆迁传播议题中，"人"几乎成为全部，传媒关注其冲突、矛盾以及结果，而环境资源破坏浪费问题被传受双方所集体忽略。

传媒环境关怀缺失的表现是不关注其中的环境破坏与资源浪费。附属于建筑的环境（包括资源能源）本身也未能幸免地遭受长久的破坏和伤害，表现为拆迁中的环境破坏和资源浪费没有得到应有的关注：一是大量资源、能源白白消耗，大批良田被毁占；二是制造了大量自然难以短期消化的建筑垃圾，毁掉良田，制造污染，还导致垃圾围城。中国成为世界最大的水泥、沙子、钢材等资源的消耗国，生产越来越多的建筑材料，其中所消耗的电力、煤炭、淡水、矿石、石油等基本能源要素虽无法精确统计，但数量显然十分惊人，其中又不仅是消耗，更有大量的污染，如发电、燃煤、化工、水泥、废水等导致的环境严重污染。传媒没有关注的是：当代中国建筑大多不考虑节能，过量消耗了能源、资源，违背了环保低碳的时代要求，而且过度装修、豪华奢侈也在破坏环境和谐。建筑寿命如此之短（2010 年武汉一处有 400 余栋的别墅群刚建成 5 年就被拆除①），不仅造成

① 余凌云. 武汉 400 余栋别墅建成不足五年面临拆迁[N]. 新华社，2010-03-17.

巨大物质浪费，即能源、资源过量消耗之后随即被废弃，而且形成对环境的巨大污染。

除此之外，传媒忽略了具有文物价值的建筑中的人文环境与自然环境的双重毁灭，古建筑、遗址所独有的历史文化价值底蕴和建筑实体一起消失。越来越多的文物遭受开发中的破坏，传媒有所呼吁但也只是偶一为之。保护它们既需赔钱又不见政绩，官员私利作祟使得古建筑和遗址轻易被毁。中国传统文化博大精深、源远流长，它们不仅表现在各类典籍中，还蕴含于有形的各类建筑体中，其蕴含的美学价值，以及文化、文明的成果都深藏其中。一旦这些承载体消失，文化环境就在破坏中不断消亡。传媒关注冲突也是为人的主体性确立地位，立足点还是保护人的看得见的利益，但相对忽略了各类建筑拆迁后带来的影响深远的环境问题。

隐形而巨大的浪费既在传媒视野之外，而且造成这种后果的原因又很难得到传媒披露。招商引资风、城市扩张拆迁风两者相交织，使得众多地方纷纷陷入急功近利的建设——毁废——再建设的恶性循环，而不顾及可持续发展，地方传媒也难以免除盲从，环境的久远价值被弃之一旁。

从传媒角度看，对以上问题反映了多少呢？实际上由于传媒本身处于城市，对于每日隐蔽发生的拆迁、征地、打人、抓人等暴力行为并不了解，知晓不多，对于偏远农村发生的土地被毁占问题调查的就更少。记者的耳闻目睹与激增的拆迁、征地和有关暴力行为呈负相关，虽然资讯发达，通信便捷，但不代表记者就了解得更多，因为传媒也会有选择地接受信息。

三、拆迁议题中环境风险的遮蔽因素

拆迁议题的框架一直被处理成主拆者与被拆者之间的矛盾和冲突，而几乎没有关注拆迁过程会遮蔽的各种环境风险。这不仅造成人身伤害的悲剧，而且还包括财产的毁坏、资源的浪费、环境的污染、能源的挥霍等。这说明传媒也好，矛盾双方也好，在拆迁问题观察处理中都出现了盲点。这个问题从主观因素分析主要是两点：

第一，传媒价值选择中只能作出优先考虑，价值大的要突出，价值小的则容易忽略。显然拆迁事件中矛盾冲突是第一位的，具有最大新闻价值，对于受众很有吸引力；环境生态破坏相对并不重要，也不是矛盾主体。再者值得注意的是：

传媒对于一件事情不可能事无巨细都做出反映，因为这没有必要，传媒的资源是有限的。于是问题就来了：既然事件冲突是大家所关注的，极力展示冲突满足需求变得重要。至于事件还有其他的因素也就没有什么报道必要了。但恰恰在认为没有新闻的区域还有新闻应该挖掘，拆迁的恶果需要时间来体现，为什么不去挖掘呢？拆迁中环境资源破坏是客观存在的，但是没有事件冲突引人注目，也就失去了相应的传媒认定的新闻价值。

第二，传媒过于重人而不重物。除了前文所述的重视冲突的新闻价值之外，传媒还过于关注人的表现而有意无意忽视拆迁中环境的破坏。这要从人与物（环境）地位不对等角度分析。传媒更重视突变，直观的人的表现优于间接的物的变动。在拆迁中发生变动的主要有两个对象：一是人的强拆与对抗行动，引人注目；二是建筑的毁坏也会形成令人震惊的视觉听觉刺激，但是与人之间的冲突相比就显得不是那么重要了。传媒没有看到的是，人的利益、人的博弈尤其对弱者的反映是重要的，但同时环境的利益也是人的利益之所系，仅仅反映人的利益还不够，还应加上对环境的利益维护。此时仅仅关注人的表现使报道出现了盲点，环境成为可有可无的附属物，环境的破坏比不上人的命运突变更令人关注。这反映出传媒环境关怀的意识还比较淡薄，还不能看到环境是人生存发展的基础，不能平等对待环境，会埋下长久的隐患。

客观原因方面，则是参与利益博弈的力量不平衡。在实际的利益四方：地方权力、拆迁受害者、传媒、环境资源中，最为强势的就是拆迁者，前三者都是能够自我主张的能动主体，唯有环境不是能动者，不能代表自己。而在前三者的博弈过程中，传媒可以是参与者：对拆迁伤害进行揭露，此时就介入了利益博弈。而真正激烈的博弈还是拆迁主体双方，一方是握有行政权力的强势群体，另一方则是一盘散沙的个体。当双方博弈进展到十分激烈的程度，尤其后者受到巨大伤害时，这才引起传媒的介入。这种关怀介入博弈当然会获得公众好评。“传媒的关注投射于双方激烈的对抗之中，却难以关注到作为沉默的被动方——环境，而且受害者的惨烈表现（人伦、道德因素）与刺激要胜过环境破坏后果展示”[①]，而相较之下，环境的破坏却没有这么“令人震撼的一幕”，它只无声、破碎，其消失的过程不易被人注意。

从环境权利层面来看，环境不能代表自身，处于被传媒冷落和拆迁者任意处

① 赵路平.公共危机传播中的博弈[M].上海：上海社会科学院出版社，2010：87.

置的境地。在法律意义上，拆迁伤害的不仅有活生生的人这一个体，还有大量的不能自我主张的建筑、土地、文化等环境资源物品。“皮之不存，毛将焉附”，人被赶走，房子自然被拆毁，附着的环境只能随主人存在或消失。当此类冲突进入传媒视野时，“环境不能自我主张，它们不会有声有色地表达以引起关注，当它们被破坏时，传媒也仅是将其作为一种令人痛惜的景观陪衬予以呈现，对建筑所体现的环境价值却不会考虑”①。这不是传媒的过错，而是它所代表的公平正义还缺乏他者权利主体意识。传媒对拆迁的反映起于冲突，也终于冲突，冲突的主体都是人，而不涉及环境。

属地管理的体制使得地方媒体服从服务于既有的权力，不论什么工程，都是需要地方媒体肯定和宣传的。强拆带来的人身伤害可见，而环境破坏与资源浪费变得不可见。各地热衷于大拆大建而不顾环境污染资源浪费，推高地价，抬升房价成为各地普遍的行为。

---

① 贾广惠. 凸显与遮蔽：传媒拆迁议题中环境关怀的缺失[J]. 中国地质大学学报（社会科学版），2011(1).

第三章　中国环境保护传播的客体影响因素

前面论述了在环境风险加大的背景下，传媒反映了几种典型的环境风险，塑造着社会突出的议题，不断地发出警示。在社会建构方面，将自然灾难、水土污染、空气污染、食品污染等风险多面、持续呈现，形成了警示，对大众开展着环境教育，提升了环境议题的重要程度；同时在揭示某些地方政府失职、个别官员追求政绩、破坏环境、污染生活资源等方面，展示了不光彩的一面，形成了舆论压力。传媒的持续努力是有成效的，让公众为之警醒，促使政府重视环境问题，加大治理力度，逐步和在局部解决了一些企业的污染问题。经过努力，环境生态在某些地区和领域有好转的趋势。

但是，且不论政府的环境治理成效如何，单看传媒的持续努力，有成绩但更有不足，特别是环境风险的预警功能没有得到更为有效的发挥。这有着深刻复杂的原因，外部影响即客体制约是不可忽视的因素，其对传媒经常性产生影响且与之具有密切的关系。对传媒来说，外部的影响是客体因素，是一种客观存在，这些因素有很多，如体制因素、资本因素、关系因素、利益因素等。在不同的媒体、不同的时间、不同的地区所起的作用都不一致，而且能够对传媒造成外部制约的因素也很多，但是起到巨大甚至支配作用的主要是以下几个方面：自然生态风险加剧，地方权力操控，资本的侵入和压制公共利益议题传播，环保 NGO 对传播越来越高的诉求等，使得中国环境保护传播从简单的政府传声筒转向为有多重利益因素掺杂的外部传播的多样形态。因而，到底存在哪些客体影响因素，其中产生了怎样的制约机制都是需要先行厘清的。

第一节　自然与社会风险的外部制约机制

一、风险传播的机制滞后

环境问题对于急欲现代化的中国而言，是无法忽视和回避的难题。环境遭受破坏之后形成了现实和潜在的种种风险，正为传媒揭示，但这种揭示既是痛苦的，因为它总是以各种牺牲为代价，又是被迫的，因为此前的无知、疏忽和不关心，在对待环境风险这一不速之客时，总是被动反映，以致每一次风险发作后只能应付，虽然应付的程度有深浅之别。对此从传媒与管理机构的惰性机制分析可以找到值得反思的原因。

1. 传媒的被动反映是基于风险不可预知的前提

是报道风险还是报道事故？通常的情况是传媒优先报道事故，此时潜在的风险已经转变为现实的事故。对于传媒而言，它们往往预设了风险不可知，风险好像看不见摸不着，怎么去预知呢？“风险的确不好直接看到，而且即使看到了也不一定就会直接导致事故后果。但是只要风险存在，就会助推事故的发生。”①凡事有因必有果，每个果都有因，可能是一因对应一果，也可能是多因对应一果或多果。由因导致的果就应该指导传媒对风险的认知和把握，由此去采访事实寻找事实，这当然需要记者的敏锐判断力。有一位记者暗访到了湖北境内一处长江防护堤石料以次充好、滥竽充数的事实，揭露了包工头与工人将大量风化岩冒充合格石块装袋抛入江中护堤的内幕。而对这种事实的揭露，实际上就是记者把握住了风险，能够将风险揭示出来予以警示：它有可能在今后的长江洪水中造成溃堤溃坝，带来洪涝灾害。与此相对应，1998 年的长江洪灾中，九江段发生溃堤就是因为此前筑坝中以次充好、劣质材料冒充合格石料导致的严重后果，传媒当时没有预知预报，只是到事故发生了才由洪水来暴露一个豆腐渣工程。这说明，基于风险不可预知的认识是有问题的，也是懒汉思维，而且也是对风险预警的不负责任。

2. 传媒偏重于风险的“动”而又忽略了“静”

这反映出报道中不能“动”“静”结合，以静制动。这里的“动”与“静”是相对而言的，“动”往往指已经发生的剧烈明显变动，事故、事件即属于这一类，与此对应，则变化不剧烈不显著的事实，往往属于渐变的那一种有时可归之于现象的，可称为“静”的渐变的事实，更需要关注与反映，只是难度比较大，因为“风起于青萍之末”，人们往往难以注意到。传媒不应与常人一样只有庸常的眼光，而是要有超越常人的犀利与敏锐，“能够明察秋毫，见微知著，及时将风险告知社会，起

① [加] 约翰·汉尼根著，洪大用译. 环境社会学[M]. 北京：中国人民大学出版社，2009：123.

到社会警示器、预报员的作用,也是履行应有的职责"[①]。但现实是,传媒以绝大多数的动态事实作为新闻,更多的几乎忽略不计的是静态知识、资料介绍,这显然是不符合正常需要的。当然,传媒会为自己作出辩解说:每天日常性发生的事故、事件尚且报道不过来,纷至沓来的剧变信息即使地方传媒都会应接不暇,因此,要求传媒做到尽善尽美似乎遥不可及。就现实而言,传媒是否就不能或不应有风险预警的职责呢?显然传媒在纷繁交织的动态事实与蜂拥而来的每日应付中更需"动静结合,以静制动",对微观又具有风险的渐变作出称职的预告,为社会大众提供预警。

3. 传媒不能有效反映渐变中的风险

这就导致一个选择:被动报道事故,陷于消极应付而缺少主动创造。传媒可以只等待或暗中期待事故发生,而在发生之后得到线索加以迅速报道,并以大家所熟知的语言:"这本来是可以避免的事故"来作出警示,鲜明而有力地批判了那些事故的责任方。也就是说,事故责任是他人的,传媒能够快速跟进报道已经是尽职尽责了,因为报道的果断、及时、详尽,以此能够赢得尊敬。可是大多数人忽视了这样的前提:传媒本来是可以预警的,视线能够前移的,但是很遗憾,它没有这么做,而且似乎也不打算这么做,于是客观上放任着事故的发生。一直以来,"兵来将挡,水来土掩"作为一种本能的应对变动的智慧却成为职能部门的消极反应,对于恶化的风险不闻不问或睁一只眼闭一只眼,让风险不断发展增长,直到酿成事故了才迅速行动,整顿措施雷厉风行,救治惩罚果断高效,还让所辖媒体及时报道。等到风头一过,又恢复到从前,致使风险再次滋生萌发膨胀。2011年以来,"传媒终于密集地揭露食品安全丑闻了,揭出了众多地方工商、质检、卫生、防疫等部门的有意放纵滥权问题。一旦传媒揭示形成巨大舆论压力,这些工商、食品、卫生、农业、质检等部门又积极行动起来,工作效率奇高地去挽回损失,负起责任来做样子"[②]。传媒的行动反应与这些部门如出一辙,事故来了就报道,顺便制造所谓热点,形成所谓舆论热潮。但是传媒不可能持久地关注一个热点,它们必须不停地寻找热点,或者制造热点,然后吸引受众。从这个角度看,传媒也许会养成一种潜在渴望事故的心理期待。有事故才有新闻,不如坐等事故上门。这样的逻辑可能会使传媒对事故的萌芽、苗头没有关注探究的兴

① [英]西蒙·科特著,李兆丰译.新闻、公共关系与权力[M].上海:复旦大学出版社,2007:54.
② 郑岩.当前食品安全报道的误区与对策[J].传媒观察,2012(3).

趣与动力，不如静观其变，发展到现在传媒对事故发生的原因往往不甚清楚，所以，我们只能看到传媒的被动反映。

4. 传媒的被动反映是“由远及近”

过去传媒揭露的环境问题往往是“远在天边”，如中国的沙漠化，由于大西北的滥砍乱伐、盲目垦荒、过度樵采和肆意放牧，原来的森林、草原退化弃耕成为沙地和沙漠，造成不断增加的沙丘与沙尘暴。但试问，千古兴亡谁担当？很多人对此报道看得多了也就麻木了，因为没有切肤之痛；除此之外还有对于西部冰川融化、近海污染、动植物加速灭绝等的报道，都在中央、地方传媒中有所反映，也曾唤起一定范围的生态忧思，但是在很多坚持实用主义传统心理的人看来，它们再危险和危急，但都没有对自己造成直接的伤痛，与自己的利益没有太大的直接关系，因此没有义务关心。但是，由于传媒对遥远环境问题的放纵虚置和受众的冷漠，以致远在天边的环境问题被集体性地忽视，虽有环保NGO的极力宣传鼓动也应者寥寥，终于使环境问题不断逼近，使大众与传媒都难以熟视无睹。人们遭受着不断加剧的环境侵害，于是就有了程度不同的反应，要求传媒也要承担责任，也要对此报道。原来的漠不关心演变为自然的惩罚使人无处可逃。环境风险造成了巨大的牺牲，社会付出了不应有的代价。传媒应做到由近及远地进行风险预报预警，让风险及时地持续地被揭示出来，这样就会使社会及受众更好地认识并作好预警的行动选择，避免不应有的牺牲。

二、环境保护传播中的外部风险

今天，环境保护传播除了关注环境被破坏与污染的过程之外，还更多地反映它的外部风险。而风险又是涉及多个层次多个物种的①，传媒所揭示的，不仅有自然界包括山川及动植物等遭受的环境伤害，还最终指向了最尊贵的主体——人。在诸多依次深入的环境危害中，人应该是最后一个感受到这种伤害的物种，这是人类不可承受之重，说明环境风险已经到了极其危急的地步，亟待人类痛定思痛、痛改前非。从环保传播所涉及的领域看，区别于前述环境问题类别，以下几种风险来源对人体伤害需要密切关注，这包括水污染、农药化肥污染、机动车尾气污染、食品行业掺杂使假、电子行业重金属中毒等问题，它们都在渐进式产

① ［加］约翰·汉尼根著，洪大用译. 环境社会学[M]. 北京：中国人民大学出版社，2009：154.

生毒害。

1. 水污染对人体的伤害

从历史的维度看，水污染的来源首先是城市工厂废水废液的无序排放，其次是乡镇企业的污水直接污染土地，再次是城乡剧增的生活污水废液，最后是所谓的工业园区、矿山等工厂的污水排放。这四个来源的水体没有经过应有的处理而直排入河、田、湖、海，导致了污染的扩大化。实际上，上述几类主体除了乡镇企业因过高能耗与污染有所限制外，其余的污水排放量都在快速增长之中。根据民间摄影师卢广（其系列作品《中国的污染》获国际尤金·史密斯人道主义摄影大奖[①]）所揭露的情况是：不少工业园区的污水要么挖坑储存伺机转移，要么偷排到长江、黄河、淮河等附近河湖与大海之中。城市的污染包括肮脏的化粪池污秽在简单处理后都流向农村，农村成了所有污水的接纳之地，各种怪病尤其癌症正在快速增长。

2. 化肥农药对身体健康的毒害

自从20世纪60年代中国农田初步使用化肥、农药，到80年代土地普遍包产到户之后，农民爱上了这两种增产增收且除病虫害的“宝贝”，而很少顾及它们残留的对环境的毒性进而进入身体的危害。且不说化肥、农药惊人的低利用率，单是种田和生长中漫无节制地使用就已经造成潜滋暗长的身体毒害。粮食为此增产了，庄稼也取得丰收了，但是残留的农药化肥的毒害病害也随着粮食、作物、瓜果等进入人体积累起来。当然这是一个缓慢的过程，传媒不能为人们所揭示。“但由于毒性积累仍在增加，再有其他入口的水与食品的不卫生都会增加毒性混合的风险，这样进入口腹的食品与水就增强了人体患病的风险，冲击人体内的抗毒体系。”[②]农药、化肥混合其他毒素长期侵入造成人的健康之堤垮塌。农药、化肥让农业增产增收减少病虫害是立了大功，但是高残留的毒性终于使环境受到破坏，同时人体也受到毒害。可是传媒20多年来对化肥农药的好处宣传太多，所谓“科学种田”、“高效种养”[③]就是一种片面和短视的眼光，将好处鼓吹过头，危害基本不提或者轻描淡写，以往的土杂肥因其相对肥效低、见效慢而被抛弃，无污染、高循环的优点也不被传媒宣传认可而受到冷落。

---

① 郭大龙. 中国摄影家卢广获尤金·史密斯人道主义摄影大奖. 大洋网，http://news.163.com/09/1023/10/5MA7E5I80001125G.html. 2009-10-23.

② 李小军，童晓玲. 风险社会视野下的食品安全与大众传媒[J]. 新闻世界，2009(8).

③ 王小钢. 贝克的风险社会理论及其启示——评《风险社会》和《世界风险社会》[J]. 河北法学，2007(1).

近年来，传媒终于被迫扭转这种为化肥农药唱赞歌的片面性。这主要不是其自身醒悟的结果，而是来自现实的反面刺激。近年来中国出口食品、蔬菜中含有的高残留农药等不达标物质导致食品蔬菜被退回，遭遇“绿色壁垒”。严格的检查使得一些出口区不得不调整种养思路，保证品质过关。这样反复出现的事实也传给了媒体，教育后者要转变认识。

但是，“内外有别”这一传统没有在传媒那里得到有力揭露。即对内仍然沿袭高药高肥的种养方式以销售给国人食用，对外则是几乎听命于西方买主的苛刻要求生产绿色食品。传媒未曾揭露的是：一些稻米生产户由于使用工厂污水灌溉水稻，加上高毒农药和化肥施肥，就将大米销往外地大城市，自己并不食用。这是社会公德垮塌的一个后果。

3. 机动车尾气污染

根据公安部交管局 2014 年 1 月 24 日统计，中国的私家车拥有量突破了 2.5 亿辆，与美国基本持平，但制造的污染问题更为严重。“北京的私家车达到 540 万辆，成都的私家车以每天 1 400 辆的速度在增加”[①]，这些都是城市交通拥挤车速下降、车祸增多、尾气制造环境风险的原因。“2013 年 1 月中旬连续三天的严重雾霾天气引起北京市民极大不满，网上批评铺天盖地”[②]，其实机动车增加也意味着环境风险增加。机动车首先意味着污染排放和对能源资源的巨大需求，车辆本身要消耗材料硬件。其次，重要的是石油等能源消耗和排放热量。只要车辆发动，对能源的消耗就开始了，而能源的这种消耗，不仅永无止境，而且不断上升，车轮滚滚每时每刻都靠能源支撑。全国 7 000 多万辆车开动，仅对石油这一项的能源消耗就够惊人了，还有淡水资源以及钢铁等，这加剧着本已短缺的能源资源，驱使大企业在大陆石油生产比较紧缺、后备不足的急迫形势下，大举向海洋进军，加快海油开采，这是难以避免的风险，即气候、能源、军事与经济等方面难以预料的风险。

4. 食品行业的掺杂使假与监督滞后

从历史维度看，食品安全危机是从 20 世纪 90 年代出现，到 21 世纪才发生规模化危害后果的。传媒集体关注食品问题从 2004 年阜阳劣质奶粉事件开始，造成 13 名婴幼儿死亡、100 多名大头娃娃的空壳奶粉事件短时间内传遍全国、

---

① 尹世昌.香港人为什么不喜欢自购私家车[N].人民日报，2012-07-18.
② 李新玲.北京官方微博直播“极重污染日”[N].中国青年报，2013-01-14.

震惊世界。[①] 此后，伴随着食品安全问题扩大，传媒的揭露曝光不断增多和深化，地方传媒经常使用的报道范式是：工商部门端掉了一处制假售假窝点，查处此类违法行为大快人心；而中央级的传媒经常性深入地方暗访并曝光，《焦点访谈》、《每周质量报告》都因之声誉鹊起、广为人知，这严重打击了食品生产、经销行业的信誉，使其权威广受质疑（如南京冠生园陈馅月饼事件）。从空壳奶粉到三聚氰胺牛奶以至多宝鱼、地沟油、瘦肉精、“速生鸡”等诸多传媒命名的食品问题背后，乱象频生。在当代社会，道德压力被弱化而不被看重，从而失去了应有的效用。

5. 电子行业重金属中毒风险

这方面既是中国依赖外资导致污染转移造成的后果，又是传媒一边呼吁避免“先污染后治理”，一边鼓吹消费主义享乐主义时尚潮流的后果[②]。目前中国电子行业产生的重金属污染，主要来源是IT行业的手机、电脑企业等，还有各种与电子行业有关的生产企业。自90年代后期以来，先是广东这个“三资”企业最多的省份受重金属危害最为突出，产生了很多职业病和畸形儿，但由于工人绝大多数来自内陆省份，他们中毒致病之后回乡而很难被统计为广东的受害者，数据收集和跟踪调查困难，至今也没有人从事这项工作；至于畸形儿，多是由于青年人长期遭受生产中的辐射与污染带来的严重后果。除此之外，由于电子行业还大举开拓内地市场，与化工产业混杂在一起，成为当地利税大户，也是地方政府极力争抢的对象。重增长、轻防治带来了全国范围内的重金属污染问题，中间又有各类矿山开采加工与电子行业的污染相混合，于是自2004年以来，有传媒揭示的“血铅”、“肿瘤”等，尤其是“血铅”接连大面积地在农村人群中发生，为盲目发展经济敲响了警钟。但资本从来没有义务为消费者健康着想，为求利就极力夸大电子产品的优越功能，故意回避它的危害，唯利是图是其不能改变的本性。

电子行业重金属污染也是传媒的“功劳”。传媒一方面能够具有一定的警惕性，呼吁关注并纠正“先污染后治理”的弊病，但更多的还是宣扬电子产品的舒适便利，由此消费主义、享乐主义被广泛而普遍地接受和推广也就不足为奇了。所谓的“发展才是硬道理”被扭曲为经济增长，占据最强势地位的还是全方位招商引资。环境生态成为最大的牺牲品，电子行业的重金属是很难化解的，这当然破

① 王宇. 框架视野下的食品安全报道——以《人民日报》10年的报道为例[J]. 现代传播，2012(2).
② 王宁. 消费社会学[M]. 北京：社会科学文献出版社，2011：252.

坏了代际公平，即后代人的环境福利。此外，"还有一个主体这就是受害者，其实这既指消费者，也包含了生产者，当然后者的受害更直接更具体更短促，而前者的则更缓慢更隐蔽更无主体。风险是一种即将发生的社会形态，它影响着我们思考今天的问题。换言之，在风险社会中，不明的和无法预料的后果成为历史和社会的强有力的变量，我们考虑问题，必须从社会发展的风险角度对我们今天的抉择进行反思"①。传媒的另一种角色，即它积极热情地为消费主义招魂的问题。传媒得风气之先，为电子产品做出层出不穷的广告，这还不够，还以大量的新闻来为之配合。为了面子、等级、身份的需要，传媒将高档化的电子产品与这些奢侈结合在一起，让消费者在拥有电子产品中体会所消费的幸福与满足。

总之，上文以环保传播中的健康伤害为题，分析了当代中国面临的环境风险所带来的伤害后果，以及伤害的缘起与发展。这其中起主导作用的是地方权力，这在后面还要具体展开论述，同时不可忽视大众传媒的积极与消极作用。接下来具体从几个方面来透视传媒报道涉及的环境伤害：水污染、农药化肥污染、机动车尾气污染、食品行业危机、电子行业重金属污染。它们的伤害都有一个共同的特点，即都是长期累积的、渐进式污染带来健康危害。当然，不容否认的一个困难是：对每一种环境伤害要作出科学准确的验证，证明就是它直接带来了诸如癌症的后果，这在目前还很难做到。因为这涉及环境、卫生、生物、化学、物理、地理、气候等多个学科的专业知识，而科学有效的田野实验、跟踪调查又比较缺乏，这导致的结果是消极应付：传媒揭露，地方补救，专家检测，受害补偿。大家忙碌一阵，以经济补助形式结束这样一档麻烦事就又忙别的去了。地方传媒的注意力不可能持久，只能是被动应付，而被动应付是不能有效解决环境问题的。

三、环境保护传播的严峻形势

作为一个崭新的传播学方向，环境保护传播面临的挑战是复杂和多方面的。它以环境生态变动与有关新闻传播的实践为特色，其发展的时间非常短，尤其在中国是如此。环保传播从新闻传播分类方面看尚未有明确而清晰的定位，不像经济新闻、社会新闻、时政新闻等有明确固定的名称，甚至它归属于哪一类，不少

① 冯必扬.不公平竞争与社会风险[M].北京：社会科学文献出版社，2010：89.

人还是模糊的。自 2007 年“气候传播”[①]在中国快速走红以来，借着国际特别是欧洲对气候的推举和关注，有关气候报道受到社会注意，由此有人将环保传播纳入其中，这并不合适；伴随着健康传播被学者从美国引入，有人欲使之囊括环保传播，也不合理。而从新闻分类来看，将它归于科技新闻之列尚有可取之处。因为有关环境生态的事实与科学技术有着密切关系，国内众多媒体中设有科技部的记者大多采访环境新闻信息。从以上简单分析可知，环保传播在学科专业与新闻类别归属上还存在一些问题，由于发展时间尚短，自身定位不明，影响力还有待提高。而从环保传播面对的具体对象和它在涉及方方面面更为宽广的领域时所遇到的障碍等角度分析，就会发现它越发展，遇到的阻力就越大。

1. 环境保护传播涉及的对象复杂化

环境保护传播是从国外引入的实践和延伸的概念内容，它伴随着环境问题而来。而中国的环境问题复杂性在于，几十年间输入性与内生性环境问题双重累积增长，报道涉及领域更多。农业社会的环境问题只是小规模的暂时性的，从人类破坏的角度看，诸如砍伐森林、战争破坏山川、冶炼产生污染等，但都不足以产生巨大的破坏后果，自然都有能力加以修复。而近代以来西方的工业革命在大幅度提高劳动生产率之际也产生了巨大且上升的环境污染，让世界遭受毒害。伴随着一次次科技革命与化学产品的无节制研发使用、战争产生的巨大毁灭性与煤炭、石油、天然气等矿产资源的开采使用等，种种破坏叠加在一起使得世界环境形势由自然界能够自我修复逆转为不堪承受，世界变得多灾多难，人类自身受到伤害和各种无法控制的潜在风险。在中国，由于压缩性发展，加上中国成为“世界工厂”，接纳了越来越多的污染与高毒企业，使中国的环境风险愈积愈深。自然界与整个社会都在环境污染阴影下积聚了太多的环境风险，每一次环境事件爆发都造成人们生命财产的巨大损失，并带来巨大的心理威慑。自然生态仍然在很大程度和很多方面左右着人们的生活甚至生命安危。“顺之者昌，逆之者亡”，天灾人祸一次次用血淋淋的现实晓谕人们尊重自然，遵循“天人合一”。

由以上描述可知，今天的环保面对的不再仅仅是环境卫生或仅局限于过去的“三废”（废水、废渣、废气）这样的公害，它已经涉及社会的方方面面，几乎没有一个方面不是环保传播的对象。一是环境污染。对此人们最先想到的是工业生产带来的污染行为，如工厂排放的“三废”，但还不止于此，农业生产、生活消费产

① 郑保卫，宫兆轩. 从德班气候大会看中国气候传播与环保形象建构[J]. 对外传播，2012(2).

生的污染已经呈现上升趋势。在广大地区的种植养殖生产过程中，污染越来越多，如农药、化肥、除草剂、添加剂、精饲料等化学有毒物的频繁使用，对农作物、动物、土地、空气、水体和人自身都在产生长期的污染，形成了潜在的风险。传媒也在根据举报不时作出预警式反映。二是环境（危害）事故。这一类事故有的是直接的环境灾害，主要是自然生态发生的灾变，像暴雨、干旱、台风、洪灾、沙尘暴、泥石流、地震、海啸等。由于这些事故都以突发性事态爆发出来，于是无一例外都成为传媒关注的热点，成为它们争相报道的对象，并使之成为具有轰动效应的热点。至于能否强化受众群体“环境污染与破坏”意识，这不再是有些受众关心的焦点。三是众多突发事故都越来越与环境生态紧密关联，交通事故就是如此。它还产生环境破坏，对固定物品的损坏与土地、大气、河流的污染都已产生，不过由于“人命关天”，传媒与职业救援、善后处理部门关注焦点在于人们生命财产的救助修复等事项，至于无主体维护的生态环境几乎都被忽视了。四是奢侈消费带来的污染破坏风险。西方发达国家的消费主义在全世界以拜金主义、享乐主义为后盾，产生着对环境生态无以复加的影响与破坏。“没有买卖就没有杀戮”从反面反映了消费不顾公平正义而任意破坏环境生态，甚至肆无忌惮鼓动杀戮的罪恶。

以广东为代表，众多食客滥吃野生动物催生了一条条猎捕、屠杀野生动物的地下产业链。多年来每逢秋冬之际，江西、湖南、福建等十多个省份非法猎捕、贩卖候鸟活动更为猖獗，《枪声响起，死鸟如雨》[①]揭露了到处猎杀、毒害鸟类的事实。至于日常生活中用过即扔的“一次性消费”，追求时髦的“超前消费”等更是将物品的快速消耗与毁弃当作一种基本价值，浪费也成为一种日常行为中必须尽到的义务。“奢侈挥霍的背后，是大量的浪费，无谓的牺牲，是环境的破坏。而尤为可怕的是，现在除了西方发达国家挥霍成瘾成风之外，连中国这样的后发达国家也急不可耐地丢弃掉俭以养德的传统美德，怂动更多的人去加入浪费奢侈者大军之中”[②]；浪费愈发普遍，中小学生在校内外消耗一次性塑料制品如袋子、奶杯、碳素笔、胶带等。他们自小缺乏应有的环境伦理教育和感化，激增的消费需求推高着环境风险。

---

① 袁文. 枪声响起，死鸟如雨[N]. 光明网，http://news.sohu.com/20121023/n355535478.shtml. 2012-10-24.

② 王宁. 消费社会学[M]. 北京：社会科学文献出版社，2011：112.

2. 环境保护传播面对的宣传纪律约束问题

环境报道是社会监督的一种表现，也是最为有力的新闻舆论监督。环境污染问题，尤其是一些影响巨大的环境群体性事件，往往被地方加以控制，在这种情况下，环境领域的报道监督作用就有限了。

阻力不仅发生在突发事故之后，也发生于传媒对日常浪费挥霍的揭露之中。一个明星奢华的婚礼被传媒渲染炒作，也被传媒所批评，这会让当事人在欲图个人面子之际责怪迁怒于传媒的无事生非。虽然站在个人利益立场上总是可以理直气壮地辩解，但放在公共利益维护的大局中即是非问题了，个人利益事小，公共利益事大，但由于个人主义盛行，使得公共利益往往被抛到一边弃之不顾，这会滋生公共利益受损后的公共风险，会产生现实问题与危害。不愿意担当一点公共责任，只有为了个人利益才有最勇敢最坚决最持久的行动，传媒努力揭示个人消费失当与败德其实就是在更深层面阻挡风险的发生发展，可是这样的效果也无从量化验证，只能靠主观的道德支撑与反面的危害后果来体现。这也存在说服力的缺陷。个人主义只从个人眼前的利益得失去考虑问题。只要有公共利益失守的地方，都会发生与环境关联的风险，就都需要基于公共利益的维护。

3. 环保传播阻力来自不合理的经济体制

自从改革开放以来，“发展就是硬道理”被扭曲为“增长就是硬道理”。传媒被裹挟于其中，无法独立冷静地看清经济增长所蕴含的风险。中国的经济体制就利用传媒一遍一遍年复一年地强化着经济增长即富裕幸福的认同：只有发展才是对的、好的，阻碍发展的行为要摒弃。至于环境保护如果阻碍经济发展就该让路；等到经济发展了，再来治理也不迟。许多地方让环保为经济发展服务，环保为经济让路。靠“三高一低”的重工业拉动，投资型、外贸型经济占主导地位，以“世界工厂”的依附于西方的经济体系换来人家拿大头、我们得小利的经济收益。但这种粗放式重污染的工业模式边际效益递减了，地方政府推高地价，开始了依赖土地财政的“新路子”，于是再囤积土地，推高楼价，至今都没有太多收敛迹象；在城市普遍盛行的暴力拆迁中上演着一起起冲突，社会影响很坏。经济发展以单纯追求量的增长，又以官员政绩作驱动，形成了对外依附于西方国家的经济格局安排，对内靠过度消耗的投资来获得增长。传媒的经济效益诉求又不幸和地方的这种病态经济胶着在一起，形成一荣俱荣、一损俱损的关系。传媒的收入来源还是较为单一的广告，而广告还要靠汽车、房产、电子、医药、化妆品等大宗经济体，市场的风吹草动会影响波及传媒业的兴衰。在传媒也从中获利的背景下，它自己囿于短视也难以超脱于现有经济体制之困。

总之，传媒在面对纷繁复杂的社会形势时，需要与时俱进。环保传播面临的挑战，其实就是需要破解的阻力。这些阻力主要来自三个方面：一是环境污染的直接责任者——企业、经营者，二是地方政府，三是受众个人主义对私利的追求致使消费主义扩张而破坏公益的阻力。可见由于各种体制的约束，主客观原因使环保传播在触及与有关组织、个人利益的艰难博弈中缓慢前行。因为利益方短视和自利，注定了环保传播不能为自私者所接纳，受到排斥是很常见的。但社会中又不能缺少这样坚持不懈维护公共利益的一股力量。当国家与社会分离，公共利益缺少维护者之际，环境领域积累的风险已经在屡次发作，造成一次又一次的巨大损失，如果缺少了环保传播，受众就无法认识环境风险，局面会更糟。因此为尽力维护它的价值，就应该由社会各方清醒认识并推进环保传播发展。

第二节　地方政绩追求与风险操控

地方追求政绩造成了严重的环境破坏，如广东成为全国重金属污染最严重的地区，全省仅有不足10%的耕地尚未成为重金属污染严重区域；湖南、江西紧随其后。浙江、江苏、山东、安徽、河南的工业项目尤其工业园产生的工业污染加重健康毒害；陕西、内蒙、河北等省的矿业污染导致各种污染共存等。这就不得不反思其中存在的问题与教训，这种地方强行制造污染，传媒难以揭露的局面怎能持续？

一、地方招商引资带来污染扩张

近年来，招商引资成为各地普遍推进的一项工程。招商引资本是好事，发展经济也是改革发展的动力，但是在一些主要官员那里被异化为个人政绩，只顾眼前不顾长远放纵了污染。污染产生了就需要治理，但在受害者反应不激烈的情况下，似乎就不重要。在此有必要回顾招商引资制造污染的历史，梳理其大致的脉络，然后再分析为何在80年代已经提出了不要重走西方国家“先污染后治理”的老路，但却没有真正落实贯彻，其大肆污染的原因值得总结反思。而今天由于环境风险的加剧，亟待传媒对地方权力制造的污染加以监督。

几十年来的污染值得回顾分析。中国的规模化污染自从20世纪50年代就开始了，除了引进苏联污染巨大的重工业之外，全民大炼钢铁运动造成了一场巨大环境破坏，六七十年代围湖造田、开垦草原、破坏湿地、毁林种田与种经济树木等，这在新中国成立后30年中形成了环境破坏的第一波。周总理高瞻远瞩、力排众议建起了环境治理机构，指导环境部门开展治污工作。

但是到了80年代地方权力主导下的污染开始高发，自80年代到90年代中期形成了环境破坏的第二波。这短短10多年中，由于公共资产、集体所有制被扭曲，既要个人发家致富，使人人为公的理想走向其反面，出现了多股破坏环境的狂潮。第一股是滥伐天然林，在国内只要有天然林的地方都有伐木者的身影，徐刚发表于1988年的报告文学《伐木者，醒来！》对遍及东南西北的滥伐、盗伐天然林行为作了揭露。第二股是开矿热，"靠山吃山，靠水吃水"被地方扭曲为大肆挖掘地下矿产求利，80年代的10万大军进青海淘金，破坏了青海西部藏民几十万亩优良牧场，使草原变成荒漠。第三股是大办乡镇企业，"无工不富"的鼓吹让乡镇"十五小"企业甚至前店后厂的粗陋生产猛增，地方财政收入上升，但对遍地污染却放任不管。

进入90年代中期，又掀起了一股新的污染破坏风，这是第三波的问题。在这个过程中，为吸收到资本，地方政府不加选择、不加限制让众多污染企业落地生根。于是从90年代中期至今都未减弱的招商引资风在各地愈演愈烈，环境污染毒害后果日积月累，让城市居民为此付出了越来越高的健康代价。

至此可以看出地方政府20多年来掀起的招商引资大致有这样几个原因：一是不科学难持续的政绩考核，二是扭曲的发展观，三是缺失的舆论监督，等等。

1. 不科学的政绩考核

进入21世纪以来，通过传媒质疑批判唯GDP为政绩考核依据的声音多了起来，其原因在于某些地方官员因此而只要经济产值，而罔顾其他。对质量的要求降低或无视，必然导致"三高一低"(高投入、高消耗、高污染、低效益)严重。长期以来，看不到危害后果，即使知道了也是不负责任，只要自己眼前获得政绩就行。十八大以来，中央已开始实施环保考核试图扭转局面。

中国有自己的国情即追求富裕的目标，但被严重扭曲。当30多年来经济快速发展使人民摆脱了贫困之后，应当作出政绩考核的调整。可喜的是，持续的反腐正在改变官风。

2. 扭曲的发展观：增长等于发展

改革开放以来，传媒大力宣传的是“发展才是硬道理”，“以经济建设为中心”，“一心一意搞建设”等口号，都是专注于经济的增长，将增长等同于发展。每年 GDP 增长率超过 10%，全国为之自豪，期待缩短与西方发达国家之间的差距。但经过 30 多年的快速赶超后暴露了不少问题，其中环境资源浪费过于严重，多地普遍形成了“吃祖宗饭，造子孙孽”的路径依赖，也就是争先恐后以“三高一低”的工业项目推高着 GDP，过多的固定资产投资支撑着这一数字，造成了环境严重破坏与资源的吃光耗尽。但尤为荒谬的是，反复出现的环境事故造成的损失不计入 GDP，投入环境危害修补的资金反而被计入 GDP 拼资源，拼环境，拼人力的经济运行终于暴露出难以持续的一面。

扭曲的发展观还有其历史根源。这就是中国近代的 100 多年中不断强化的经济赶超观念。西方的船坚炮利刺激着中国人要富国强兵，国家强大，傲立于世界民族之林。赶超并没有错，但停滞于器物层面是最容易也是低层次的。不应是先经济后文化，而应齐头并进，有序发展。但是“落后就要挨打”的民族集体记忆让一代代中国人执著于经济的增长，至今这种情结仍然浓重。落后就是以西方船坚炮利为参照，西方一直先进，我们一直落后，于是就必然“以洋为师”，亦步亦趋追随人家。大多数省份以及省内地区继续靠重工业开路，既不遵守全国一盘棋的工业布局，重复上马工业项目(一省之内重复的已非常多)，又继续实施小而全、大而全的工业体系建设。这不仅造成了越来越多的资源浪费，继续榨取更多的资源满足产能过剩的生产，又使得各地城乡污染后果愈发严重，环境风险一路走高。科学发展观虽已被传媒宣传近 10 年时间，但没有在多地得到执行落实，而是继续加深着工业化污染，发展的工业路径依赖未被绿色 GDP 和人民的幸福指数取代，以至于错误的“增长等于发展”的模式没有得到有效的纠正。

3. 缺失的舆论监督

20 多年来，各地积极推进的工业化项目通过招商引资落地生根的同时，配合着强拆、毁田、毁绿，将地方的环境生态破坏到愈加深重的地步。造成这一局面主要是地方不能兼顾地方可持续发展与人民的幸福，延续普遍的工业化的发展路径依赖，一边让大众享受着改革开放经济增长带来物质丰裕的成果，一边又借发展的名义让他们健康受害。

在对这种只顾个人政绩而伤害环境生态的监督中，地方传媒比较软弱无力。往往只是官员锒铛入狱了，传媒才能跟进。传媒停留于事后的报道，更有无力与无奈。甚至很多情况不仅不能有效监督，反而要为之做出合法性论证。对征地毁田问题，传媒的监督极为薄弱。90年代以来，全国大中小城市纷纷摊大饼式地扩张，面积成倍增加，侵占了无以计数的良田；不仅如此，招商引资建厂房圈地，建商住楼占地，盖别墅、建高尔夫球场毁田，修路、架桥，以及再建政府办公楼与各类专业市场等强征了大量的良田。《中国青年报》披露自2011年以来，五个省份的滥建高尔夫毁田的事实。"由于地方所毁所占良田多位于农村等偏远之地，记者很难深入基层，就不易发现这类违法违规行为。"①一旦出现灾荒，必然导致粮价飙升甚至酿成恐慌与不安，"家有余粮，心中不慌"，中国人口如此庞大，人人都要吃饭，但是传媒无法制约地方的毁占良田。传媒却难以跟进，只是在污染事故出现了才作出有限度的反映。可以看出传媒目前基本不能实现事前监督，只有到了事后才有少数中央媒体记者予以揭露，多年来就形成的这样一种监督弱化的局面还未得到根本扭转。

二、环境风险预警的阻碍

如上所述，过度工业化导致了越来越严重的污染，不断推高着环境风险，因此政绩与风险的对立就凸显出来。由此需要分析两者对立的表现以及原因，尤其需要看到前者在导致后者的结果中又在对环境风险施压，形成了对这种预警的最大阻力。

1. 地方过度工业化与环境风险的联系

在GDP考核不改变的前提下，地方主要官员必然要追求短而快的政绩，必然对环境产生破坏，工业生产产生污染。这些都是能够预料的后果。工业产生污染并不意味着不要工业，而是应当实施生产中治污或生产后的除污，不能仅作表面文章。在中国的辽阔版图上，因工业化导致污染的地区已经非常多：广东珠三角污染尤其重金属的遗留扩散已经覆盖了大部分地区，长三角除了重金属污染之外还有水污染，京津唐及环渤海经济区数省把这一内海污染到了已无野生鱼类存活的地步，至于中西部、西南、北部等省份工业"候鸟"肆意污染已很普遍。

---

① 胡芳青. 高尔夫球场是恶化环境的第一杀手[EB/OL]. 中国企业新闻网海南频道，http://han.house.sina.com.cn. 2010-05-19.

由此可以看出两者之间的联系与清晰的脉络。先有工业化，带来地方政绩，再有污染。虽然地方可以防患于未然，传媒也能够防微杜渐，但都没有有效的预防，只是事后的被动应对。治污不仅是企业的责任，更是政府的责任，但在缺乏舆论监督的背景下往往两者都没有承担好责任，有污染，不治理，这成为一种常态。传媒所进行的环境风险预警，往往是一次危害、一次事故后才进行的报道，只能算作"亡羊补牢"，以期对以后的治理做一个警示。有时也存在企业、地方与受害者三方共同抛弃污染治理的情况。社会学者的调查研究就发现：只要给那些环境受害者经济补偿，他们就会容忍污染的存在。陶传进研究发现：基于污染受害的"社会公众行动的最终意图是在当地各利益群体中实现物质利益上的均衡，而不是真正的环境保护"[①]。进一步考察，他还发现："由于化肥厂几乎是他们生计的唯一来源，所以他们并不反抗。他们考虑的是，他们所受的损失与他们得到的物质利益，相比哪一个大，至于村庄环境进入全社会的部分价值，他们是不会考虑的，他们同样不会考虑化肥厂的污水沿河而下所造成的损失。"[②]

这就促使人从理论上思考，"人们会不会为了当前的利益而破坏未来的生存环境？答案可从关于'个人陷阱'的理论中寻找。这一理论告诉我们，人们可能为了贪图眼前利益而放弃长远利益，为了自己一时的利益所得，而忽视子孙后代的永久利益"[③]。在这三方利益博弈出现对直接受害者经济补偿的情况下，第三方放弃了对环境的维护，实际并未解决环境治理问题；同样的，当工业生产导致污染毒害后，地方政府所做的也只是让工厂停产整顿或整体搬迁，传媒对此的揭露也基本到此为止。

2. 环境风险预警与地方政绩的冲突也反映了"公"与"私"之间的矛盾

环境风险预警是针对社会大众而言的一种维护公共利益的努力，但地方政绩可以打着造福一方百姓的名义而包裹着谋取一己私利的内核，除非这一己私利恰巧与公共利益是一致的。"个人私利大多是为己的，具有排他性，维护个人利益与谋求百姓利益之间存在冲突是显然的。"[④]对于一任地方官员而言，要在不长的任期内努力为一方造福，在上马工业项目中似乎既要经济效益，还要兼顾

① 陶传进. 从环境问题的解决看公民社会的应有结构[A]//载自洪大用. 中国环境社会学——一门建构中的学科[A]. 北京：社会科学文献出版社，2007：212.

② 同上.

③ 廖加林. 现代公民社会的道德基础[M]. 长沙：湖南大学出版社，2006：230.

④ 展江. 警惕传媒的双重"封建化"[J]. 青年记者，2005(3).

社会效益,但后者投资大、见效慢。政绩是个人的利益所在,风险却是大众共同承受的,这显然存在难以调和的问题。官员本该行使好公权力为民谋福利,但风险治理会影响个人政绩,大多数人会选择个人政绩,但这必然伤害百姓利益,尤其是长远利益,最终以牺牲环境生态为代价获取了个人政绩。"公"与"私"的矛盾在发展,传媒预警也是对公共利益的维护,同样处于被压制的地位。

三、利益博弈中的各方竞逐

环境风险在今天呈现高发态势,博弈各方都陷入集体不景气的怪圈之中。这既是地方政府主导下的政绩追求造成的结果,又是在企业、任职者、传媒、受害者各方利益博弈中形成了污染加重的局面,传媒也囿于其中因利益关系很难超脱,对环境风险负有一定的责任。在此,需要分析各方利益博弈的对比,以及各方力量在环境风险的制造、推动或抑制方面所产生的作用。

1. 地方政府

1994 年江苏徐州三环路修成,作家周梅森在《人民日报》发表了整版广告式宣传文章《徐州再唱大风歌》,一时引人瞩目。地方政府开支日渐看涨,需要一个重要的工业收入支撑体系,政绩工程受到青睐,于是地方政府普遍患上了路径依赖:无工不富。由此看来,深谙其中奥妙的地方官员之所以以极大的热情实施政绩工程,与利益有不解之缘。那么,这样表面看来皆大欢喜的工程是否就完美无缺呢?事实上,总有一个或数个牺牲品被遮蔽掉,环境生态就是最典型也是最主要的牺牲品。

2. 地方企业

企业是环境风险的直接制造者,它们以盈利为目的从事生产、经营和销售活动,必然要使用原料进行加工转化,在生产的同时制造了污染后果。盈利是企业的中心任务,它不做无利可图的事情,但在生产出污染需要治理方面它又偏偏要回避投入以减少经营成本。企业最理性的选择就是"外部负效应",通过将污染转嫁于社会而获取不当利益。这就是环境风险的主要来源。但是企业的污染行为不能得到有效抑制纠正,主要原因在于它本来具有一定的经济实力,财大气粗,对于受害者与舆论批评不屑一顾,同时又与地方存在密切关系,两个强势的主体联手只会推高环境风险,"中国的法律法规有对企业的违法制约,但在环境违法方面处罚得太少太轻,一是法律立法滞后,企业污染千奇百怪,后果愈发严重,但法律监管滞后；二是法律不具有足够的震慑力，企业污染既有渐进式后果，也会有突发性事故，但法律都不能震慑违法企业”①。2005年吉林化工厂爆炸，造成松花江水污染、哈尔滨全城停水、中俄界河污染、生物毁灭等严重后果，但吉林化工厂没有受到应有的法律处罚。同样的，中石油、中海油、中石化等大型国企不断发生漏油、爆炸等事故，都没有承担责任，甚至深谙个中奥秘的外企公然在环保方面违法违规。公众与环境研究中心主任马军几年来专门跟踪外企在华的污染调查，发现不少外企在国内明目张胆地污染地方环境，都未被地方制止惩罚。对企业污染的法律制裁通过走公益诉讼之路是一条新的途径，但传媒对此支持太少，社会舆论关注度不高，能够提供的帮助就很少，而且对地方政府也没有明显触动，又得不到地方的支持，于是企业在缺少外部制约力量下就可以继续降低成本增加污染。

3. 任职者

他们是供职于地方的，既有政府、事业单位的公职人员，也有在企业工作的人员如管理者和工人。他们虽不处于决策者的位置，但制污行为与他们息息相关。他们数量庞大，心态复杂，既有对污染后果的不安愧疚，更多的则是对污染的冷漠麻木。还有些人看到了污染的坏处，但是因自己的饭碗又系于地方也就听之任之。当利益与自己密切相关时，他们大多会偏向于维护自身的利益，牺牲公共利益即环境生态，纵容环境风险的发生发展；当环境风险积聚、发生事故或渐进式危害时又想治理污染，但行动比较滞后，不如外部的受害者行动积极。传媒对于这样数量庞大的公职阶层很少触及，但实际上他们的力量、作用还在隐藏之中被低估了。他们的利益纠葛也制约着地方政府、企业的行为选择。传媒还未能将这一相对隐蔽的群体转化为抵制环境风险的积极力量。当然，得过且过，眼光短浅也是他们普遍的缺点，对于他们而言，有一个饭碗比什么都重要，不管以后会怎样。至于在自己家门口打工的农民，就更加眼界狭隘，只图眼前的实惠，只要有钱挣，再污染也不关自己的事，自己也管不了。于是只希望工厂产值越来越高，效益越来越好，自己的收入也越来越多。企业如果因污染被阻挡停工就直接伤害了他们的利益，他们会仇恨举报者，不管这些人是自己的同等地位者还是附近亲友。这样一来，他们就在既有的体制内成为制造污染、推高环境风险的次生力量，他们虽有各种各样的不满，但客观上与地方和企业的急功近利趋于

① 张玉林. 中国农村环境恶化与冲突加剧的动力机制[J]. 社会学研究，2010(3).

一致，也就会助推环境污染，让风险积聚和发生，使本地的环境生态更加脆弱。

4. 受害者

有环境污染就有环境受害者，他们也参与了利益的博弈。他们是所有参与者群体中最弱的一支力量，是在环境污染带来巨大损失不堪忍受的情况下才起而抗争的。他们的出现在一定程度上标志着环境污染到了极为严重的地步，也呈现出环境风险的巨大。他们在维护自身利益的过程中往往演变成只关注索要经济补偿的人，在进行环境抗争中他们打出的口号也往往是“消灭污染、工厂搬迁”一类，但在谈判、协商中却变成对赔偿数额的争夺。正如社会学者的调查发现：“环境受害者并不真心关心环境风险，他们唯一关心的是自己受到的损害如何换回所期望的金钱。”[①]这样一来，环境生态成为双方谈判的砝码和工具，谁也不真的当回事，补偿之后污染继续，风险发展依旧。21世纪以来，血铅事故在多地上演，但在铅超标群体被送到医院做排铅治疗之后，大家依然生活在污染的环境中，也很少有人去向地方政府要求治理。受害者也是理性人，他们知道自己处于弱势地位，无职无权也没有资格去要求政府做什么，当然在抱怨之后不会集合起来进行集体抗争。

5. 传媒

在所有的博弈主体中，传媒是最有关联性的一个主体，是几乎每个利益相关者的诉求对象。但是传媒要反映各个利益主体的话语是不可能做到的，只是随着利益主体的实力强弱而变动，显然地方政府最为强势。传媒多年来扭曲真相的报道，虽然一时看不出问题，但地方的政绩工程操作最终让一方百姓以及后代遭难，传媒的报道经不起时间的检验，反而让风险走高，凸显了自身责任缺乏的问题。即使对于污染企业，传媒也难以有效监督其减少风险，不仅因为企业背后有地方撑腰，还在于企业的经济实力也会对传媒产生吸引与反控力，而对它除了公开揭露外尚无良策。面对企业的违法排污传媒没有法院那样的强制力，曝光会产生一定的震慑，但不一定收到实效。再就传媒本身而言，面对受害者的利益诉求，它不一定能有效反映，有时会嫌贫爱富，或迫于压力而疏远弱者诉求。由此传媒在环境风险的揭示中就处于各方利益的争夺之中，就不能真实全面地从多角度反映风险；同时，传媒是有层级和地域差别的，不同的传媒有不同的归属，还有不同的利益，但在具体的利益上有不同的诉求。对长远社会公共利益的维护是传媒的

① 韩立新. 环境价值论[M]. 昆明：云南人民出版社，2005：87.

义务和责任，但是传媒也会随时抛弃它，让环境生态利益缺乏坚定的维护者。

第三节 资本对传媒的强力操控

作为商品经济的产物，资本成为一种日益强大和异化的力量，让整个世界为之发生深刻的改变。资本的本质是谋利，为此目标不断实施扩张手段，除了给世界发展带来积极的推动力量之外，它另一方面表现为侵略成性、贪得无厌。资本在到处寻求利益、利润的过程中看到了传媒，并使之成为供其驱使的对象。当传媒走向市场之后，四处求利的资本就与之一拍即合，相互利用，从而互惠互利。但是两者都为了求利的目标必然会有牺牲品，尤其是传媒本身作为社会公器是公共利益的代表，就必然会使资本伤及公共利益——环境生态。

一、资本破坏世界环境生态

2011年引起全世界震惊和恐慌的事件为先从美国开始后蔓延至欧洲的金融危机、欧债危机，导致社会骚乱、信用破产、失业、抗争、游行等，多重阴影笼罩着全世界。人们在惶惶不安中不知道这一切从何而来，又该怎么解决。这一切危机的背后，多是资本造成的。资本永无止息地逐利，其恶果之一就是环境风险加剧，大众传媒对之揭露过少。

1. 资本是作为求利的驱动力量来到世间的

商品经济萌芽于西欧，特别在中世纪后期，国土狭小、土地贫瘠以及航海的传统使荷兰、意大利、英国、西班牙、葡萄牙等国海上贸易发展，使商品交易成为流行的经营方式。商品经济的萌芽产生并在文艺复兴之后得以长足发展；工业革命运动为商品经济不断提供技术上的支持，海外殖民与战争又为商品倾销找好了对象，这还不够，资本还不断为盈利奔走。这正如马克思所说的："出于不断扩大产品销路的需要，(资本)驱使资产阶级奔走于全球各地。它必须到处落户，到处开发，到处建立联系，不惜奔走于全球寻求原料产地，这使一切生产都变成世界性的了。"[①]求利成为资本首要也是最为根本的驱动力量，也是它永不枯竭

---

① 《马克思恩格斯选集》第1卷.北京：人民出版社，1995：273.

的动力源泉，能够远涉重洋寻觅商机，这种开拓精神和勇敢进取之势是令人敬佩的，也在众多文艺作品中得以反映的。《鲁滨逊漂流记》、《浮士德》等巨著虽然从不同角度描写了远征的艰险与奋斗，歌颂个人不畏困难、勇于拼搏的勇气，但是这种精神气概与奋斗进取和资本的求利本质是一致的，同样是为了利益而敢于冒险；资本敢于去探索一切未知的领域，勇于涉险的品质值得称赞。资本的本性是在运动中增殖，它的这种普遍性在不同代表者那里表现得千差万别，但为了谋利的目的却是一致的。当然，资本在谋求一己之利的过程中也造福了人类，各种发现、发明与技术进步都是产生经济效益的，而且带来了一次次生产力的解放，让人类不断从中受益，人们也在享用着资本推动的各类进步所带来的丰硕成果。

但是，有利可图驱使资本永远不会裹足不前。求得利润的背后还有负面的后果，虽然资本也予以了补救治理，但结果却并不圆满，不断的求利之后是不断的抛弃，弃的是责任的担当、公益的维护。无利可图之事资本不会热心，甚至有意回避，纵容了各类问题、各种风险的发生。由于资本一味追逐利润，在给它带来利益的同时也同样给社会造成了破坏。康菲公司在渤海湾采油，为了多出油而有意违规操作，在强力注水过程中打通了储油管，造成海底原油泄漏。但作为一家知名的外企，康菲不仅不去积极补救，反而一再隐瞒真相，民间养殖业损失惨重，受害方正在提起艰难的公益诉讼，但胜诉希望渺茫。国家海洋局也无力对其加以处罚。再看石油的下游产业，如炼油厂，近年来一再发生火灾、爆炸等恶性事故。更为严重的是，越来越多的汽车尾气，不仅恶化了空气，而且加剧形成雾霾天气。2013 年以来北京首当其冲，多地多次发生雾霾天气，引发舆论不满，中石油、中石化对环境污染后果没有道歉[①]。石油企业被资本挟持，它关心的只是如何盈利，却在导致越来越恶劣的环境破坏问题。

2. 唯利是图的资本到处制造浪费、污染的后果

浪费等于污染，这在资本主义世界里表现最为突出。这个问题早先已经由马克斯·韦伯作了揭示，“他在不朽名著《新教伦理与资本主义精神》里对清教徒的勤俭作为上帝的天职所尽到义务，逐步蜕变为追求堕落的享乐作了揭示，《历史的宗教的文化视角》深入剖析了资本主义产生的根源。当然由于时代的局限，

① 李静.雾霾天气频现，专家称中石油中石化难逃其责.中文网，http://cn.ibtimes.com/articles/20824/20130130/cnpc-petroleum-beijing-air-pollution.htm IBTIMS. 2013-01-30.

韦伯未能发现资本到处制造浪费与污染的恶果，没有看到资本唯利是图的本能性会使它不择手段去推动浪费、制造污染，一步步地把自己送进灭亡的坟墓"①。在美国，进入20世纪后到一战之前，资本的生产能力大大提高，但销售成了问题，美国政府竟然开动各种媒介机器，鼓吹消费就是爱国。对销路的争夺和对利益的拼抢引发了第一次世界大战，二战也是如此。战争不仅是对环境最大的破坏，也是最大的浪费。但在资本看来，却是获利的难得机遇，因为破坏了要加以重建。进入90年代以来，资本鼓动的过度消费与浪费风潮席卷全球，作为后发国家的中国也不幸被拖入其中，造成了奢侈挥霍之风遍及城乡，人们普遍被有面子和尊严的虚假感觉所欺骗。

3. 为了求利，资本缺乏道德情感，已蜕变为冷酷无情的可憎者

古语云："人皆有不忍之心，恻隐之心，羞恶之心，辞让之心"（孟子），但资本则更多利用经济手段来攫取超额利润。国际工业商业巨头在其政府的支持下奔走于全球，在后发国家开店设厂，利用当地廉价的劳动力赚取利润；在获取利润还嫌不够高的贪得无厌的驱使下，资本又不断耍起新花招，在金融商业方面翻手为云、覆手为雨，让世界金融市场处于动荡之中再浑水摸鱼；此外还不断举债，让后发国家为其出资供其享受，结果是几个主要资本主义国家如美国、意大利、法国等国债台高筑难以为继。同时，资本还会直接或间接地利用军事手段来谋取利润。为了攫取中东石油，以美国为首的西方国家不惜发动了伊拉克战争、阿富汗战争、叙利亚战争等，挑起冲突，鼓动内战以从中渔利，非洲、亚洲以及欧洲等都成为美国维护资本利益不断插手的地区，拉拢日本、东南亚国家遏制中国更是用心险恶。资本虽然以其不断的进取而具有可贵的精神，但是更多的破坏后果则不断凸显，所以马克思说："资本来到世间，每个毛孔都滴着血和肮脏的东西。"②资本的能量在今天更为强大，它在运动中增殖，并在继续对一切实施征服，包括传媒。

二、资本对传媒的侵入

资本为了求利，传媒是它必然要占领的一个阵地。后者能为其鸣锣开道，摇

---

① 顾忠华. 韦伯《新教伦理与资本主义精神》导读[M]. 桂林：广西师范大学出版社，2005：89.

② 《马克思恩格斯选集》第1卷. 北京：人民出版社，1995：274—275.

旗呐喊。传媒在资本的扶助下慢慢受其驱使,成为它的马前卒。由于利益的关系,很多方面都听命于资本的意志。这其中包含着互为需要、互相利用、主仆易位的关系转变,也包含着传媒内容层面的广告扩张、多种经营、四面出击等方面的运作。

1. 资本与传媒的不解之缘在于两者的相互需要

资本不仅仅是一种资金经营,更多的是一种关系,当然在传媒那里更多地表现为金钱,但对于传媒而言,金钱背后形成了一种支配关系。自90年代以来,全国范围内的报社、电台、电视台等媒体纷纷断奶走进市场,传媒被推进市场以求生存。在几十年来一直由上级拨款的情况下突然需要自谋生路,这对传媒而言是一个严峻的考验,需要养活自己就必须有资金支持,在走向市场的过程中苦苦寻觅。此时资本前来合作,正是求之不得,传媒与资本很快实现了有效的合作,资本为传媒提供资金支持,传媒则为之开展宣传服务,两者各取所需,似乎相得益彰。但是问题并没有这么简单,资本不仅仅是为传媒提供资金支撑,获取一些利润,而是在隐秘的层面获取一种支配力量,即对传媒运作的支配。传媒受其驱使已是事实。

2. 传媒与资本之间出现了主仆易位的关系

这种易位在不同传媒中表现不同,程度有异,如市场化程度高的传媒,或那些影视频道受资本驱使的痕迹较重,而中央控制的媒体其公益性较强,与资本的关系就不是那么紧密,社会声誉也比较高。

但是这些不能改变资本与传媒之间主仆易位的趋势。资本要求利是一种表面现象,其背后还需要一种支配关系,只有获得支配关系,才能更加保证它获利的稳定与扩展。传媒的生存是第一位的问题,员工的工资福利、产品的销售、机器设备的维护保养等都需要巨额的支出,没有大笔的资金支持根本不行,传媒因资金饥渴必然会屈服于资本,在对资本的渴求中放松了要求,失去了有效的监督,从而牺牲了更多的公益性。

鲍德里亚认为,广告的真正效果是通过信息有条不紊的承接,强制性地造成了历史与社会的新闻、事件与演出、消息与广告在符号层论上的等同。[①] 在资本侵入传媒中,一个最突出的问题是广告的过度扩张,传媒消费主义成为一种异化的力量为资本服务。走向市场之后,传媒发布的广告数量激增。光靠新闻无法

① [法]鲍德里亚著,刘成富,全志刚译.消费社会[M].南京:南京大学出版社,2002:130.

从消费者手中获得足够的运行开支成本。这时，广告的加入解除了文化生产的困境——巨额的广告费使很多问题迎刃而解。在资本的强力操纵下，广告也在改变着传媒的生产。广告在传媒中所占的份额越来越大，以中央电视台为例，2011 年 11 月 8 日，“央视 2012 黄金资源广告招标预售总额 142.575 7 亿元，比上年增长近 16 亿元，增长率为 12.54%，高于 GDP 几个百分点。央视 1995 年开始广告招标，当年孔府宴酒投标 3 100 万元成为标王。此后秦池酒厂突起，接连以 6 700 万元和 3.2 亿元的价格成为后两届的标王。[①]”尽管人们最低限度的、基本的需求早就够了，符合传统的量入为出、勤俭节约的原则，但是资本却不能允许这种适度消费，它要牟利的冲动使其不断通过广告来促进消费，为了达到目的，就要驱使传媒突出用过即扔、超前消费、过度消费的所谓快乐与幸福，使人们受传媒与广告的驱使加大购物消费的力度。

3. 广告作为资本利润的投射，在传播中使用欲望修辞以达到劝服的目的

广告的功能已由告知蜕变为引诱。商品种类繁多与激烈竞争中都在争相拉拢消费者。由于存在竞争关系，所以广告大战不可避免，传媒之间又在进行着除了新闻内容之外的广告竞争。这就存在广告之间、传媒之间的双重竞争。所以广告必须通过传媒以高超的手段来吸引消费者，无一例外地要用到劝服手段，对消费者加以诱导，从而制造需要，售卖商品满足需要。消费者通过传媒接触广告，广告的多次重复就会影响人们的消费观念，尤其是以奢侈奇巧的商品让青年引为时尚互相攀比，再以此夸显于亲友熟人，就会带动其他人去追逐消费，制造浪费。

广告传播拉动的消费必然浪费大量的资源。广告会推动奢侈挥霍的风气变本加厉，在利用了平面与电子媒体之后，还不厌其烦地印制精美的广告册发放于闹市、路边，强塞于信箱、门缝；至于大型的户外广告、流媒体广告，不仅渲染着富丽丰饶，而且以极尽奢华引诱着大肆挥霍，使人忘记资源匮乏危机。

4. 资本侵入传媒并逐渐绑架了传媒，使之在经营方面向资本屈服

资本是一种能动的驱动力。生存挑战使传媒无一例外背上了沉重的压力，不仅仅报道内容要正确，而且在经济收入方面面临着相互的竞争。传媒无法摆

① 王安. 春风央视拎美酒[N]. 中国青年报，2011－11－16.

脱的巨大压力就是来自经济方面，这必须依靠资本的支撑；资本也不再是表面的金钱，而是隐身于各类工商业巨头之中，以银行、石油、电力、电信、烟草、交通等行业的面目显示于社会，但它们无不以财大气粗威慑着传媒，使对问题保持沉默。资本在这些行业可以操纵传媒，当感到不满意时会以撤资相威胁，或以追加费用来引诱。

传媒因失去独立的经济品格而显示了扭曲的荒谬的一面。在短时期内，鼓动消费，带动经济发展有一定的积极意义，但传媒也由此受资本驱使陷入无止无休的过度消费的鼓噪之中。传媒顺从于资本的求利意志而不断地否定着传统的"俭以养德"原则，引导人们及时行乐，使得受众在身份上成为消费者；浪费成为一种强制性的义务，必须不停地购买、使用、废弃，才能从中得到享受与快乐。然而消费者过度消费的结果是丢掉勤俭节约的传统美德，反而陷入焦虑的状态。过度消费一方面造成了资源匮乏的提前到来，加剧着环境破坏；另一方面环境污染越来越源于过度消费造成的恶果，危害着人们自身的健康。例如 2011 年继北京之后，全国多数城市遭遇日益严重的雾霾。传媒与资本造成的浪费与污染没有得到应有的清算，反而被刻意回避。而且"今天的受众已经被传媒的报道所操纵，报道的内容与引导的方向往往具有很强的暗示效果，受众跟着传媒走，传媒跟着资本走，陷入求利与消费的陷阱之中难以自拔"[①]，传媒已经在资本操纵下难以独立。

三、资本对传媒公共性的破坏

资本进入传媒产生的作用是两方面的：一方面是积极的推动作用，另一方面又是消极的破坏作用。资本是一种关系，它在世界各地寻找利润，开发、运行过程中给世界带来了巨大变革，同样近代资本主义新闻事业也是产生于资本的推动，并借助于技术快速发展到今天。从印刷时代而迈入电子时代，显示了资本所推动的作用是无与伦比的。但是，如果将资本的作用置于公共性尤其是传媒公共性的视阈中观察，则容易发现它对传媒产生着强烈的侵蚀作用，尤其对于公共性而言，越来越成为一种巨大破坏。

① 南帆. 广告与欲望修辞学[C]//王岳川. 媒介哲学[A]. 开封：河南大学出版社，2004：66.

1. 资本为求利而推动了各方面的变革，开发了潜在需要

资本是一种能动的力量，它四处活动只为求利。资本最初以不同国家海上贸易为起点，并在贸易中引发了连锁反应，提高工业生产效率，开发新式交通工具，研究高效传播技术，推动工业革命。更为重要的是，资本开发了人们潜在的需要。

经济学家哈丁在20世纪60年代提出“公用地悲剧”[①]理论，从经济视角来揭示了人人参与的破坏会导致大家都得不偿失的困境。而从资本的逐利结果来看更是如此，资本不仅仅是一种物，它早已变换为形形色色的关系潜伏于各种实物和人体背后驱使人推行它的意志，进而在破坏之后凸显公共性危机。资本的跨国企业依靠后发国家建“血汗工厂”，牟取超额利润，给这些国家留下重金属、水、土、空气等长久污染的毒害；掠夺自然资源，不惜挑起所在国的内战；资本破坏传媒公共性就是一个具体的问题。上述所涉及的资本破坏公共性的诸多问题并未得到传媒系统清算，虽然破坏公共性后果都与传媒有关，但只有每一个具体危害后果让传媒作出反映，舆论只是抓住了肇事企业却放过了资本这一元凶。

2. 资本驱使传媒在操作方面更倾向于谋取私利而挤压了传媒公共性

资本为传媒所需，也就为其侵入传媒公共空间提供了可乘之机，让传媒刊播更多的广告，发布更多消费性、娱乐性内容以求得利润，传媒所具有的公共性就在这种广告和娱乐新闻挤占下空间不断缩小。传媒是社会公器，它只能代表社会中最大多数人的利益发言，但资本分散于工商业企业之中，以各自不同的广告面目出现，使传媒成为它们共同利益的代理人。

当前，由于资本过度侵入，也导致传媒走向了极端。拜金主义、消费主义、个人主义、享乐主义导致了严重的问题：在道德、伦理等精神世界，传媒的商业色彩极端浓厚，经常考虑的是自己能否有利可图，有之则积极、无之则消极，但往往是有利可图的又与公共性相对立。传媒浓厚的商业性使社会中弥漫着一股浓烈的“一切向钱看”的风气，为道德、伦理的滑坡推波助澜，“佛山三岁小女孩小悦悦遭两辆车碾压，8分钟内18名路人经过无人上前，直到拾荒者陈贤妹救助小悦悦，但经几天抢救还是不能挽救这个幼小的生命”[②]。传媒虽是报道者，但道德

① 李红坤，莫建明，唐瑶. 公地的悲剧：国有经济效益滑坡的一种产权诠释[J]. 财经科学，2003(5).
② 庄庆鸿. 繁华背后　冷暖五金城[N]. 中国青年报，2011－10－20.

上的冷漠都与拜金主义有着直接关系，也和资本的唯利是图摧毁人们心中美好的理想不可分割。这本来是传媒所拥有的公共性：惩恶扬善、弘扬美德、自助助人，传媒一直在做着弘扬正气的努力，但是另一方面的问题则是在资本驱使下回避公共性，也就慢慢地瓦解着人们心中的美好心愿。

3. 在资本肆意侵入传媒之际，公共利益处于失守状态

传媒公共性没有相应跟进，而是在公共性弱化中放任了公共利益受损。作为典型的公共利益，环境生态亟需维护。国家虽有相应的管理机构，但并不能保证有效的治理，反而使得环境生态方面的公共利益受到持续的损害，已经到了人人受害的地步。资本是与公共性对立的，它操纵的传媒也存在着对环境生态关注不足的问题。在网络发达、记者多依赖互联网和传媒降低运行成本的背景下，环境风险报道的数量没有跟上，更多只是被动地等待事故而已。在治理消极、传媒报道滞后之际，公共性指向的环境生态并未好转。

因此，资本侵入传媒削弱公共性的一个后果就是对环境风险的不断回避。在事故发生之际作出报道，事故过后不再过问，环境风险只能有增无减。作为发布信息、履行守望功能的传媒又会如何呢？传媒自身的社会责任与经济利益发生冲突时就很难坚持责任，因为市场、利益的现实会冲破苍白的理想追求，带来公益性的失落。坚持责任、理想、公益的媒体大多经济效益不如意，而倾向商业逐利的媒体经济效益良好。传媒之间的竞争不仅包括了新闻内容，还包括了广告、发行、收视等全方位的竞争，坚守公益的媒体逐渐减少，向资本屈服的不断增多。传媒的失察成为环境风险增大的一个原因。环境风险不仅在工业领域，而且在生活领域、商业领域以不同面目呈现出来。“还有另一种健康危害形势呈现，如三高（高血压、高血脂、高血糖）的亚健康，糖尿病、恶性肿瘤、心脑血管成为三大杀手。”[①]究其病因是病从口入，而入口的食物又来自日益污染的自然界。食品污染日趋严重是工业、生活领域的污染增多的结果，形成了恶性循环。在这样一个错综复杂、相互影响的网络中（工业污染、生活污染、种植养殖加工污染），传媒处于其中一环，它虽然发挥了告知的职能，但它宣扬的消费主义教唆着浪费式消费，拜金主义暗示着谋取利益可以不择手段，享乐主义则诱使人只顾个人快乐。

① 郭强. 认识高血压、高血脂、高血糖——“三高”人群的健康管理[J]. 自我保健，2009(9).

第四节　环保 NGO 推动传媒的风险预警

自从 20 世纪 90 年代正式起步以来，除了受到外部权力控制和资本操纵的消极影响制约，传媒的环境保护传播还受到积极带动。这种积极力量就是中国出现的一个新生事物——环保 NGO 所代表的民间的正能量。环保志愿者群体为了再造秀美山川的美好梦想而自觉默默奉献，他们身上承载了民族的高贵品质，这对于传媒是一种巨大感召，对大众整体更是道德示范。他们对传媒的影响是巨大的，双方形成了密切合作并相互促动的良好局面。

一、环保 NGO 的风险预警

中国环保 NGO 是在西方特别是美国环境运动示范和中国国内环境危机刺激下的产物。如果从 1994 年“自然之友”成立算起，至今遍布全国超过 50 000 家的环保 NGO 已经生存了多年[①]。中国的环保 NGO 从一开始就自觉参与到环保预警中，而且影响传媒，以它为主要盟友开展环保参与，拓展了传媒传播内容，又在议题设置中参与到影响地方乃至全国性的决策中。以下将以中国环保 NGO 的第一代领袖与灵魂梁从诫、被英国《卫报》评为“影响地球的 50 人”之一的马军、坚持质疑怒江水电工程的汪永晨为范例加以分析。他们所代表的环保 NGO 开展的环境预警产生了巨大的传播效果。

梁从诫的环保行动具有开创之功。作为名门之后（祖父梁启超，父亲梁思成，母亲林徽因），梁从诫在继承了梁家两代人忧国情怀的传统中致力于知行合一，醉心于“为大自然请命”的悲壮环保变革。按照梁从诫自己的解释，产生环保行动的动机来自 80 年代担任《中国大百科全书》编辑时接到读者来信反映环境污染问题，使他感到震惊，也思考是否该做些什么了。在与亲朋好友交流、并不断接受西方环境思想的过程中，大家萌生了一个共同的认识：环境问题日益严重，危害突出，政府虽然也在治理，传媒也在报道（“中华环保世纪行”揭露了一连串环境问题），但环境治理还需要社会民间力量的自觉主动参与。传统的家国情怀，知识分子以天下为己任的责任感激发了他们的行动认知，这一点在已步入晚

① 郭晓勤，欧书阳. 中国环境 NGO 角色定位：问题与对策[J]. 学会，2010(7).

年的梁从诚身上体现得最为突出。

知识分子应该切实负起责任。他们不能躲到书斋中坐而论道，应当积极主动地站出来呐喊，唤醒那些仍然迷醉于经济增长的人们去关注环境问题，以实际行动纠正自身的环境破坏行为。要形成影响的第一步是成立组织，结成团体。尽管申请注册遇到太多困难，但是梁从诚义无反顾不怕挫折，坚持带领同道者开始了行动，比如那些为世人所熟知的挽救滇金丝猴栖息地、保护藏羚羊、为"野牦牛队"募捐、写信吁请时任英国首相布莱尔禁止羊绒交易得到回复、与时任美国总统克林顿的环保恳谈、亲赴可可西里、推广羚羊车、推广 26 度空调行动、多次上书抗议北京硬化河道，最后还有力谏怒江开发缓行等行动，虽然屡败屡战，但悲剧还在发生。梁先生在生命最后时刻亲眼看到梁思成林徽因故居被拆毁、"野牦牛队"被官方解散的结局，无限悲怆中于 2010 年 10 月撒手而去，其反复向记者提及的"我们梁家三代都是失败者"让人体味着"替天行道"的悲壮与悲凉。

马军则是另一种类型。他是制作发布了"中国水污染地图"揭露来华外企污染的公众与环境研究中心负责人，对社会产生了巨大影响①。从《南华早报》的记者，到今天的环保 NGO 的知名公众人物，马军以自身创造性的资源开发，利用网络领域开拓了环保局面。他以对中国水污染现状的采访、资料的收集而设立网站参与环境保护，形成了知识与舆论的影响。同时马军还针对在华外企制作了它们的"红马甲"与"绿马甲"，对污染与非污染企业作了分布与标识，在外企中引发了显著的震荡，促使不少外企改正不法行为，自觉遵守环保法规约束。在制作图标之前，马军进行了大量扎实深入的调研，以数据、事实说话，使得自己发布的内容真实权威，从而产生广泛影响。这与以往人们只是依赖政府发布有了分别，让民间的声音和民间的力量体现出来，不再仅仅依赖于传统媒体，而是靠自身实力说话，靠影响力打开局面。这样的网站自然不会得到政府拨款，也不会受到被监督对象的青睐，只有依靠它的主人的责任心与积极自觉的行动，依靠一点点积累起社会声誉，然后拥有逐步提升的参与环境治理的能力。这对于其他环保 NGO 是一个示范，也是一个启发。在现实中既可以依靠人多势众去行动，也能够利用网络这一自媒体去创新环保空间，让无尽的奇思妙想通过虚拟空间发挥作用，产生现实的影响力。

梁从诚开展活动更多依赖组织人数和传媒联手，多次活动促成报道，报道又

① 吴妮."拯救地球 50 人"，4 中国人榜上有名[N]. 新京报，2008-01-11.

促进活动；而马军仅依靠网络媒体，在调查之外，主要以网络运行来产生影响；在活动内容上，梁从诫体现了参与的综合性，而马军则展示了专业性。

除了这两位典型环保领袖外，还有一位引起世界瞩目的环保行动标志性人物——汪永晨。作为中央人民广播电台出身的记者，她在梁从诫的影响带动下积极开展了环境报道和参与行动，并在“自然之友”成立后不久独自成立了民间环保组织“绿家园”，以组织形式号召一批在职记者开展环保宣传教育活动。但进入21世纪以来，真正让她获得国际声誉的，是对怒江大量建坝的坚决抵制。汪永晨不是最早抵制建坝的斗士，但注定是所有反对者中最有影响力的一位。不仅在于她早有准备，长期热爱自然生态，热心于呵护家园的新闻行动，她以自己的文弱之躯肩负了捍卫江河生存发展权利、为子孙后代留下一条生态完好的河流的宏大责任。她长期坚持实地调查、进行报道、开展义卖，更有长期目标，即实施一个独出心裁的忧患民族未来的项目——江河十年行。每年由她亲自带队，有一批作为志愿者的记者加盟考察西部大江大河。汪永晨是环保行动派的旗帜与灵魂，有她在，西部江河就至少能得到些微的喘息，尽管坚持这种知其不可而为之的努力在现实面前十分艰难，但她还是在坚持。她的身后，聚集了越来越多的同道者。

除了这三位典型人物之外，还有众多供职于传媒与教育领域但钟情于环保的志愿者，他们多系当地环保组织的骨干。霍岱珊是“淮河卫士”网站创办者；刘德天，盘锦“黑嘴鸥鸟类协会”保护者；于晓刚，云南“大众流域”负责人；运建立，湖北“绿色汉江”负责人。梁从诫的开创作用在于，他首先在北京带动了一批知识分子参与行动，再由他们把影响带到全国，其中共同的精神内核是忧患意识，行动参与。他们敢于担当，勇于行动，并且身体力行，带动更多的人参与到环保之中。从另一方面讲，环境风险刺激唤醒了这一批先知先觉的知识分子，让他们最先行动起来。

环保人物的行为，展示了他们的可贵精神品质。这是社会转型之后，社会发展为个人创造提供的条件和环境所致。中国自从1978年开始转型，由政治社会向经济社会过渡，1992年市场体制的确定从名分上给了“经济”一个充足的合法性。20世纪90年代至今“代之而起的是一个高度流动、消费主义主导、对新机会的追逐所推动的社会”①。虽然市场的发展有利于进一步解放生产力，推动生

① 华安德.转型国家的公民社会：中国的社团[C]//王名.中国非营利评论(第1卷)[A].北京：中国社会科学出版社，2007：36.

产要素实现最佳配置，但是风险也开始出现并增长，“市场交往的发展，推动了贫困人口的迅速减少和财富总量的增加，但它却是以更大的不平等、脆弱和风险为代价的”[1]。种种风险也源于人们对政府职能转换的思考，“小政府、大社会”的观念逐渐为人们所接受，政府应该在许多方面放权让利，而且它在诸多公共问题方面存在着失灵现象。环境问题既是片面追求经济增长带来的恶果之一，又是政府自身难以有效解决的顽症，却又不舍得让渡那些本来属于民间能够解决问题的权利。“人们还是得承认，许多社会问题不能由旧的机制和政府机构来解决。因此，多种形式的社团便有了存在的空间，在解决由快速发展的变化带来的新问题方面发挥作用。”[1]社团能够发挥作用，当然需要领导人物来推动。中国十多年来在非政府组织领域中发挥积极救助效能的还都是以民间组织为主导的，不论是2005年印度洋海啸、2008年汶川地震、2010年舟曲泥石流，还是2011年温州动车撞车事故、2013年雅安地震等，民间组织出力出人募捐，在关键时刻弥补了政府救援的一些缺陷，也在各类事件中崭露头角，显示出独特的作用。因此，民间组织所起的作用离不开众多有志于解决环保等问题并有能力为此创建新型组织的富有远见的个人。

通过以上分析可知，目前中国环保NGO为代表的环境预警已走过了激情澎湃的岁月，进入一个多样化且细节化的阶段。如果说以往在1993年开始的十年中，环境预警有紧急呼吁、媒体动员、环境教育、环保行动等手段，产生激动人心或功败垂成的结果，但自2004年至今环境预警有了广泛的参与，这包括网络发声的意见与评论、媒体策划报道、环境群体性事件、环保团体的环境公益诉讼、公共事务协商等。除了民间环保组织领导人，地方民众也在以各种形式预警，这都深刻影响了传媒。

民间环保组织大多主动协助地方去做公益事业。很多时候，正是这样的工作符合为地方政府“排忧解难”的目的与要求，从而获得认可，政府甚至会拨付一些项目基金作为一种扶持和帮助。所以近年来某些环保组织颇识时务，不学西方那种与政府对抗的环保组织的做法，而是将自身定位于政府的合作者和参与者，积极为其出谋划策，弥补它力所不逮之处。“自然之友”在21世纪以来就以建设者的姿态开展羚羊车环保教育，配合奥运会开展“少开一天车”、“26度空调

---

① 贾西津.中国NGO的现状、问题与前景[J].经济视角，2011(4).

② 华安德.转型国家的公民社会：中国的社团[C]//王名.中国非营利评论(第一卷)[A].北京：中国社会科学出版社，2007：37.

行动”等环保倡议，广泛宣传发动，让广大北京市民参与。这样的行动让政府非常满意，既配合了中心工作，提高了政府的威信，也有利于环保工作推进，对于环保组织自身也是一种锻炼，它以合法的途径发出自己的声音，提高了社会关注度，彰显了环保组织的责任心，也扩大了自身的良好影响。

环境预警由环保 NGO 发起，带动了传媒关注，并予以反映，启发了公众参与预警。环境领域是公共参与性最强的领域，它是开放的和低门槛的，会吸引普通人加入进来，而且目前中国的环境参与又多是基于受害者的反应而激发的维权行动，将往昔零星的个人行为演变为集体行动。从维权和被动反应的角度看，环境行动具有了民间运动的特征。这种运动不论时间、地点如何，它一经发生，就显示了民间力量的存在，能够且敢于与公权力展开对抗和对话，这就在很大程度上让政府懂得去尊重民意，尽量减少环境破坏。因此，中国的环保 NGO 有其本土特色，在大量呼吁呐喊之后走向一定程度的合作，也唤起了个人或集体性的环境抗争式的预警。而不应忽视的是，中国环保 NGO 能够登上政治舞台，在众多民间组织中独树一帜，也和它自身的媒体化，或者说与传媒多年来结成天然盟友的渊源不无关系。

二、环保 NGO 对媒体的促动

中国的民间环保组织对大众传媒产生了巨大的促动，使其反映和扶持它们发展。这与西方环保 NGO 的专业化、职业化具有明显不同。前者深刻促动了后者，甚至是为后者“开辟”了一个新领域。这在众多环保组织的成员构成上就能看出，中国首家民家环保组织“自然之友”成立之初，就有约三分之一的成员是传媒从业者，他们基本是在京的媒体记者与编辑，后来组织队伍扩大，加入的传媒从业者就更多了。很多的传媒人士本身就成为自己独立组织的首脑与灵魂，如“北京地球村”的廖晓义、“绿家园”的汪永晨、公众与环境研究中心的马军、“淮河卫士”的霍岱珊等，他们大都曾供职于传媒。这样一来，似乎很多的环保组织就掌握在传媒人手中，其实质是两者形成了你中有我、我中有你的关系，有人概括为传媒人士的 NGO 化。那么接下来需要具体分析两者如何实现互动，这种互动具有哪些效果。

1. 环保 NGO 为传媒提供具有冲击力和震撼性的事实

中国环保 NGO 是西方环保运动尤其是中国现实环境恶化刺激下的产物，在政府环境治理困难重重而市场中唯利是图行为日益普遍化的背景下，社会中一部分知识文化精英挺身而出，自觉担当，他们直接或间接参与到了环保行动中去。当然，以少数热血沸腾的环保人士去抵制巨大的环境破坏，两者力量悬殊，但正因为这种弱者抗拒强者的无畏表现，才更具有刺激性的故事效果。在20世纪90年代，“自然之友”的一系列“为大自然请命”的行动就显得十分悲壮和震撼[①]，仅保护藏羚羊一例就堪称可歌可泣。当“自然之友”通过记者发回的报道得知可可西里的国家一级保护动物、珍稀的藏羚羊一批批倒在猖獗的盗猎分子枪下，有一群志愿者义务保护这一种群而进行艰苦卓绝的斗争时，梁从诫就毅然决然地发起了保护藏羚羊和为保护者“野牦牛队”捐款捐物的行动，一时间引起北京市民的广泛响应。北京数十家媒体记者，对于梁从诫带动“自然之友”开展这项行动感到事实重要、意义重大，于是不论是“自然之友”，还是“野牦牛队”，都吸引了传媒的关注，其报道的热潮不断掀起，其后每一个环节、每一个进展都成为权威媒体报道的重头戏。这需要分析“自然之友”怎样为传媒提供可报道的、富有曲折性和趣味性的事实，也即它的媒体策略值得考察。

(1)“自然之友”拯救藏羚羊行动以及与传媒的合作。

可可西里方圆9万公里的高原生活着各类野生动物。1982年5月13日《青海日报》一版头条的关于西部草原发现金块的消息犹如一场飓风，使数十万人涌入淘金，几年后留下一片片千疮百孔严重退化的沙地[②]；紧接着可可西里遭遇浩劫：原来不避人类、活泼可爱的野牛野马等惨遭盗猎分子屠戮，藏羚羊被成群射杀剥皮以图其羊绒，其数量从200万只锐减到不足2万只。为了保护这一稀少物种，玛多县西部工委由索南达杰出面组建了一支“野牦牛队”，与盗猎分子展开了殊死搏斗。到了最危急的时候，“自然之友”才得知情况。梁从诫马上组织救助、呼吁，并将情况向国家林业局等部门反映，最重要的一步是通过传媒将它披露出来引起社会关注。于是，传媒的信息传达作用、组织动员作用得以体现。由于传媒大量报道，人们普遍知晓了在遥远的西部还有这样的珍稀动物处于濒危之中，还有这样一群英勇无畏的英雄，以及像“自然之友”这样一群急公好义的义士，报道产生了巨大的感召力。

(2)“自然之友”突出具有新闻价值的事实以供传媒选择。

“事不奇不传”，环保NGO的出现就是一个奇迹，而其领导人物的出身、事

---

① 梁从诫. 为无告的大自然[M]. 天津：百花文艺出版社，2000：321.

② 谭剑，文贻伟. “民资西进”引淘金热　西部资源亟须整合[N]. 经济参考报，2007-07-24.

迹也往往具有了传奇色彩，所做的事情又颇有新闻价值，具备了重要性、显著性、趣味性等。在"自然之友"保护藏羚羊这一案例里面，新闻价值要素比较丰富：藏羚羊、盗猎团伙、野牦牛队、枪战、牺牲、名门之后、公益事业、牺牲精神，等等，都具有了故事性、传奇性。其中梁从诫的两会政协提案、给布莱尔的信函往还、与克林顿晤谈、奔赴可可西里焚毁羚羊皮等更具有显著性。

"自然之友"等组织致力于"为大自然请命"。它的确渴望将自己的声音通过传媒表达，让社会知晓的愿望一直未变，这也是众多NGO的强烈愿望。因为就其本身的活动能力、动员能力来说，还非常不够，在重重障碍面前，只有传媒能够呐喊，以引起社会的关注与同情，从而获得一些道义上的同情与帮助，以及吸引有志者加入进来(如杨欣辞掉深圳高薪工作拯救西部江河)从而壮大力量。因此，环保NGO必须使自己的行为具有可报道的新闻价值，否则传媒往往难以长久眷顾，即使记者身处其中也经常爱莫能助。就"自然之友"十几年发展来看，可圈可点的事迹就是在梁从诫带领会员为可可西里奔走的短短四年多的时间里。随后"绿家园"领军人汪永晨的"反坝"议题轰动一时，但地方权力太过强大，与梁从诫极力保护的"野牦牛队"最终解散一样，"反坝"的结果却是促使西南诸省大量上马水电站，即使2010年西南五省遭受了百年一遇的旱灾与2011年长江中下游六省60年罕见的大旱。环保组织的媒体形象彰显了悲情色彩。

2. 传媒对环保NGO行动的加以呼应并提升它的影响力

如前所述，两者天生存在着密切的合作关系，尤其是传媒如何帮助环保NGO成长的，仅仅是后者为它提供了可以报道的事实吗？显然结果并非如此简单，两者之间存在一些需要深入揭示的共同吸引又紧密结合的东西。从关系和实力对比来看，传媒处于强者一方，而环保NGO立于弱势地位，弱者影响强者，同时强者帮助弱者，但是其中存在怎样的联结逻辑？

(1) 传媒扶助环保NGO的行动逻辑。

传媒之所以格外青睐它，首先环保NGO作为一个新生的事物，身上具有了相当多的新闻点。作为中国环保风险刺激的产物，它主动担当了"替天行道"的责任，这是超越世俗的价值体现，因而具有理想主义的动人魅力与耀眼光辉；传媒业与环保NGO还具有共同的一个属性——公共性。作为能动的活动的组织，两者都是围绕公共利益而做出奉献的组织。所谓公共性，其本质是公开的、公益的、利他的，尤其指向公共利益的维护方面。传媒是一个通过传递信息而维护公共利益的舆论阵地，它对社会各方面变动进行监督并随时反映变动，维护主流价值观，抨击假恶丑，捍卫真善美，所以从这个意义上看，“报纸是人民的教科书”[①]的观点的确成立。尽管进入市场体制时期，传媒也普遍由于自负盈亏陷入多方逐利为人诟病，但多数时候它还不失为一个主持公平正义的机构，因而其公共性要比政府、企业还广泛，正是这个属性，使它与具有公共性的事物具有了内在的一致性。

环保 NGO 维护公共性出于自觉。它一出现就直接捍卫公共性，指向超越当下的公共利益，摒弃当下狭隘的自私自利行为，为人类的未来福祉服务，虽琐细无奇但又不乏深远价值。它的公共性比较宏大抽象辽远，与自私性无关，不符合现行的时尚，因而注定了其孤独与边缘的地位，但的确是当世之间一种稀缺的资源。这对于传媒而言是需要弘扬的可贵品质，为世人树立了一个典范。传媒知识分子与环保人士往往同属于一个文化精英群体，都会有基本的价值观念与高远理想，现实生存的逼仄使知识分子共同感受到了理想失落的不安与茫然，心中残存的理想总要寻找一个出口或一个安放之处。在公共利益受损的背景之下，环境生态将士人传统的讴歌田园自然风光的休憩心性的寄托给凸显出来，环保人士直接出面维护这一理想，而传媒知识分子则是书写这种理想，两者殊途同归，不谋而合，能够为环保而同声相求，就容易走在一起，共同努力保护美好家园。

传媒记者发现了环保人士亲力亲为敢于起而行之的责任担当，这种行为是社会中极为稀缺又急迫需要的，更期待社会大力弘扬。当今社会消费主义、拜金主义、享乐主义与个人主义甚嚣尘上，相比公共利益维护，一些人捞取个人私利还恨精力时间不够，哪有闲心去眷顾它呢？社会风气的劣化在相互传染中驱使人们不愿付出个人精力顾及公共利益，在价值观念上会更趋于理性，反过来还要嘲讽和鄙视为公共利益自觉奉献者。传媒是为了促进社会精神领域上进的，是要通过主流价值观的维护进行促动的，而主流价值观就包括传统的家国责任。“天下兴亡，匹夫有责”的自觉担当，它也指向日常生活从琐事做起的积极奉献行为，甚至自觉抵制挥霍浪费、维护良好公德都是不凡举动。

传媒关注环保人士还有一个要让自己由“知”转变为“行”的升华。古代圣贤倡导“知行合一”，要求士人不仅读书，还要实践，读书和参与结合起来。可是由于疏于或者回避实践而只是空谈理论，现代社会很多人囿于个人偏见和无知更

① 崔一雄. 析胡乔木《报纸是人民的教科书》一文[J]. 新闻爱好者，2010(13).

忽视走入生活，使社会各阶层之间存在着隔阂与猜忌，也使社会中本该有效解决的问题而少人过问，也在放纵着一起又一起现实的危害。环保人士的"行"不仅成为传媒报道的内容，而且也感召着传媒从业者自身：即仅仅报道和作为旁观者还不够，其实更应当亲身参与，主动介入，为环保做些实际事情，才有实实在在的成效。知识分子最容易夸夸其谈，坐而论道。传媒从业者也同样容易有这样一种职业病，只会报道，要求别人去做，自己不管不问只当看客。所以，传媒从业者能够在报道中吸取环保人士身上的精神力量，并向前走一步跨入这个组织成为其中一员，是他们从"知"到"行"的升华。

传媒关注环保 NGO 的行动在于它具有受众期待的另一种新闻价值：反常与刺激。除了环保人士的高尚情操为这个社会所稀缺应当学习之外，还存在组织行为的反常。这主要指不为个人利益而为集体利益抗争，当今社会为私利最能刺激人的热情与兴奋，而公益距离人们太过遥远，没有义务去关心。那些坚定的环保志士在记者报道的描述中不仅在社会中遭遇嘲讽与污蔑，而且在亲人中也往往不被理解支持甚至四面楚歌孤立无援。为了一片树林，为了一种珍稀鱼类，甚而为了一片草原不被沙化等遥远的难以感知的公益而行动很容易被世俗视为反常，这是传媒报道中所稀缺的，受众也乐意了解的。"绿色和平组织为制止日本罪恶的捕鲸行为，不惜派船跟踪并直接阻止，其最后关头不惜以命相搏的对抗场面足够悲壮的刺激。"①

(2) 传媒反映环保 NGO 维护公共利益、减少环保风险的报道特点。

前面论述过传媒面对环保 NGO 富有新闻价值的内容而进行报道，但这个报道是如何进行的？其中肯定有筛选有取舍，不是有闻必录的。虽然环保 NGO 期望传媒充分反映甚而将它们大部分的活动予以报道，这在实际上根本就做不到，传媒只能报道其中典型的几家，而且对这几家也只是作阶段性的报道。那么传媒的选择虽然多数先由记者选择，最终还是由他所在媒体的编辑和领导作出决定。如果记者做了 10 次采访，但只有其中 2—3 次得以发布出来，这对记者而言是个不小的打击，就会影响到他对持续报道的信心。从 1994 年至今的传媒报道来看有这样一条规律：由轰动性的救助抗争行为转向多样化的环保信息发布，从全国性宏观客观事实揭示退回到地方性具体利益的维护。具体而言有这样两个方面：

---

① 王琦. 绿色和平组织阻止日本渔船捕鲸[N]. 新华社，2005-12-22.

第一类是传媒关注环保 NGO 介入的具有巨大争议性的议题。这方面以怒江建坝之争最为典型，其次是“三峡致旱”之争。2010 年西南五省发生的百年大旱，国家为抗旱拨付 5 亿元救助资金。2011 年夏天在旱涝急转之前长江中下游六省遭受了 60 年一遇的旱灾，一时对三峡的质疑四起，国家水利局、三峡集团领导提出三峡减缓了干旱的说法。在三峡工程这样牵动全国人民关注又恰遇地震、滑坡、旱涝灾害等风险产生之际，这种争议也在所难免。传媒是争议得以实现的最重要的平台和阵地，是让各种不同意见自由表达的理想的公共空间或公共领域。争议不再是过去的街谈巷议，而是各方通过大众传媒将各自的声音传达出来，让彼此进行争论，正确的得以发扬，错误的予以克服。传媒报道争议，以环保 NGO 为中介尤其能有效防止一言独断，闭目塞听导致错误决策。汪永晨说得好：“我们不是在单纯地反坝，而是从关注江河到推动公共参与影响公共决策。”[①]公众只有依靠媒体才得知专家有不同意见。由于“绿家园”联合了多家环保 NGO，以及学界的专家学者，形成了一股民主参与的热潮。

第二类是对日常地方性隐含环保目的的行动的反映。在“自然之友”等大型环保组织影响下，众多地方环保组织开拓了新局面，使其更直接服务于新的社会事业。“绿色汉江”创办者运建立，揭出了襄樊的“癌症村”，迫使地方开展救助与补偿。河南郑州妇女田桂荣，多年来坚持义务收集废电池。霍岱姗在身负巨债的情况下，办起了“淮河卫士”网站，一直帮助“癌症村”农民募集治疗绝症的款项、帮助农村引入洁净自来水等，持续开展公益行动。云南“大众流域”负责人于晓刚在反坝中也结合移民生存困难的实际去开展救助项目。在数年的实地调研中，他帮助当地农民实施了一些技术培训和种植方面的脱贫项目，以经济促环保，再用环保推经济。这些创新都得到了传媒反映。

(3) 传媒对环保 NGO 的反映目前更多集中于静态的事实描述。

这些事实大多由后者创新推出。第一类是数据发布。“自然之友”自 2005 年起每年编写发布《公民绿色素质白皮书》，将公民的环保素质分类，通过调查，分析数据，得出各项分值。每年底动员社会参与调查，翌年初向社会公布，传媒也纷纷予以报道。第二类是绿色奖项的推出。阿拉善 SEE 生态协会、中国环境协会、“自然之友”等民间组织设立了“中国年度绿色人物奖”，自 2006 年开始评

① 汪永晨. 西部江河开发与公众参与[C]//汪永晨. 改变——中国环境记者调查报告[A]. 北京：生活·读书·新知三联书店，2007：137—138.

选民间和官方机构中为中国环保事业作出杰出贡献的环保人物，在北京召开隆重的颁奖大会，传媒也纷纷予以报道。其他奖项在环保领域还有很多种，政府部门与环保 NGO 合办，或企业与环保 NGO 合办。第三类是项目参与实施的报道。中华环保基金会、阿拉善 SEE 生态协会、中国环境报社等部门举办的吸引大中小学生和社会各界参与的活动也由传媒作了及时的报道。此外还有每年为数不少的环保节日既是环保 NGO 展示自身的时机，也是传媒例行关注的内容，3 月的植树节、4 月的地球日、6 月的世界环境日是三个最为重要的环保节日，也是环保 NGO 推广环保理念，提升自身品牌的机会。

三、环保 NGO 联合环境记者的参与

以上论述了环保 NGO 与传媒之间的互动，在推动中国环境生态良性发展方面起到了积极作用。同时也需要考察它如何推动了环境记者的发现参与，这是两者共同推动环保又对双方产生积极影响的方面。

1. 环保 NGO 的诞生为环境报道提供了新领域

起初传媒对环境问题的报道更多听命于政府安排，按照既定的议程进行。1993 年开始的“中华环保世纪行”，是以全国人大为主导，国家多个部委参与支持全国性传媒进行的对地方进行环境监督的活动。在此后三年的报道中，全国和地方传媒一道揭露环境生态问题，但是它们仍然缺乏一个有力的合作盟友，以至于在报道中没有支持和引领，仅进行曝光又不足以深入揭示环境问题。当环保 NGO 诞生之后，情况就大不一样了，传媒在单一的环境问题报道之外，发现了一片新的天地：一批志士仁人致力于“替天行道”的无悔奉献，他们对于环保的直接参与产生了震撼人心的效果。当传媒走近他们，深入到这些组织之后才发现这是社会中正在崛起的新型公共组织，营造了新的公共空间，引领着人们开掘环保领域的真善美，这正是传媒所需要的。传媒将其传递到社会之中使大众接受一种启蒙与引领，依托可观可感的事实，以此传导给受众产生应有的环境教育效果。当双方进行沟通的时候，理解、信任与合作就形成了双方心领神会的默契行动，传媒乐意为环保组织作出慷慨热情的报道，环保组织既乐意为前者提供有新闻价值的素材，而且又受到报道的鼓舞和激励，产生了更大的信心与勇气。这是一个双方都感受着协商、沟通、理解的愉快氛围，也使双方一开始进行的合作就呈现美好的前景。这两种公共性开始融汇和升华，促使公共利益得以良好维护。

中国环保事业的早期领导人和倡导者曲格平就此指出："我一直认为，如果要让社会关注环保，那么首先要让媒体关注环保。媒体关注的是人类的公共利益，环境保护就是人类的公共利益。在这个时代，必须有一群人，把如何保护自然界，如何推动可持续发展，如何选择更美好的生活方式等许多环境保护密切相关的道理讲清楚。中国媒体中正好有这么一群人，他们一直在做这样的维护社会公正和环境正义的工作。记者的作用，就是为了揭示时代的环保问题，并指出解决的途径。"[①]由此可见，他们都是为了一个目标，在维护公共利益中也就有了共同的话语，有了共同追求的内容，都作为公共利益代表者，也就会将它作为一种美好又有价值的信念去实践。

2. 环保领域的公共性彰显了知识分子的新角色

多少个世代以来，知识分子不仅要读书致仕，更要有一个理想或曰精神支柱，支撑着他们坚持追求下去，或为代圣贤之言，或立功立德，所谓"修身、齐家、治国、平天下"成为他们普遍的价值目标。"虽然不少人将读书当做敲门砖，最终只是为了做官享有荣华富贵，但是美好理想是大多数士人的共同追求。不论太平盛世还是兵戈不息，外敌入侵，山河破碎，他们都存有一种理想。"[②]新中国成立后"欲为圣明除弊事"的知识分子命运坎坷，遭受了巨大创伤。进入 90 年代以来，出现了思想行为平庸化的趋势，知识分子要么只为衣食所谋，要么躲进书斋自娱自乐，他们聪明地"不谈政治"，成为"完美的自私主义者"。知识分子对于社会冷漠，则意味着精神、道义、舆论维护堤坝的垮塌，面对环境危机，知识分子应敢于行动，岂能坐视不管，漠然置之呢？

环保领域吸引优秀的知识分子投身其中，环境危机正与他们精神深处的忧患意识契合。除此之外，"忧患意识还与挽救行动相联结，仅有忧患意识封闭于内心是不够的，还必须表达出来，行动起来，让自己的声音为社会听到，行动让人们注意到"[③]。"伟大寓于平凡"，环保实践即是如此，它给人以美好的如诗如画的精神愉悦之寄托，可以让灵魂诗意地栖居，又吸引人乐意为之奋不顾流俗，犯笑讳，执著于行动，或者用身体参与，或者靠文章推动。总之投身于其中，都是在实践和寄托着理想，"知识分子要将理想付诸现实，就会感受到现实的具体和冷

① 曲格平. 媒体是环保强大的支撑力量[C]//汪永晨. 选择——中国环境记者调查报告[A]. 北京：生活·读书·新知三联书店，2009：1.

② 余英时. 士与中国文化[M]. 上海：上海人民出版社，2006：245.

③ 曾敏之. 谈忧患[N]. 新民晚报，2012-11-26.

酷，理想归之于抽象，容易偏之于美好，但现实要归之于具体，就往往容易碰壁”[①]。但理想坚定者不会因为现实中有一些挫折就轻易放弃，也不会因流言蜚语而退缩。他们坚定地追求，而在实践中与另一群怀有理想者相遇，惺惺相惜，志同道合，携手前行。

3. 环保 NGO 吸引传媒参与提升了社会的环保认知水平，普及并增强了维权意识

纵观以往，传媒对于环境生态问题的反映，既有狭隘的视野问题，又有被动反映的缺陷。80 年代以来，传媒紧随经济发展也在暴露“三废”问题，如工业污染表现及危害，但一般仅仅是群众投诉、政府处理。进入 90 年代以来，传媒面对急切加速的经济，其报道方向有所偏差和遮蔽，追随增长而过分专注于工业生产量的扩张，对日益严重的环境危害涉及太少，甚至还有所回避，直到 1998 年的大洪灾和此后的沙尘暴频发才有所改变[②]。环保 NGO 提供了新的报道视阈，让传媒看到了更多的问题，而 NGO 的实践，不仅丰富了报道题材，而且是促使传媒去借此彰显社会中的环保先锋，这就会唤醒一批人，体现其对大众的启蒙。

双方合作提升了受众的环保认知水平。一是双方都将环境污染这个“不速之客，不请自来”的事物定性为负面体验的事实，纠正以往的对生态环境利用的随心所欲。20 世纪 80 年代，“环保”还是一个陌生的词汇，而“靠山吃山，靠水吃水”以及“有水快流”，“拼命地干，拼命地玩”等口号流行破坏环境资源。但随着污染危害后果的加重，传媒宣传、环保 NGO 示范，才使一部分人认识到破坏性开发、生产、消费都有问题，应有所节制。工业生产中，节约成本，降低能耗的意识提高了，相应的工艺也在不断引进和应用；消费领域中“节能减排”、“低碳生活”得以在社会中普及并形成了共识，“26 度空调行动”、“低碳出行”等口号也为人所熟知。二是提升了环保意识，让大众尽量爱物节用，同时更为重要的在于让大众自觉开展维权行动。这主要是生存权与发展权，其中隐含了环境权的问题。三是由个体反抗促成公众事件。环境抗争往往通过网络发布，传统媒体再随之跟进，使之由小事变大事，直到举国皆知。总之，所有环保 NGO 的率先行动参与环保问题的修复，以高尚的人格魅力引领大众，感召传媒跟进报道，并带动更多人提升了环保意识，又在传媒不断增强的环保理念的价值引领下强化环境维

① 汪晖. 死火重温[M]. 北京：人民文学出版社，2010：384.
② 周维. 我国媒体环境问题报道力度逐步加强[J]. 中外对话，2011(6).

权认知,可以看出两者在意识和价值培养方面所产生的积极意义。

由此环保人士通过传媒展示了新形象。"环保 NGO 会员们舍弃个人、家庭利益而无私地维护公共利益,其锲而不舍、坚持不懈的奉献在为大众提供可供学习和追随的样本"[①],尽管很多人出于个人理性而还未醒悟和追慕,但毕竟他们也不得不承认,环保人士的事迹为他们树立了一个行动的高标。这些环保人士的行为是在体现人性中的美好一面,也在昭示"人人为我,我为人人"的"天下为公"之理想可以部分得以落实。这对为了生计和个人利益忙碌的大众,正是一种良好的教育。而教育引导不是一蹴而就的,而是要反复和持久,用活生生的事实去感化大众,引导大众,让他们自觉地去追求高尚和由此带来的美好。

传媒反映的环保人士的道德楷模形象具有启发性。这使人们有了追随的典范,会促进他们培育环保道德从而有所改变之外,还会进一步推动环境保护主体"四权"(知情权、表达权、监督权、参与权)的落实。在现实中,对于普通民众而言,对表达和维护应有的权利缺少自觉性,更遑论什么积极性了。即使传媒多年来在持续普法,但对于民众而言实际进展还不够大,这在环境领域里尤其如此。

上文已经从几个方面论证了传媒与环保 NGO 合作的价值与意义。涉及两者合作达到一种基于共同价值观的组合,也是为知识分子提供一个追求高远理想的平台,让越来越多的知识分子、工人和农民等加入其中,这就是环保 NGO 以环境参与为突破口,让自己的行动逐步去促进环保问题的解决。民间参与环保领域的创造潜能是无穷无尽的,因为其中蕴藏着巨大的创新动力。如果大众得到启发和教育,崇尚真善美,那么再造秀美山川的目标就有希望实现,对于传媒而言更是丰富的报道资源。

① 陈亚兰,张婕,兰丽丽. 环保人士的类别及消费行为分析[J]. 现代商贸工业,2008(8).

第四章　中国环境保护传播的主体影响因素

如前所述，传媒的环境保护传播受到各种复杂因素的影响与制约，外部因素主要是权力因素与资本因素，以及环保 NGO 的影响，这些消极与积极因素的叠加都归之于外部制约力量，深刻地影响着环境新闻呈现的形态。它所体现的这样那样的问题都可以在其中找到解答，反映出受到既有体制与关系利益局限导致的各种问题。除此之外，还有内部的不可忽视的因素，同样更为频繁和多样地改变甚至扭曲着环境保护传播的走向，从而使得具体的不同的媒体表现出差异化的样态。在一个市场化、多元化、娱乐化、信息化的新媒体时代，环境报道及其信息传播为什么是这样而不是那样，都有各种各样的复杂因素在其中起作用，而主体影响因素就主要指向它自身。随着市场化进程推进，公众能感受到的是：大众传媒再也不是过去那种简单的信息提供者、思想启蒙者的崇高身份象征，它越来越具有实力，越来越具有独立色彩，也就是会按照自己的意愿行动，让人感觉它自己的意志有背离公共利益的趋向。传媒自身让环境保护传播呈现出这样的态势就是因为主体的各种因素起着牵制作用，主体因素应该包括传媒运作特质如公共服务与市场化、环境新闻报道倾向于什么样的价值观、接触和使用传媒的知识分子本身的表现如何，这三个方面构成了最为重要的主体影响因素。因此，分析环境保护传播进程中主要的因素如公益性与市场化的冲突、传媒消费主义泛滥以及知识分子公共伦理这三大机制发挥的突出作用，都是绕不开的非常重要的话题。

第一节　传媒公益性本质与市场化的矛盾

今天大多数媒体已经全面、普遍地走向了市场，不同程度地体现了商业化色彩。这就必然导致传媒公益性与市场化之间的矛盾和冲突，在价值取向与行为目标方面的不一致，成为颇受诟病的一个问题。基于传媒的公益性不断遭受削弱而现在社会亟需其公益性的现实，就有必要对传媒市场化过程中遇到的这一对矛盾做出分析，探寻内在的制约因素，以求解决对策。本节初步论及传媒公益性与市场化的冲突、传媒权贵化倾向问题，以及环境预警的市场化取向问题。

一、传媒公益性与市场化之间的冲突

大众传媒具有公益性质，这是公认的事实，但在市场价值取向下，大众传媒出现了分裂与背离，其公益性与市场化之间形成义与利的深刻矛盾。这在计划经济时代是从未有过的现象，而在进入市场体制之后，传媒的义、利冲突就从未停止过，迄今也没有很好地解决，成为一个难题。这就有必要分析传媒的公益性本质与市场化问题。

1. 传媒的公益性是一种先在的属性

传媒虽是阶级斗争的产物，也一度成为政党手中的工具，但它的本质属性是抹杀不了的。它向整个社会提供信息，它在提供信息的过程中应当基于公众的信息需求，满足知情权，尤其是当前公共问题增多之时，更显示出传媒公益性的本质特色。各行各业各类人群都忙于生计，但只要有人群的地方就会产生公共问题，实体性的承担者是各级政府，发出呼吁、警告者则是传媒。它的职责是守望社会，对环境进行监测，对公共问题作出揭露，引发舆论，引起社会对公共问题的注意，促进思考和行动。对于传媒而言，只要提出问题就够了，报道出来就已经履行了基本职责。在所报道的范围、对象方面，基本都是反映着自然与社会的变动，巨大的或琐细的变动大多数属于受众应知的范畴，虽然有一些事实不一定反映和代表着公共利益，但传媒报道的事实作为个案又有提醒、警示的意义。例如甲地发现的食品造假行为，对于其他地区就有着很好的警示作用；自然、社会的变动今天越来越与人们切身利益相关，因而其公益性就更为突出。以地区传媒对于交通问题的报道为例，堵车成为北京人最为关注的话题，对于政府的治理措施、市民声音等传媒大多作了反映，这对其他城市治堵是个很好的警示。

传媒的公益性还体现在它是群众利益、人民利益的代表者。传媒有一个传统职能是“上情下达，下情上达”[①]，让上下之间信息畅通，上面的政策精神贯彻

---

① 杨虎，春琼. 上情下达与下情上达——学习刘少奇新闻思想的一点体会[J]. 新闻界，1986(3).

下去没有问题，但下边的困难、呼声反映上来就不那么容易。主要在于底层的弱势群体很难掌握话语权，虽然他们的利益体现了公共利益。传媒的报道应当反映他们的利益，也就是维护大多数人的利益。弱势群体的呼声、要求虽然是他们自己当前的利益要求，但众人的集合仍然反映出基本的、正当的需要。但是各地的一些政绩工程、面子工程表面上虽在代表公共利益，实际上却是对公共利益的破坏，对自然生态的破坏。传媒对于这样的破坏予以反映也是对公共利益的维护，是对弱势群体的保护，体现出了公益性。显然，这就与逐利的市场化之间发生了矛盾。

2. 传媒市场化的逐利性对其本身的公益性产生了伤害

传媒市场化先是其被推向自负盈亏、自寻出路的竞争市场，而一旦走向市场，传媒就开始相互竞争以求利。传媒发展需要资本，市场化满足这种需要，但这并不容易迅速实现，而始终要在广告、发行量、收视率、多种经营等方面煞费苦心。这使传媒在日益庞大的开支逼迫下患上了资本饥渴症，需要更多的资金来补充，资本能够及时提供这种满足，这就让两者可以实现一种合作。但正是在这里产生了三种冲突：一是资本只顾求利不顾公益性，致使传媒减少了有关公益性内容的反映，让出时间、空间来体现资本进而也是体现自己的利益。二是传媒公益性很难带来直接的经济效益。例如，传媒对某一项环境风险的反映让记者下工夫去调查，耗费了大量成本最终发布出来获得的不是直接的广告等经济回报，大多是道义上的称颂。三是资本与传媒的相互合作会带来公益性遭破坏的后果。资本鼓动的传媒扩张了消费主义势力，引诱着过度消费的奢侈浪费，加剧着资源短缺，同时又加速着环境破坏，带来更多的污染毒害，这就加剧着对公益性的伤害。公益性是大众的公共利益，但传媒消费主义是对社会公平、正义的破坏。

3. 两者之间的冲突正体现出市场化占有强势地位的现状

传媒公益性正在退居边缘。我国传媒的管理体制是党领导下的有限商业化的体制，政治上不能出现差错，此外经营活动任由自主，但这给传媒带来了巨大的压力。传媒每天都要运行（因此有些日报节假日休刊数天以减轻经济压力），都需要成本消耗，这就需要资本。于是在经济收入成为传媒必须独立解决的压力下，它就很难集中精力一心一意把新闻内容做好，反而要考虑降低采访、刊播成本，让各部门多刊播广告，减少那些经济效益不大的、费力不讨好的报道，这就使公益性退居边缘。“自 90 年代以来，传媒内容一个显著退步就是好新闻减少，深度报道寥寥，舆论监督乏善可陈，新闻报道越来越琐碎化、空洞化、娱乐化。这是市场化占据强势的结果，反映出公益性萎缩的真实状况”[①]。显然，公益性敌不过商业性，由于其带不来直接经济效益而被边缘化。

二、传媒的权贵化倾向

传媒在过去的十多年中呈现了向权贵靠拢的趋向。走向市场之后，传媒商业色彩日益浓重，与社会中掌握公权力、财富的阶层交往变得频繁，也就从一个单纯的事业单位走向权贵行列，体现出一种浓重的权贵化倾向。这与自觉守护公共利益的距离变得更为遥远，也越发疏离了自身的公共责任。值得探讨的是：传媒的权贵化过程是如何发生发展的？其中的驱动机制有哪些？这种倾向的不良后果是什么？

1. 传媒权贵化的体现

这个问题分为两方面，一是传媒向权力靠拢的过程。我国的传媒与传播具有高度行政化色彩，进入市场后传媒的行政隶属关系并没有被触动，这就使它成为既有权力结构系统中的一部分，无法掩盖其权力运行的色彩。当自身不具备直接拥有的权力时，它会借助权力，寻求权力支持。这就需要主动向权力靠拢，获得资源。本来寻求权力资源是为了维护公共利益，但不受监督、暗中运行的权力寻租往往是为传媒自己谋取本位利益的，如寻求更多的报纸订户。当前，传媒对公权力抱着矛盾态度，一方面不希望权力干涉过多以获得更多自由，另一方面又渴望权力支持以获得更多独家资源。

二是传媒向资本的靠拢。如前所述，一旦要独立经营，自谋生路，传媒也就走上了一条对资本无限渴求的道路。传媒需要资本支持，大量的成本要承担，成为传媒经营者颇为头疼的问题，寻求财源成为大家共同的选择。广告成为传媒普遍依赖的对象，而广告主成为传媒的最重要客户，往往不敢得罪。在被推向市场之后，传媒的自主创收经历了两个阶段：一是单纯依赖广告，二是广告与多种经营并存。传媒青睐广告是因为传媒对它投资少、成本低、见效快，而其他多种经营则不容易，风险太大带来了许多问题。

因此，传媒权贵化过程是它自身受到公权力和资本的压制与引诱的双重外

① 潘忠党. 传媒的公共性与中国传媒改革的再起步[J]. 传播与社会学刊，2007(6).

力推动，从不自主转变为积极主动的一个过程。它需要两者的支持从而获得利益，也就不断地向对方靠拢。在这个过程中，传媒实力也得以壮大，成为社会中重要的集团。传媒不断朝着这个方向发展而远离公益性，其内在的驱动力值得反思。

2. 传媒权贵化的驱动机制

处于市场中的传媒一个普遍明智的选择是：趋利避害。前已论述，传媒在权力系统中既要避免权力伤害，又要依赖权力庇护。既然顺从权力意志会降低风险、得到好处，那还为何要对它加以抵制呢？尽管这样会伤及公益性，远离了下层群众利益，但后者对传媒的直接利益影响不大。“对于广告所代表的资本，传媒更是从中尝到了甜头，广告的增多意味着滚滚财源，让传媒求之不得，反之对涉及的广告违法违德行为批评、纠正就会失去一份财源，极端情况可能惹上官司”①，同时自己不要的别人还会争抢，劣币驱逐良币的效应又出现了。所以根据以上分析，“趋利避害”的理性选择成为传媒最重要的驱动机制。

3. 传媒权贵化倾向导致的不良后果

传媒不断的、相互感染的趋利避害选择使其自身获得了越来越多的好处，也不断地壮大着自身，成为社会中的实力阶层。但同时，这也意味着不断放弃社会责任，放任公共问题不断增多的后果。地方公权力与资本都有各自的利益诉求，它们都不愿受到外在制约，传媒就是一支独特的制约力量。现实社会中令人不安的是，不论公权力还是资本都有扩张的趋势，导致的是公共利益不仅少有自觉维护，而且还遭受着严重的损害。但传媒又处于公权力控制之下与资本的束缚之中，慢慢朝着自利方向发展，获利的同时也就疏离着公共利益。一方面，传媒反映政绩工程、劳民伤财、推高污染的诸多问题存在困难和阻力；另一方面，“受资本操纵，宣扬消费主义，对资本破坏环境生态的问题也很难做出揭露，也就只能是事后做出反映，资本造成的问题只有到了出现明显危害才去有限报道”②，这已经是马后炮。这两种遮蔽是普遍存在的，传媒不断的遮蔽伤害着公众的知情权。

三、风险预警的市场化取向

传媒报道新闻是其职责，但进入市场之后传媒有将新闻商品化的倾向。事

① 孙英春. 大众文化：全球传播的范式[M]. 北京：中国传媒大学出版社，2005：126.
② 戴安良. 论中国第二次社会转型期公共领域再建构[J]. 理论探讨，2005(3).

实上，传媒可以将新闻作出符合市场交换原则的处理。新闻更需要商品价值的支撑，来满足受众需要，换取注意力，由此得到广告的传播，培育消费者。新闻可以作为具有商品价值的信息，尤其是符合新闻价值的信息。

1. 传媒越来越商品化，其新闻内容被纳入到新闻的商品化处理模式之中

传媒的运作，总是考虑即时的投入与迅速的市场回报，以求得收益。除了完成政治任务之外，传媒主要倾向于商品化运作，广告经营是如此，发行收视是如此，多种经营也是如此，都在围绕增加收入而动脑筋、想办法，所以有人认为今天的传媒越来越像一个企业是很有道理的。如今传媒普遍对广告依存度高，达到80%左右，多种经营的创收还不够理想，有些媒体直接从事房地产开发、资产上市（借壳进入股市）而赚了一些钱，但这不占大头，“传媒经营主要是将新闻报道与广告捆绑在一起，以新闻内容招徕受众，进而以广告刊播将他们变为了消费者，去购买广告商品，为广告主带来收益”①。这就是说，新闻内容只不过作为商品促销的点缀，商品隐藏于新闻之后，让新闻先行吸引受众的关注，随之再推出广告获取注意。

2. 新闻的商品化运作

新闻不是原来意义上仅仅提供公益性信息，而是逐渐向可视性、可售性商品转变。新闻要吸引人，还包括非新闻内容能够吸引眼球，才会有卖点让受众乐意看和听；好看、好听主要从受众角度来评价，受众成为传媒内容优劣高下的评价者，这显然有一定道理。过去的新闻传播的确存在着一种不看对象、不考虑受众需要和感受的单向传播倾向，受到了受众的反感与厌弃。“进入市场之后，传媒已经认识到满足受众的重要性，在朝着受众需求方向前进，投受众之所好成为传媒共识，一次又一次的内容改革成为传媒的共同选择。”②这是商品化、市场化带来的动力与变革，但是它的负面影响也在暴露：一是迎合受众，出现了媚俗、低俗、恶俗的风气，传播内容娱乐化、暴力倾向明显，造成道德伦理水平的下滑。二是追求轰动效应，以更多的冲突、事故、灾难、不幸为看点，以此吸引着受众。传媒越来越关注意外、反常、怪异的突发事件，这一方面是合理的满足知情的需要，另一方面却是放大、渲染了感官刺激。三是导致受众思考能力降低的后果。大量的刺激感官的新闻，让受众沉溺其中，逐渐丧失应有的深刻批判功能，包括警惕性、反思性、全局性等思维品质。传媒在新闻等内容传播方面按照商品化的逻

① 杨魁，董雅丽. 消费文化——从现代到后现代[M]. 北京：中国社会科学出版社，2003：272.
② 傅永军. 传媒、公共领域与公众舆论[J]. 现代视听，2006(1).

辑运作，将满足受众需要与赚取注意结合起来，同时又显示出商品化的驱动力。例如，湖南卫视2005年《超级女声》的商业成功，2010年江苏卫视《非诚勿扰》的节目走红，都市报如《南方都市报》、《成都商报》、《华商报》等赚取名气等。但是在各方包括传媒、受众、广告商、参与者都有收益可谓皆大欢喜的背景下，是否就没有受损害、遭破坏的牺牲品？在一场场喧嚣过去，人们终于发现传统的道德、伦理、文化、生态、自然等隐性、长久的东西遭到破坏，由于它们不能自我主张、自我保护，就处于一个被破坏又被遗忘的境地，过后才发现有价值的东西被毁灭了。但是传媒又在制造新的热点，继续迎合受众朝着感官满足的方向发展，以文化的牺牲、生态的破坏换来经营收入。

3. 传媒对于环境预警的市场化运作已经无法遏止

在有些传媒人看来，只要能引起轰动的新闻就是好新闻，它提升了媒体的知名度。注意力是一种稀缺资源，因此也是传媒都争夺的资源。这种资源意味着很多的经济回报。但知名度还有正负之分，有些媒体靠着深度报道、舆论监督、惩恶扬善而增强了公信力，有些则是走歪门邪道，靠“星、腥、性”以及刺激性的冲突来提高知名度；还有的有意引发争论，让舆论争锋显示媒体的独特。事实证明，媒体只有靠坚持“以科学的理论武装人，以正确的舆论引导人，以高尚的精神塑造人，以优秀的作品鼓舞人”才是正道。近年来，在环境生态领域的事件屡屡为传媒所报道，就是以冲突形式加以反映的。我们首先承认这是应当传播的，满足了受众的知情权，但又需要说明，报道环境、生态领域的人为冲突要经得起时间检验，要真实、全面、客观、公正地反映事实，而非有意突出一点，大肆炒作，而将本质的东西丢弃于一旁。

例如2007年电影《无极》拍摄破坏云南天池事件即是如此。由于著名导演和电影因素使事件显得格外引人注目，一家媒体报道出来之后就被众多媒体包括网络转载，又引起舆论的关注，让导演一时成为众矢之的。但是在事件的发展中大家逐渐偏离了环保议题，只是关注导演致歉后果是怎样的，至于有没有其他景区也受到环境破坏等需要传媒反映的问题，就很少看到，环境并非事件的焦点，只是一个借口。类似问题也在强征土地、暴力拆迁、城市拥堵、抗拒垃圾项目等事件中反映出来，环境生态被忽视遮蔽。在众多引起轰动的事件中，新闻的关键词是“血案”、“人命”、“惨相”等，几乎不涉及同样受伤害、遭毁灭的生物及生态自然。虽然新闻报道应以人为本，关心人，尊重人，但一以贯之的绝对化处理也不利于培养应有的对自然的敬畏，对生命的怜恤。

对此传媒难以摆脱商业化运作模式。利用冲突推出一个热点，又很快放弃再追逐下一个热点，每一个热点的运作只要达到了吸引注意引发舆论的目的就算完成，不能深入，难以持久，让受众更多地接受冲突刺激而无暇去思考深层的东西，也对本应具有的环境生态认识浮于表面，甚至对环境风险表现冷漠，只出于理性自保而难以自觉主动维护公共利益。2011 年 12 月以来，以北京为代表的大城市雾霾天气明显增多，公众多次批评。邓海建在《是不是该“抗雾救灾”了？》一文中写道：“笼罩京城的大雾天气再次加码，东南部地区能见度甚至不足 200 米，达到浓雾级别，空气质量也严重超标，个别地区甚至达到中度重污染。受部分地区大雾和空气质量下降影响，口罩开始热卖。12 月 14 日，淘宝网卖出 3 万多只口罩，比起前两周，平均销量增加了 3 倍，其中有 2 万多只被北京地区用户买走。”[①]受空气污染影响，很多人只是选择买口罩以消极自保，媒体也是乐见这种看似好玩的事情，没有更深一步的引导。

根据以上分析，将环境风险作为商品处理有一定根据。它将隐含了冲突的风险作为卖点展示，换来了传媒的经济利益。在这个过程中，传媒是要冒一定风险的，即可能会得罪地方政府以及直接的责任企业。但是在信息公开与自媒体推动下，传媒有条件地进行了对风险展示的双重操作：一方面是为公共利益问题批评责任人，另一方面又吸引了众多的受众关心关注，对富有刺激性的场面充满了好奇之心。这样揭示冲突是在满足公众知情权，但关键在于传媒是否醉翁之意不在酒？会不会将冲突只作为一个过渡，真正的目的只是换取注意力资源，再由此获得广告份额？冲突背后的深层问题有没有被简化、过滤以致扭曲呢？这在近几年的垃圾处理项目开工的冲突事件中表现得最为典型。2006 年北京六里屯垃圾厂扩建引发附近居民抗议，此后类似反对连绵不绝，包括厦门 PX 化工事件，直到 2010 年江苏吴江、广东番禺、2012 年秦皇岛等地都发生了媒体高度关注的居民抗议垃圾处理项目的事件，一时媒体间纷纷转载、评论，形成了巨大的舆论声势。值得注意的是，传媒报道引导的方向是居民对家门口安宁、清洁的诉求，是“避邻效应”，而对于“垃圾围城”、“垃圾分类”、“节能低碳”等环保框架弃之不顾。而究其实质，由于居民对环保有意识无行动，每日生产了大量垃圾才导致浪费资源、污染环境的局面不可收拾。这正是在美国普遍的“避邻效应”，即把垃圾、污染从家门口赶走，而去哪里自己是不管的。居民的这种反应、行动既

① 邓海建. 是不是该“抗雾救灾”了？[N]. 中国青年报，2011 - 12 - 07.

是自保的理性人体现,又是受媒体对相关事件报道框架的影响所致。媒体对于环境风险需要的是冲突,是对立,而环境的破坏、隐性的风险很难具备吸引力。再如拆迁事件中人的暴力冲突最引人注目,但房屋毁坏,变成建筑垃圾被运往农村占用土地、污染环境就不再引人关注,因为它们虽然有害,但不具备冲突要素,缺乏看点,故不被传媒和受众所关注。人的命运需要关注,但受伤害的建筑也同样应予以照应,它们被拆毁之后变为建筑垃圾带来的危害更为长久和广泛,还超出了人的自然寿命;同时因对建筑的破坏还带动了资源能源的消耗,还驱动了新的资源的开发开采。这一系列的操作带来多重的环境风险:环境、生态、资源、能源等,危害是多方面的,又是长期的。但由于传媒不予揭示,因而也就很难被受众所意识到,也被不断地遮蔽。

总之,环境风险被传媒所反映,这是一个不断选择和市场化的过程。环境风险是工业化的产物,又是导致社会整体受害的表征。当环境风险在局部形成危害事实之际,传媒也从不允许报道转向有条件地反映,从信息告知满足知情权转向了掺杂私利的市场化运作,不仅仅是无事故不新闻,而且最重要的是冲突、危害产生新闻。但这是环境风险已经发展到严重程度才发生的现象。传媒反映是滞后的,又掺杂了商品化因素,也即以冲突、对抗为吸引眼球的做法引来受众关注;从而有利于发行量、收视率。这样新闻也就不仅仅是新闻,而是成为吸引受众、让他们成为消费者的一个承载对象。表面看来,新闻只是信息,但实际上已变成对广告商、传媒有用的一个招牌,吸引了受众关注也就达到了目的,至于新闻的后续报道、问题的处理以及深层原因的揭示都因商品化原则而变得不再重要。环境风险由此在客观上继续发展,又为传媒提供着素材。

第二节 传媒消费主义引诱的奢侈浪费

一、挥霍浪费成为一种流行观念

目前中国上上下下的浪费之风日趋严重,对此严重态势国家领导人不得不批示:浪费之风务必狠刹[①]。自 20 世纪 80 年代膨胀起来的挥霍浪费之风延伸

① 隋笑飞,赵仁伟,李铮,许晓青.习近平批示:浪费之风务必狠刹[N].新华社,2013-01-28.

到21世纪初的10多年已经被城乡普遍奉行为一种价值观念。东西南北、从城到乡无处不浪费。浪费的程度不同、形式各异，过去传统的挥霍已经不能与之相比了。这既是物质生活水平提高之后的结果，也是大众传媒鼓吹、引诱的结局，让传媒受众变成了消费者，展开了无止无休的消费竞赛。这个竞赛背后的推动力，却是西方传播的消费主义、享乐主义与中国人固有的虚荣、面子等观念驱使。因此，需要反思这几个问题：一是中国从勤俭节约走向奢侈浪费的舆论转型，二是浪费如何成为一种义务，三是浪费背后的面子与虚荣观念驱动。

1. 中国社会转型带来的奢侈浪费在取代勤俭节约的传统价值观

勤俭节约、量入为出、精打细算是中国的传统文化，凝聚为一种价值观念：俭以养德。它作为古训世代流传，塑造了世界最为先进文明的天人合一的消费模式。那些大手大脚、寅吃卯粮者被贬斥为败家子，“遍览前贤国与家，成由勤俭败由奢”的古训代代流传，延及子孙后世。勤俭节约作为一种生活方式流传，是与当时不发达的生产力以及落后的小农经济条件下物质匮乏相适应的，也就是说人们不得不精打细算过日子，家有余粮，心中不慌，是符合实际的做法。自从20世纪80年代以来，我国物质匮乏的局面逐步缓解，到90年代之后，很多人摆脱了生存的压力与烦恼，过上了温饱舒心的日子。如果消费仅仅停留在这种衣食足而知荣辱的层次上面，社会生活会比较稳定，安居乐业使人知足。但是工农业生产尤其是消费品生产数量还在增加，商品花样不断翻新，人们的消费还要继续跟进。不断地消费，不断地扔弃，不断地更换才能跟得上时代步伐，才能满足生产者和传媒不断盈利的需要。对于消费者而言，在传统价值还处于稳固地位的时候，他们认为，够吃够用也就满足了，不要再追求新奇时髦，以免不必要的浪费；但是商品持续涌来，在各类商品市场上会看到令人眼花缭乱、目不暇接的货物，加之各种各样的传媒广告诱惑着人们。浪费伴随享受成为一种无休止的追求。“由俭入奢易，由奢入俭难”，过去简朴的生活只能存留于记忆之中，现实生活中勤俭节约者成为落后、保守、过时的象征，受到社会的鄙弃。这样一种风气已经形成，就在无形中消解了勤俭节约、俭以养德的传统。

奢侈浪费有多种表现方式。首先是有形浪费。各种物质材料的挥霍，造成其价值不得实现。在饮食方面，大摆筵席，“太多的米饭、馒头、糕点等都在不得食用后被扔掉，或者当作垃圾填埋，或者焚烧处理。这些食物经过了众多的工序加工，消耗掉太多的能源，来到餐桌之后没有发挥作用就成为垃圾。一旦成为垃圾被填埋或焚烧之后又产生有毒有害物质"[①]。食物一方面这样被糟蹋，另一方面又有很多人吃不饱，还在为温饱奋斗挣扎，这是一种损不足以奉有余的巨大浪费。其次是无形浪费。人力资源闲置、不珍惜时间与工作效率低下等比比皆是。

生活中的各种消费都出现了与传统的综合利用背道而驰的废弃现象。以农村家庭为例，现在大部分家庭的消费物只有扔弃而不再有循环利用。做饭使用气与电，舍弃了秸秆，秸秆还田或作沼气原料是环保的，但目前秸秆多是在田间焚烧，危害极大；家庭不再饲养家畜猪、羊甚至鸡、鸭，一是嫌麻烦不赚钱，二是农民住进楼房而无法再饲养家畜。代步与运输工具不再是人力驱动而是机动车；使用盛装的器具不再是篮子、布袋、草筐、竹器等，而是塑料袋、编织袋等塑料制品。此外垃圾不再能沤肥，而是直接扔弃在房前屋后或路边，垃圾乱扔乱倒成为普遍现象。由于垃圾增多，导致乡村居住区环境劣化。

但是在 20 世纪 80 年代农村并非这样的混乱与肮脏，家庭做到了废弃物的循环利用、综合利用。一是饲养家畜，消化了从田间路边运回的秸秆、草、叶，还使餐桌饭锅的剩余物有了去处。家畜吞食之后的剩余与排泄物又可作为沤肥原料还田成为有机肥。家庭所用的盛装物多为菜篮、布袋、尼龙袋、草绳、网兜等重复使用或可降解之物。家庭的剩余物如衣物可重复利用：一是拆解再作他用，如烂衣服剪成碎片做布鞋、棉鞋、毛窝等；二是将旧衣物鞋子送人；三是卖掉又作他用。此外家庭不可降解之物如铁器、玻璃、瓷器类物品都可出售给废品收购站再加工利用。还有纸张、木制品、绳子、树枝等都会综合利用，发挥出最大效用，几乎不产生浪费。这样一来，农村家庭从生活到生产都做到了综合利用。田地里庄稼成熟后秸秆几乎都运回家里，粮食更是努力捡拾归仓；同时，割草、放羊、清扫落叶喂羊或烧火，几乎把有用的东西都带回家再利用。农村的物品综合利用，实现良性循环，符合天人合一的古训，这种良性循环与自然相协调的运作颇有科学性与合理性。然而这种综合利用进入 90 年代就遭到破坏，一次性消费带来大量废弃，奢侈浪费导致污染，一发而不可收。与日俱增的废弃使乡村环境遭受破坏，产生了不可逆的后果，农民健康受损表现如癌症的增多，环境破坏物迅速泛滥。

---

① 李畅. 我国粮食浪费每年白种 2 亿亩　浪费总量超 700 亿斤[N]. 京华时报，2013－02－18.

表 4-1：20 世纪 80 年代北方农村家庭的循环利用

物　品	剩余饭菜、泔水	青草、秸秆	人畜排泄物	布料衣物
用　途	饲养家畜	喂家畜、烧柴	沤肥还田	缝补拆用

第一个破坏因素就是塑料袋与包装物大量涌入。塑料袋携带与盛装的方便受到了广泛欢迎，而且免费使用，使人们感到莫大的便利，因为免费也就不再珍惜，随用随弃。也有一些农民最初尝试重复使用，但塑料袋来如潮涌完全无法消化，再者重复利用麻烦，且被人笑话，于是不得不放弃这种节约，从此塑料袋就越发泛滥无人珍惜。塑料袋使用范围也从最初的装菜，发展到盛装衣物、饭菜、药品等，以及各类生活用品与非生活用品；加上商品过度包装的泛滥，使更多的塑料袋涌入家庭之中无法处理。因为它不仅不肥田，还破坏土壤结构与肥力，农民都将其扔弃一旁。大量的塑料制品只有被废弃在路边、沟里、河中，农村“垃圾靠风刮，污水靠蒸发”成为普遍现象。

第二个破坏来自物质良性循环链条的断裂。农民虽然与土地有天然的联系与感情，但种田赔钱、养殖亏本让他们难以承受。作为各种成本转嫁的最底层的劳动者，农民也不能忍受持续赔钱的经营。于是什么赚钱就干什么，过去饲养猪羊，养一两头猪每天需喂养三四顿食，土杂肥的长期培育与田间运送，不仅劳动量大，而且苦累脏臭，90 年代就被农民逐渐放弃。一旦这一链条断裂，整个循环利用的过程就失去了关键一环而完全被破坏：家庭垃圾不能沤肥，就只有倾倒在外，发生腐烂与恶臭招引蚊蝇带来疾病。农民不做赔钱事就怎么方便怎么来，把过去那种循环利用的链条给斩断了，其他表现还包括田间秸秆不再运送到家堆垛利用而是废弃和直接焚烧，土杂肥被大量的化肥、农药取代。

2. 浪费成为一种强制性义务

对于传统中国人而言，节约是一种美德，一种自觉遵守的行为规范与价值观念，“但是在消费主义诱导下，浪费取代了节约，而且让人感觉到浪费已经成为欲罢不能的义务，强制性的要求服从，并愈陷愈深”[①]。需要分析的是传媒所鼓吹的一次性消费问题。自 90 年代以来，塑料袋成为用量最大的一次性消费品，使用毫无节制，其次是筷子与各类商品包装，酒店宾馆等住所的四小：小牙膏、小肥皂、小洗头膏、小梳子，以及一次性拖鞋等都成为用过即扔的消费品，浪费惊

① ［德］马尔库塞著，刘继译. 单向度的人［M］. 上海：上海译文出版社，2011：127.

人，但很少有人对此提出反对；“用过即扔”成为一种时尚，人们逐渐习以为常，不以为怪。同时，人们前往各类购物场所已经固化为一种朝圣仪式，频繁前去朝拜，人影憧憧中已隐藏着对商品拜物教的顺从。当付出时间、掏出金钱带回认可的商品时就会暂时得到愉悦和满足，精神的快乐能够维持一时片刻，但是很快又不能感受到满足，必须再去购物，再一次获得需要的（虚假）满足。很多情况下，作为消费者的人们并不知道自己真实的需要与虚假的需要之间的界限，只是在购物中逐渐积累培养出一种感觉，必须不停地购买，方能平息焦虑感，但是一旦拥有之后不久新的焦虑感又会产生。这样的反反复复的过程就成为一种无形的强制，驱使人们不断地进行这样重复的行为，精神的满足降低为物欲的满足。人们并不是为自己的自由、快乐活着，而是为了物质或是商品活着，被后者所束缚住了。商品通过传媒不断地进行诱导，使得人们根本无从辨别自己是否需要，只能跟着广告和传媒走，然后进行着一轮又一轮的消费竞赛。这样花费了大量的金钱，买回越来越多自己本不需要的东西，却又在增加的焦虑中难以控制自己，成为广告与传媒支配的被动消费的客体，完成着前者安排的义务。

3. 消费背后的面子等虚荣扩张问题

浪费在当今中国遍及城乡，已经让人们习以为常。探究其背后的驱动力，除了资本所推动的广告、支配的传媒之外，还有消费者的面子、等级、尊贵等方面的虚荣驱使。虚荣又和舆论有关。有如下问题需要探讨：一是传媒广告有意激发面子、等级虚荣，二是中国人传统的好面子、讲排场的文化症候。

（1）关于传媒广告激发的虚荣问题。

自从80年代以来，传媒就成为受众身份尊卑高下的评判者，是他们幸福、快乐以及荣辱的裁定者。当传媒宣扬“万元户”时，激起众多奋起直追的劳动者也欲获此殊荣，以得到周围、社会的尊崇。同时，传媒不断推出富人形象，让人心向往之，以此为膜拜和模仿对象。不仅如此，传媒广告还不停地渲染所谓富贵典雅生活，以各种奢华的场景、消费确证一种高贵、尊崇地位，以名人效应来扩散影响，让不正当变成了正当，以消费主义取向驱逐了俭以养德的传统，树立起消费就是光荣的价值观，让消费者顶礼膜拜。当然，消费等于浪费成为自觉选择还经历了一个过程，这要靠传媒广告的喋喋不休、经年累月、千万次的重复让消费者在无处可逃中接受广告劝服，去购买它所推荐的商品，更重要的是广告制造出来的需要成为消费者信以为真的需要。广告将商品的消费功能成功地嵌入了面子、等级等价值符号，强加于消费者认知之中。

(2) 中国人传统的好面子、讲排场的文化症候。

这应该是心理学、文化学等学科关注的一个传统问题，在今天为害愈烈。“死要面子活受罪”的中国人被裹挟于其中，无法挣脱，既以挥霍浪费的排场为荣，又在内心里深以为苦，有苦难言，硬是“打肿脸充胖子”。好面子、讲排场带来了无穷无尽、不计其数的浪费。城乡家庭对婚丧嫁娶方面花费是格外阔绰大方的，唯恐落人闲话，举债操办红白喜事的大有人在，此后在巨大债务压力下喘不过气来；不少人还为结婚买房、盖房花费巨额费用痛苦地挣扎，就是为了面子。这以农村建房最为典型：结婚必须盖新房，90年代砖瓦房，21世纪则为楼房，理由是“现在都兴这样”，然而青壮年基本外出打工挣钱造成新房闲置。尽管人人都知道盖楼等于浪费，但是奢靡之风仍然不止，仍然不断追风看涨。农村盖一幢二层楼房外加院墙与屋内装修花费接近20万元甚至更多，沉重负担逼迫青年外出拼命赚钱。农民会说：形势就是这样，咱们没办法，但同时又被动或主动攀比，亿万家庭承受无尽的负担，加重了他们的挫折感。在城市流行的是买房，房价要高于农村三五倍甚至更多，对于青年人以及背后的家庭又是一个沉重的负担，除此之外的买车、装修、吃用等等都在相互攀比，相互讲排场、爱虚荣。城市人群在工作之余的闲暇中也在处处以消费显示自己的高贵，于是穿戴上面日益讲究，吃喝出行铺张挥霍，房子越住越大，装修日益豪华，心灵更为空虚，只好继续靠攀比求得满足。物质的奢华消费与面子、等级紧密地捆绑在一起，这就从消费方面把人分为高低贵贱。

传媒还迎合中国人的好面子，加快了浪费的步伐。中国人喜欢以铺张排场显示面子、等级，传媒素以浩大的声势来营造喜庆场面，这在节假日充分地展现出来。以电视为例，“它能够将政府的、企业的、家庭的、单位的、个人的极尽奢华反映在屏幕上，表达的主题却是富足安乐、欢乐祥和、五谷丰登、国泰民安等等”[①]。这里就有值得分析的两个浪费主体：政府与百姓的铺张由传媒加以扩散。

(3) 政府的面子工程。

“俭以养德”美好传统遭破坏之后导致价值观的混乱。舆论不支持无价值的挥霍，但消极的心理、无力的行动使国人只能随风而动，不主动去抵制，不以个体之力移风易俗。随波逐流的消费虽然得到一时风光，却无助于自身经济实力的增强与环境资源的保护，并且由此带来精神与经济的负担，“人活一张脸”这种人

① 邹媛媛.盛世中国　和谐社会——央视“春晚”主题内容浅论[J].黔南民族师范学院学报，2009(4).

前要面子暗中活受罪的心理并没有得到切实的变革与改进。不再是“小富即安”，而是有了钱就要炫耀，“富贵不归故乡，如锦衣夜行，谁知之者！”夸耀于人的表现就是以浪费式消费要面子，装饰和身份标识不断得以强化，地位等级由此彰显。但是当人人不甘落伍之际，商品的更新换代就在加快，根本未发挥尽它的价值就被弃之不用，“这造成了双重浪费：一是不重视实用功能的浪费，如房屋闲置豪华装修等，让更多的资源消耗于其中；二是商品在炫耀攀比的竞争中不断升级与淘汰，加速了物质的浪费，但几乎很少被精密计算”①。这样的浪费一旦形成风气，就被普遍接受，在颠覆勤俭节约传统的同时，也使资源浪费不断加快。

二、“浪费等于污染”的社会逻辑

以上从社会表现方面以及传统心理角度分析了挥霍浪费演变为一种普世价值的过程，同时也揭示了浪费带来的污染问题。基于这些分析提出一个新观点：浪费等于污染。这是当代社会生活消费品不能有效转化和循环利用带来的消耗加重的污染后果。浪费已经是这个社会中遍及城乡的现象，把几乎所有具备现代化消费能力的人都裹挟其中，但在浪费之后难以处理转化，由此带来的是人们自身面临的污染加重危机。需要分析的核心是这几个问题：浪费是如何造成污染的？这种问题对传统文化带来哪些影响？

1. 浪费是如何造成污染的？

浪费成为今天的普遍社会现象，传媒与资本（广告主）促动的浪费变本加厉，消费者、传媒、资本却都共同不对浪费后果负责任，当然会使污染变得严重起来。浪费要从工业、生活两个层面来作分析。工业方面的浪费占了最大比例，如果从产生废水、废渣、废气（三废）等有毒有害的后果倒推的话，工业生产中的浪费数量惊人。按照周恩来总理的远见卓识：世界上没有完全无用的东西，对工业“三废”要善于综合利用，“化害为利，变废为宝”②。但是自 90 年代以来遍地而生的工厂企业对于排污中的综合利用普遍缺乏积极主动，不仅视之为累赘，而且肆意排污行为有增无减，酿成了日重一日的环境危机。在工业生产中造成污染的情况是比较容易理解的，传媒也不断地予以曝光，例如小造纸厂生产中因使用烧碱

① 史银娟，张忠潮.“一次性消费品”消费文化的功能分析[J].人民论坛，2012(12).

② 刘春秀.周恩来对环境保护工作的重大贡献[A]//新中国 60 年研究文集[C].北京：中央文献出版社，2009：102.

等化工原料在磨浆过程中产生了大量废液不直接处理就排出对环境造成污染。在几乎所有的工业生产中都会产生不同程度的废弃物，生产者主观认为回收利用成本太高，添置污染物处理设备代价太大，产生的“三废”无法找到对应的接受对象(大多数“三废”应该作为其他企业的生产原料或能源，但没有一个工业园实现如此良性衔接)，都导致企业对生产中的环保问题持消极态度。

目前，各地市、县的工业园区已经显示出固定的工业布局，但在“三废”处理的衔接方面就做得远远不够，不少企业只是距离城区远了，城区居民很少直接看到和感触到企业污染物威胁，但郊区和农村却受到了毒害。这从经济学角度反映出企业作为“理性人”的自利行为，由此企业生产中的浪费产生着污染，更是催生着“外部负效应”。这样的问题近年来虽有法律作出调控，但是问题在于国内盘根错节的权力之网会竭力维护一己之私而以邻为壑，只为自己的政绩着想，不仅放任了生产中的浪费，纵容着污染，而且漠视着污染的积累，致使无处不在的污染把城乡美好的环境破坏得非常严重。还有外企浪费、污染的长期性、隐蔽性同样不容忽视。外企在中国的生产专业性、保密性强，外人很难了解。北京公众与环境研究中心主任马军等人经过数年的艰苦调查，终于对一些污染企业亮起了红牌。外企的转嫁污染行为在今天不仅未见收敛，反而更加猖獗。对于工业生产中的浪费导致的污染，不仅要有法律的惩治，使其不敢肆意排污，而且要引导其从综合利用的角度开展“变废为宝”的技改行动。

除了工业生产的浪费污染之外，生活领域的浪费与污染后果也更为突出。这些方面因其琐碎细小、慢性积累未能引起传媒关注，也就任其泛滥和发展。大众生活中趋于极端的漫无节制、随心所欲浪费行为，主要体现在以下七个方面，传媒对此没有细致、深入的揭露批判，值得反思。

(1) 饮食中的能源资源的消耗与供应。

在20世纪八九十年代，有媒体对大学生浪费粮食作报道：白花花的大米饭吃两口就扔，菜肴动几下就倒，产生了大量的剩饭剩菜，那个年代饭菜浪费了去喂牲畜，是一种物的贬值，但在今天很多食物直接被当作垃圾扔弃，最终的去向是垃圾场，又变成污染物存在于自然中，这是几重恶果呢？而且除此之外还有一笔账不能不算：每一点食物的生产、加工到转化都是一个复杂的过程，而不是随意的不付出代价的。在今天一碗米饭弃之不食，在其加工完成应食用之际竟当作垃圾扔弃，要浪费多少资源能源？首先作为种子播种过程中消耗外在资源能源，在生长中需要化肥、农药、水分与营养，到了成熟收割之际又要消耗资源，再到晒干、储藏以及运输、购买到使用、加水蒸煮，最后变成可食用的米饭，有10道左右的工序环节，每一个环节都需要资源能源作为支撑，但是不被人食用而是作为垃圾处理产生毒害，而并不作为肥料发挥作用，其反向危害会有多大很难量化计算。近年来，奢侈浪费之风表现在食物方面比较突出：一是公款吃喝、大摆筵席、酒席应酬造成的食物的巨大浪费；二是食物的过度包装，如天价月饼、豪华粽子；三是不吃少吃的食物随手扔弃成为垃圾；四是食物的精加工，以及酿酒等工业转化中的巨大浪费。

(2) 衣物、鞋帽、饰物消费方面的浪费也在推动着污染的加剧。

小农时代的衣物主要有遮羞、御寒等实用价值，虽然王公贵族能够以华衣丽服显示地位身份，但社会中占主流的还是衣服的实用功能。然而自90年代以来情况已经急剧变化：衣服的实用功能渐退到次要位置，其身份、炫耀等功能占据主流。消费大众购买衣物、饰品更多是为了提高身价、维护面子，甚至虚荣。这类外在消费品不再是伴随数年，而是不顺眼就扔掉再买。但很少有人考虑其背后的碳排放、资源消耗与环境破坏问题。

(3) 出行方面的炫耀式、攀比式浪费。

出行所依赖的交通工具随着技术进步而越发远离了“天人合一”和精打细算。80年代自行车成为中国城乡最普及的交通工具，而自90年代起，汽车开始进入家庭，到21世纪初，汽车已经在城乡家庭普及，成为逐渐取代自行车的主要交通工具。这是一个进步，但同时也是传媒消费主义引诱消费的结果。汽车进入家庭使人们以车代步，但是其间的浪费每时每刻都以乘数效应体现出来，传媒新闻中没有为此算账。经济账作为有车家庭一笔不菲开支之外，生态账(最终也会体现为经济账)为大多数人包括传媒所忽视。这些包括环境污染、资源与能源消耗浪费、疾病产生等危害后果。汽车开动中持续产生环境污染，除了石油燃烧散发热量、促成热岛效应之外，还有严重的尾气排放后果。从社会学角度看，汽车已经造成严重的社会问题，交通堵塞和汽车猛增之间的矛盾冲突越发普遍，出行者彼此的矛盾激化，这就恶化了人际关系，已经不仅仅是物质浪费的问题了。在有车方便、有面子的背后是巨大的环境能源资源代价，举国为之承受由此带来的危害后果(2013年1月中旬全国超过三分之一的地区持续雾霾天气，造成极为严重的健康危害，其中汽车尾气所占污染比例最大①)。但在传媒引导方面，始终提倡汽车消费，虽然对

① 黄冬梅. 雾霾天气持续 中央气象台继续发布黄色预警[N]. 中国气象报，2013-01-14.

于汽车带来的问题也作出反映：交通堵塞与治堵、交通事故、雾霾以及纠纷等，但对于表面的事故、冲突报道太多，不从资源节约的角度去探寻对策仍是舍本逐末。

（4）居住方面的浪费也呈迅猛发展态势。

从"居者有其屋"到住大房、别墅，其间的变化时间极为短暂。中国人在建筑方面最舍得花血本，不论农民还是市民，将生存中本应具有的常态目标当做念念不忘并津津乐道的话题。30多年来城乡住房从草房、瓦房土墙跃进到楼房；城市中两三层以及五层楼房被毁掉建起十几层高楼。城乡到处出现楼房成为稀松平常的现象，但是其中的浪费谁去作过统计？传媒很少关注房子拆毁之后再造楼房及楼房拆迁后又盖高楼的过程中会形成多少浪费污染。一是材料浪费，建筑材料都是生产加工之后的成品，都应有一个使用寿命与服务年限，但是房屋建了很短的时间就拆掉显然是巨大浪费。国家住建部副部长仇保兴也无奈地承认：中国的建筑是世界上寿命最短的，只有25—30年时间，而西方国家中美国是80年，德国、日本是130—150年，其他国家也大体如此①。这样一来，中国成为建筑材料浪费最严重的国家。二是房地产业中各种能源、资源消耗最多、效率最低。盖楼房会拉动30多个行业，成为地方政府高度依赖的产业，但也带来一种普遍浪费的全行业行为：水、电、气、土、石、沙、木、钢、铁等。楼房建造要么速度过快赶工期，欲速则不达，建成不久垮塌、墙裂楼歪；要么受阻于资金缺口进度过慢，半拉子工程更是常见，建建停停，大多超过正常交付使用期限。楼房建成因质量问题又得推倒重来，"楼歪歪"、"楼脆脆"造成了多少浪费？传媒过多地关心事故与质量，而对浪费缺少认识。三是无休无止的大拆大建，尤其拆迁、拆旧建新中又有多少材料是弃新迎新瞎折腾？中国人的好面子、讲攀比带来了一个作茧自缚的痛苦后果，不断地弃新换新、以小变大，而不顾及身后的浪费后果。四是"垃圾下乡，污染下乡"中有很大部分是建筑业带来的问题。城市中每日产生巨量建筑垃圾无处堆放就将其运到郊区甚至农村，让农村承受水土污染后果。

（5）豪华装修在城乡形成了一股竞相赶时髦的风气。

随着居住条件的改善，房屋装修成为热门，越来越多的装饰材料进入家庭，豪华的、浪费式装修成为一种时尚，在城市人群中还成为津津乐道的话题。装修超出了实用功能而走向所谓的审美、舒适与面子。装修带来了一个行业的兴旺，也拉动了相关产业的繁荣，各种材料的消耗大大增加。而每户人家的装修对于

① 从玉华.政绩工程等致建筑短命　官员称平均寿命25—30年[N].中国青年报，2011-05-11.

别人来说都是一种侵扰，对资源、环境的破坏：原有的墙体钻洞砸掉，砖块、水泥等原来的设施、材料被破坏扔弃成为庞大的垃圾；刺耳的施工噪音不绝于耳，难闻的油漆、墙漆熏人眼鼻，历经数月乃至一年左右的装修过程，反复折腾之后搬进新居，但未知的挥发性、辐射性毒害物质在主人所谓幸福生活中悄悄侵袭却浑然不觉。装修材料完全无毒无害是不可能的，它的危害与环境恶化相互促动，而在传媒却是很少得到关注的。

（6）家具的频繁升级浪费巨大。

“家具方面的扔弃浪费已经司空见惯，以陈旧、落伍的理由淘汰和扔弃家具购买新的成为普遍行为。”①中国历史上的家具有着既美观又实用的传统，多为艺术品，且经久耐用。但自 80 年代以来，家具开始了更新换代的历程，越来越多表面光鲜、花样新奇的家具带着毒副作用却为消费者所追捧，然后是不断的更新与淘汰。传统家具品质方面虽优于现代产品，但在式样和新奇方面落后，因此成为被淘汰对象。对于消费者而言，所谓美观、漂亮的感觉有一定合理性，但更多的是生产者与传媒广告共同营造消费氛围带来的错觉，于是家具的淘汰速度在更新换代的舆论下加快了，更多地购买，更快地更换，成为一个越发普遍的行为。由于家具体积大、耗材多，因此浪费就很严重。这种浪费通过二手市场表现得格外突出。在城市的二手市场里，所谓过时的家具随意堆积甚至出现无处可放的尴尬。旧家具购买者寥寥，青年人多不会来，买旧家具很掉价；中老年人要么购买新家具，要么不需要旧家具，只有少数的租房者和经营者、穷人购买，但当租房和经营结束之后旧家具又会回归二手市场。从品质看，大多数家具使用寿命很长，属于耐用品，但使用期限却很短。在生活的小区中会时常发现有扔弃的完好无损的家具无人理会，结果就是它们要么被送到二手市场朽烂，要么用作烧柴。

家具的浪费还不止于实体材料的浪费。这还包括了附着其上的油漆、金属、胶剂等材料。很多家具要么是实木材料，来自国外非法砍伐的森林，要么是胶合板加入强力胶压制而成，两者都制造着环境恶果。由于家具如床、柜、桌、沙发等体积庞大，污染物的蕴含量也是惊人的。使用新家具悄然致病还未得到人们的普遍重视。在传媒消费主义教唆之下，人们听从了“新的就是好的”的诱导，加入到不停歇地更换家具的队伍中，一件家具动辄上千、数万甚至更高，对于工薪阶层是一个经济负担，但是要面子、爱虚荣的消费者会以购买新的、贵的家具为荣。

---

① 程建兰. 旧家具利薄循环慢　二手商收家具挑肥拣瘦[N]. 京华时报，2012 - 02 - 15.

近年来离婚率上升，颇具讽刺的是：当初高高兴兴购买的高档家具，在散伙之际则成为令人厌憎之物而被丢弃。传媒过于关注突发事件和事故而忽视日常浪费的后果，家具方面的浪费带来的污染得不到重视。综上所述，一是木材的浪费，家具生产来自森林和速生林，英国 BBC 与《金融时报》在《中国家具摧毁世界森林》中说：中国对木材的大量需求已导致印尼和巴布亚新几内亚的森林遭到严重破坏，"估计去年印尼近 80%及巴布亚新几内亚境内至少 90%的森林都遭到非法滥砍外销到中国"[①]。森林砍伐的后果是极其严重的，其调节气候、涵养水源与吸纳污染的能力都丧失了。二是相关化学物质的浪费，胶体、油漆等化学物质过量使用又短期废弃。三是土地的浪费，二手家具市场与新家具市场、家具生产厂等都在占用土地、占用空间，侵占了大量良田。

(7) 塑料袋等包装物的大量使用与废弃。

绝大多数人养成了滥用塑料袋的习惯，一方面已经形成了对它的依赖，每天都需要用它，另一方面又随用随扔，毫不珍惜；还有一个普遍行为是买珍珠奶茶时的塑料杯再与塑料袋套装，喝完奶茶就一同扔弃；日常购物随意索要包装物成为流行。诸如此类所造成的不良后果会产生多重效应：首先是勤俭节约传统被颠覆，其次养成了麻木自私冷漠的心态，再次肆意挥霍成为经常的内心冲动，已经制造"外部负效应"。应有的公德之心在本已脆弱的情况下受此冲击就渐渐趋近于无。著名的"香飘飘"制造的浪费与污染[②]（一年 7 亿个纸杯子，7 亿根吸管的消耗）至今没有得到清算，虽然众多网友指责其为了赚钱就大肆破坏资源环境是有违公德的行为。

2. 浪费造成的影响复杂深远

根据以上列举分析的人们消费中的浪费问题，可以认为：浪费等于污染。由此造成的影响主要有：一是浪费带动的各种能源、资源的过度消耗被遮蔽于传媒视野之外。浪费会随之产生环境污染，如消费品生产中所需电力，电力依靠燃煤，燃煤产生多余热量与二氧化碳；即使是水力发电又会因拦河建坝破坏当地生态、改变小气候诱发极端天气和地质灾害等。另外，即使一件衣服的购买也会带动多个环节的能源、资源的消耗，这个消耗过程就伴随着污染，如果是合理的消费尚可理解，但如是过度购买就会带来浪费伴随的污染。二是浪费导致污染

---

① 焦点. 中国家具摧毁世界森林[Z]. BBC 国际新闻频道，2005－05－17.

② 罗长爱. "香飘飘"一年卖出 7 亿杯，连起来可绕地球三圈的污染后果[N]. 新华社，2012－12－23.

的环节被传媒忽视，很难为社会所警觉。浪费先行由传媒鼓动变成正常行为，人们也就视之为正常，随之会出于本能地浪费；浪费之物归于何处又不为人所关注，消耗过后随手扔弃之物成为垃圾由环卫部门处理再送往垃圾场填埋和焚烧，消费大众是漠不关心的。由于变成了垃圾，与肮脏、恶臭相等同，也就使人们缺少了主动接近了解的兴趣，对于这样的东西、场所往往唯恐避之不及，也就对其不断强化着心理的厌恶感和排斥感，却不会产生污染“我也有份”的自省与愧疚。传媒的议程设置会左右人们的认识和兴趣，也就必然不能使人们去主动关注垃圾产生之前的浪费。人们将污染的责任推诿给别人，却不能有效自省，就会形成一边浪费一边污染一边埋怨的心理和态度，无助于环境危机的解决。三是传统“天人合一”的勤劳节俭、循环利用被割断，产生文化破坏。传统社会中浪费行为因存在于少数人中且行为强度低、可循环，因而污染后果微弱，现代社会则由于人数多、浪费大、自然界不能消化分解而产生污染毒害，还由于对废弃物不能进行综合利用导致浪费直接演变为污染，毒害后果也就在乘数效应下不断扩展放大，成为不可逆之势。浪费之物如能够按照周恩来总理提出的“化害为利、变废为宝”，开展综合利用会实现良好的处理效果，但是传媒的引导并不在此，大众被消费主义所教唆从而加快消费步伐，并不对综合利用承担责任，也就容易一边浪费一边污染而继续受到传媒的不良诱导。同时，陷于物欲之中的消费者会失去对传统消费伦理的一份敬畏之心，加入到欲壑难填的消费大军中，在不断的享乐中寻求一种被传媒欺骗的感官满足，从而失去了人生的本真。

因此，综上所述，浪费等于污染不是一个主观的臆断，而是处处都暴露的现实问题。这是由人们不断扩张的消费以及在传媒消费主义引诱之下，为了对方的经济利益满足而被迫做出的过度消费行为，在主体责任缺失、不能充分醒悟的情况下，只能以浪费加剧着环境污染的风险，也就任由生态系统破坏带来不可预知的灾难。

三、大众环境伦理低下与传媒诱导

当前，奢侈浪费成为一个越发普遍的现象。在城市居民之间逐渐固化为一种共识的价值形态，即浪费成为必要的、正常的消费，没有浪费就不能促进消费，一次性消费、用过即扔成为时髦。这就必然表现出一种伦理道德低下的问题，公共伦理出现了滑坡和垮塌。以下就大众的等级观念、役使外物、满足贪欲、攀比竞争中丢掉传统美德等几个方面作出分析。而值得关注的是此类问题扩散带来了极其恶劣的后果。

1. 大众的等级观念导致的环境伦理低下

国人历来讲等级，将人分为三六九等，对此古人作出了以人为中心的分析，指出了人与人之间分出亲疏远近，也就是存在等级。孟子认为：人有不忍之心、恻隐之心。但是，按照刘再复的分析，“恻隐之心不是被定义为恒定的人类良心，而是被定义为可大可小、有伸缩的血缘亲情，它的伸缩全在于特定对象同己身的亲疏程度，亲则大，疏则小，像水的波纹，虽然愈推愈远，但也愈推愈薄，愈推愈无力。己身始终是一个不可动摇的中心”[①]。这个论述虽然主要涉及人与人之间的亲疏远近，但实际上包含了等级观念，人与人之间不会平等，也不能平等，因此等级观念的区分是根深蒂固的传统。“劳心者治人，劳力者治于人”就将人简略地分为两个等级；而从官职、名分、资历等方面又分出了三六九等，人与人之间按照既定的等级格局行事说话。对上不敬和冲撞是冒犯僭越，对下随便和不顾体面为有失身份。这就导致了人们在日常生活中需要注意自己的言行，看人下菜不可避免，世态炎凉、趋炎附势由此盛行。

既然人与人之间存在等级，再推而广之，人与物之间是否存在等级？对此圣贤已经作出了肯定的回答。《礼记》中记载马厩失火，孔子问人而不问马，即反映出人与马之间是不能相提并论的。“孔子自己解释仁的时候也说：夫仁者，己欲立而立人，己欲达而达人。自己欲有所成就，亦助人有所成就；己欲显于众，亦助人显于众。”[②]孟子在孔子“仁”论的基础上作了发挥，围绕着人的关系提出“不忍之心”、“恻隐之心”，孟子讲到齐宣王以羊易牛的故事。以羊易牛可称为“仁术”，并不是因为牛大羊小，爱惜大的，易之以小，而是牛的哀号入于耳，羊的叫声还未听见，既然未听见，何妨由他人宰之。因此孟子说：“老吾老以及人之老，幼吾幼以及人之幼，天下可运于掌。”[③]这里“己身”始终是一个中心，由此的亲疏程度就是距离。这可以揭开孟子所谓的“恻隐之心”、“不忍之心”的神秘外壳，就会看到“恕道”的爱和互动带有浓厚的相互利用的功利性。这是“恕道”的局限性，实际上也使得儒家提倡的“外推”极难实现，就更不用说人与物之间的关系了。

在论及人的等级关系与忠恕之道后，人与自然的关系或曰外物而非人的对

① 刘再复，林岗. 传统与中国人[M]. 合肥：安徽文艺出版社，1999：296.
② 张岱年. 北大大课堂：人生课[M]. 北京：北京大学出版社，2008：122.
③ 徐江胜. 试论古代汉语句子的焦点和焦点突出方式[J]. 安徽广播电视大学学报，2006(1).

象就是一个简单明了的上下关系，而非等同关系。人与物之间不存在平等，人要高于物，物处于人可以役使的地位，任由人来处置。物不是主体，不能如人那样表达自己的意志。这就涉及下一个问题：役使外物。

2. 役使外物没有限制

在传统的观点中，外物具有使用价值，是一个工具性存在，而非主体性存在，“万物皆备于我”，可以随意地取用。荀子也说：“君子性非异也，善假于物也”，这里循着一个历史的脉络考察就会看得更清楚，即随着生产力水平提高和活动能力增强带来的奴役结果。

先看古人圣贤对于外物尤其生物的态度。一是讲究爱物惜用节用，顺其自然做到可持续发展。如教导人们不涸泽而渔，不在春季入山砍伐，不捕杀母兽幼兽，讲究深浅适度。这样做到对动物捕杀的节制，使其继续繁衍可供人持续利用。二是顺其自然，在不伤害自然的情况下加以利用。荀子在《劝学篇》里说：“登高而招，臂非加长也，而见者远；顺风而呼，声非加疾也，而闻者彰；假舆马者，非利足也，而致千里；假舟楫者，非能水也，而绝江河；君子性非异也，善假于物也。”[①]这里讲到善于根据物的本性加以利用，虽是小农经济的一种利用，但不是罔顾外物本性的奴役，因此还是闪耀着理性智慧的光辉。三是为取乐和保健的滥捕滥杀的行为。比如，皇帝的围猎、王公贵族的逐杀野兽等；在保健方面以野兽的器官皮肉入药，熬制养生补品导致滥杀残杀。虽然封建时代人口稀少，动物繁多、森林辽阔，但是狩猎取乐、捕杀野物入药等行为成为一种传统，这带来了对生物生命的无视，还有必杀之后快的心理。古人的一些消极行为遗传到今天。

随着近代以来民族精神创伤的加深，100 多年的内外压迫带来怨气转移的一个结果是对外物的践踏加剧，对自然役使的增强。延及今天的需求扩张，十几亿人在解决了温饱之后又在不断膨胀着物欲，使本处于役使地位的自然外物更是被肆意取用，“靠山吃山，靠水吃水”让那些只要有一点利用价值的外物都被开发和牺牲，自然生态的协调与宁静都被打破，自然降到了一个任人宰割的地位，创伤面扩大，程度在加深，生态恶化不断加剧。

人们将一种人际关系中所受的压迫扭曲转移到弱者身上求得相对的平衡与满足，让自然外物成为自己役使的获得心理平衡的对象。在现实生活中人们难免有各种挫折与不顺，“人生不如意事十常八九”这一现实表明人不断地受气而

① 古董，璐雪．荀子与《劝学篇》[J]．学理论，2001(8)．

又需要发泄以求平衡。不如自己的人、下属与孩子、爱人、老人等家庭弱势成员易成为怨气发泄对象,但毕竟难以满足他个体原始凶蛮施暴的阴暗心理,只有寻找更弱的对象,山川外物包括动物都成为潜在的可凌辱的目标。当前有些人喜欢虐待动物,拿它们做各种试验(当然有些出于科研目的必须如此),有人以虐待动物取乐,因为对方比自己弱小所以敢放心大胆去折磨它们。役使耕牛、驴马劳动,它们不驯服和不遂人愿时就用鞭子猛抽,以及活取熊胆与猎杀藏羚羊等极端残忍无人道行为,都是役使外物。不把对象当人看待,也不会产生心理负担,道德观念荡然无存。人们也在役使动物中消蚀着敬畏生命的伦理道德。这种奴役外物的行为违反了“主体间性”的哲学思想:人与外物都是主体,不存在从属关系。

3. 为满足贪欲的行为普遍化

个人的贪欲虽是分散的,但是在乘数效应下数量惊人,后果严重。为了满足贪欲,很多人纷纷竞争攀比,也在别人带动下加入了浪费污染的大军之中。“贪欲是人性的弱点,是人对外物的占有欲望,达到一种心理满足。”[①]古代社会物质资源匮乏,为了获取基本的需要就得实施索取、占有的形式。欲望来源于不足,也即匮乏状态,一旦匮乏变成富足,占有欲应当减弱,但是欲壑难填则显示出人性的可悲之处,即使不匮乏也要占有。这在当代社会表现得格外突出和普遍。经过中国人民几十年的勤苦劳动和创造,物质匮乏时代结束,温饱问题基本解决,人们普遍过上了温饱有余的生活,应该知足常乐了。但是情况正相反,在居有房、出有车、食有肉的情况下,人们仍然表现出强劲的占有欲。自然生态成为最可悲的牺牲品,野生动物的生存地基本局限于动物园,野外生存的动物愈发稀少。野生动物无法生存的背后还存在牟利的一个贪欲链条,继而是需要其毛皮、骨骼作为养生、审美的变态人群,以及占有欲旺盛的团体。“涸泽而渔”让地方普遍陷入其中难以自拔,对它的依赖性更强烈,占有欲更炽热。地方传媒本应对此作出清醒的揭示,但是实际上很少对这种贪欲组织性行为作出揭露批评,也致使问题更为严重。

以上分析的大众环境伦理低下的问题背后有传媒的诱导。传媒的影响巨大,首先是将浪费式消费包装成时尚。在吃饱穿暖之后,传媒引诱人们追求所谓生活的品位与档次。生活应当有一定品位,这是审美与生活质量升华的需要,但不是人们的这种需要在先,而是传媒盈利需求在前,是传媒急欲从大众消费者那

① [美] 戴尔·卡耐基著,袁玲译. 人性的弱点[M]. 北京:中国发展出版社,2007:68.

里获得经济收入才千方百计鼓动购买，唆使消费。与其说传媒开发了需要，不如说是激发了欲望，一种占有、虚荣的欲望，让大众变成消费者渐渐追随传媒的诱导。传媒巧妙而成功的地方是将消费包装为面子、等级的虚幻感觉，让人认为购买进而占有就是一种体面和荣誉，至于是否是一种真正的需要并不去考虑。

传媒引诱的消费满足往往造成了一种虚假需要，即并非来自真正的不足与匮乏，而是传媒驱赶而生的焦虑、不安与攀比。对此，著名学者王岳川的批判不乏深刻和犀利："社会物质不再是匮乏的而是过剩的，思想不再是珍贵的而是老生常谈的，节约不再是美德而是过时的陈词，社会财富这块大蛋糕等待人们疯狂地分而食之。"[①]更进一步，王岳川批判了消费主义："消费社会的运作结构善于将人们漫无边际的欲望投射到具体产品消费上去，消费构成一个欲望满足的对象系统……当代人不断膨胀自己的欲望，更多地占有更多地消费成为消费社会中虚假的人生指南，甚至消费活动本身也成为人们获得自由的精神假象。"[②]

问题在于，消费社会也好，浪费本身也好，都是一个由外在的力量推动的。这种推动力量对消费者实施着强制："在消费体系中，广告明白无误地诱导和训导人们该怎样安顿自己的肉身，获得躯体感官的享乐。并由此使得大众彼此地模仿攀比，进入一个高消费的跟潮的消费主义状态。于是在传媒一再鼓动的消费蛊惑下，人们陷入了消费的焦虑之中，必须在传媒的指引下去购物生活才有意义，否则就自感低人一等，难以获得生活的意义满足。"[③]传媒消费主义已然成为时代精神和个体享乐的问题，人们基于对社会个体身份和历史虚无的理解，不再将理想主义作为自己的存身之道，而是将消费主义作为达到世俗幸福的捷径。消费不再是刺激再生产，而是在名牌政治化和时尚崇尚克隆中呈现当代崇洋心态——商品拜物教和西方中心观念。这造成了传媒怂动下的本能欲望的满足和虚荣成为消费时代的焦虑。消费行为不是自主的而是被操纵的，消费欲望不是内生的而是外加的，这样带来的是攀比与虚荣的竞赛，不停地购物，又不停地抛弃，再购物再浪费，生命不息，消费不止。片刻的快乐之后又是不满足的痛苦，只有超过别人才能获得幸福，永不满足消费的背后是传媒与广告共同推动的欲望系统，它们从中赚了钱，但消费者为之买了单，传媒成为隐身的推动者却得不到清算。

综上所述，当大众被传媒以消费者对待，塑造成了更多追求物欲的单向度的

---

① 王岳川.媒介哲学[M].开封：河南大学出版社，2004：10.

② 同上.

③ 戴锦华.救赎与消费[A]//王岳川.媒介哲学[C].开封：河南大学出版社，2004：69.

人。随后人身上的劣根性就会暴露出来，由过多的物欲激发又形成损人不利己的结果。首先，就是奢侈浪费激发出来的贪欲。为了满足自己的私欲，消费的欲望膨胀，更多地索取，更多地占有，更多地享乐。在传媒所激发的众人争抢物质财富的大蛋糕过程中，因资源的稀缺导致的掠夺有增无减。霍布斯所言“人对人是狼”，即是指因为争夺而产生的提防与仇恨而非关爱。贪欲不止，争夺不休。其次，环境道德低下作为一种结果伴随着人们对公共道德的冷漠践踏。自然资源成为人们疯抢的对象，也就会使人们在争而食之中对牺牲品的惨状无动于衷，甚至冷漠旁观，人心的麻木已经到了这样一种丧失基本伦理的地步。由于对物欲追求太狂热，对天下为公的思想培育就不足，也就难以产生太多的热情。冷漠麻木的本质是外物利害得失与己无关。由于目光狭隘，也就看不到甚至不顾及“大河无水小河干”的后果，不懂得公共利益受损必然导致个人利益难保。第三，环境道德低下还伴随着一种恐慌性的吃光、耗尽的心理，涸泽而渔导致囚徒困境。由于一些人出于怕吃亏的心理，公然哄抢，明争暗斗，对于破坏后果不管不顾。80 年代不少地区的小煤矿、小金属矿私产滥挖带来山体破坏、环境污染与疾病毒害，以及资源提前枯竭等多方面后果。

第三节　环境风险议题中的知识分子公共伦理问题

一、知识分子的公共伦理责任

知识分子要担当公共伦理责任。这里所论述的对象——知识分子——是一个总称，主要是针对拥有专业知识的群体。这就既涵盖了栖身于教育领域、科研院所等文化机构的文化人，也包括了供职于各类大众媒体的从业人员。在当代社会，当公共问题日益突出、公共伦理下滑与环境危机凸显之际，愈发显示出知识分子的角色与功能担当的问题。当前一个整体的评价是：知识分子对公共问题承担的责任极为有限，远离了大众的期待，“社会的良心”形象已经异化，职业尊严正在沦落，这也是世界范围内的普遍现象。知识分子自觉回归体制之内，向权力与资本靠拢，或躲进自己的小天地自娱自乐，知识与技能更多地服务于谋生和自利。他们是“完美的自私主义者”，这在公共伦理方面表现得最为突出，公共伦理缺少了“公知”们的支撑，原有的知识体系所倡导的责任担当与道德追求已经不断地弱化和淡漠，这造成了很多问题。

1. 知识分子对权力体系的依附

从权力体系的角度看有更多的依附关系。知识分子自觉或不自觉地将自己纳入到现行的权力体系中，服务于权力，远离公共伦理。正如法国思想家所看到的，在法国“五月风暴”之后出现的现象是：权力不仅存在于上级法院的审查中，而且深深地、巧妙地渗透在整个社会网络中。知识分子本身是权力制度的一部分，那种关于知识分子是意识和言论的代理人的观念也是这种制度的一部分。知识分子不再是为了道出大众沉默的真理而向前站或靠边站了，而更多的是同那种把他们既当作压制对象又当作工具的权力形式作斗争，即反对知识、真理、意识、话语的秩序[①]。这里重点是认识权力体系对知识分子的收编或曰“招安”，使他们几乎整体性地进入一种权力罗网之中不能再独立自主。从西方变革来看，是“资本主义制度安排让个人必须服从于资本家才能生活，知识分子必须获得一份职业才能生存，后者就要进入各类公共机构开展文化、教育、服务等工作”[②]。但是名为公共机构实际上是为巩固权力服务，或者说是为资本家、资本主义制度作辩护，难以超脱于外。为了饭碗，他们在大学、研究机构、大众媒体、中小学校等各类机构中安分守己地工作，有一些批判也只是个别的、苍白的、琐屑的。西方如此，而在中国，知识分子与权力的关系更为密切。“士”的传统自战国末期就逐渐衰退，自秦实现大一统之后，“士”与“侠”逐渐变成了“臣”和“奴”，知识分子的独立人格被扭曲、压榨，“百家罢后无奇士，永为神州种祸胎”（于右任），反映出知识分子逐渐丧失批判的能力，只能俯身于王权战战兢兢讨生活的可悲现实。

社会动荡的关键时期会凸显少数知识分子的“卫道”角色。在世道浇漓以及山河破碎、中原陆沉之际有一些独立思想、文化启蒙的微光，但这仅仅是一瞬即逝，没有起到太大的作用。“著书都为稻粱谋”成为普遍现象。

2. 知识分子的公共伦理应落实于维护公共利益的观念与行动

知识分子是掌握着话语权的群体，在当代社会由于其自身的退缩还出现了边缘化现象：“当代法国思想家皮埃尔·布迪厄（Pierre Bourdieu）在《现代世界知识分子的角色》中也认为，经济对人文和科学研究的控制在学科中变得日益明

① 罗岗.“被压迫者”的知识如何可能？[C]//罗岗.想象城市的方式[A].南京：江苏人民出版社，2006：43.

② [美]丹尼尔·贝尔著，严蓓雯译.资本主义文化矛盾[M].南京：江苏人民出版社，2010：231.

显。知识分子发现：他们越来越被排除在公共论辩之外，而越来越多的人（技术官僚、专家、负责公众意见的调查人、营销顾问等）都赋予自己一种知识分子权威，以行使政治权利。”[①]在当代西方知识分子是公共伦理的践行者，尽管有被边缘化的趋势，但并不应以此成为他们逃避公共伦理的理由，在中国也更应是如此，不能因为权力控制就顺势退回去，自得其乐而放弃公共责任。中国的公共问题增多与知识分子普遍逃避公共责任有很大关系。因为上、下两股力量都缺少对公共责任的有效承担。

知识分子是有能力维护公共利益的群体。他们最大的优势在于拥有丰富的知识和优势的话语权，能够借助于专业教育引导公众。对于公共利益的破坏，他们的感知能力最强，维护的方法最多，也最能带动大众去行动。传统文化已经预设了他们的职责和角色：社会的良心。如果他们不能做，但可以说，说了让人听到，做了让人看到，起到一个良好的示范作用。知识分子应当是社会中最有道德的群体，自觉承担责任就是有道德的体现，历史书写的是前赴后继的自觉救亡图存的知识分子形象，他们是道德楷模、后世典范。虽然在当今和平时代不太需要那种浴血牺牲，但是知识分子的道德形象更多的应落实到对公共利益的维护上，其中环境生态就是一个典型的公共伦理的投射物，一个实践高尚道德的对象和阵地。知识分子一直是时代的先知先觉。古代志士仁人留下了无数诗篇表达这种责任情怀：“长太息以掩涕兮，哀生民之多艰”、“岂可学腐儒，窗间老一经”、“穷年忧黎元，叹息肠内热”、“何日平胡虏，良人罢远征”、“先天下之忧而忧，后天下之乐而乐”、“待从头，收拾旧山河”、“封侯非我意，但愿海波平”、“天下兴亡，匹夫有责”等等。对此有人认为，中国知识分子与政治总是有着密切的关系，他们的命运与政治紧密相连。其实，知识分子是由关心家国、民族命运才脱离不了政治的约束的。为了救亡图存，他们在时代责任的感召下投身于变革，为神圣的拯救献出青春与生命。因此每个时代都是知识分子担当了启蒙者、引路人和参与者的角色，发挥了举足轻重的作用。

3. 知识分子的公共伦理是一个发展中的体系

这从历史的要求中能够看到一个大致的脉络，也就是说，历史上的公共伦理责任总是与国家民族危亡紧密结合在一起的。“天下兴亡，匹夫有责”的信念使

---

① ［法］布迪厄著，赵晓力译.倡导普遍性的法团主义：现代世界知识分子的角色[C]//.学术思想评论第6辑[A].沈阳：辽宁大学出版社，1999：174.

知识分子既与道德教化捆绑在一起，又在民族危亡到来时有所担当："家贫出孝子，国难出忠臣"，敢于以"取义成仁"、"杀身成仁"维护一种价值信念，体现了最为宝贵的公共伦理。这种伦理成为一种传统的精神资源稳固下来，到了90年代随着消费主义、享乐主义、拜金主义与个人主义思潮泛滥而走向衰落。王晓明发起的"人文精神大讨论"①只是在作家、教授中争论了一阵就偃旗息鼓了，公共伦理显然已走向失落。

但是时代的发展变化要求知识分子主动承担维护环境公益的责任。随着环境危机的到来与深化，面向当代以及未来的环境拯救这一公共伦理要求凸显出来，向每一位知识分子发出了召唤。相比较其他抽象的伦理，环境方面的公共伦理更为具体实在，也具有可操作性，知识分子能够直接参与其中，而不再是那种参政式的公共伦理承担。当然这也是一个普遍性的责任、伦理缺失的时代，还有众多知识分子不知环境生态的公共伦理为何物，不知自己应当负有一种直接起而行之的责任。面对随时随地遇到的环境问题冷漠麻木、习以为常成为普遍现象，甚至自己就是环境的破坏者、资源的浪费者、危机的制造者，尤其是传媒、大学、科研院所等单位的某些文化人在拥有巨量个人财富的同时，对环境破坏的后果远超过普通人。

环境领域的公共伦理与以往抽象的家园情怀有所不同，它更多的指向对环境责任的具体担当，包括两个层次：一是言论的大声疾呼，二是身体力行的直接介入。前者多表现为著书立说，以言谈、教育与文章影响他人，他们在很多公开场合表达观点，是一个比较突出的现象。后者则能在言论的基础上开展行动，让自己拯救环境的行为影响他人、示范于社会。这就是公共伦理落实到了环境实践之中，让环境道德得以具体展现。这样的行为主体也往往成为传媒积极报道的对象，自从20世纪90年代以来这样的典型人物越来越多，梁从诫、汪永晨、廖晓义、马军、霍岱姗等一大批人物经由传媒广泛传播走向前台，成为时代的风云人物。他们将公共伦理置于神圣的崇高的地位，以实际行动诠释着公共伦理，为公而少私的精神展示着新的公共道德。试以梁从诫为例，他在晚年关注环境生态，为维护公共伦理积极行动，不仅利用政协委员身份多次递交环保提案，还为保护滇金丝猴、可可西里的藏羚羊、北京自然流淌的河流奔走呼号，推广低碳出行等。这些行动都与他自身利益关系不大，他完全可以安享晚年，与退休的教授们一起娱乐休闲，谁也不会要求他去做什么。然而，梁先生激于环境危机行动起

① 赵圣熠.再论人文精神[J].人民论坛，2012(12).

来，为了环境的保护大声疾呼不遗余力，直接介入其中，让自己背负了太多沉重的责任，这远远超出了知识分子群体的创造框限，接近"天下为公"的境界。对履行公共伦理的实践体现了知识分子新的价值认同。

进而言之，知识分子的环境公共伦理还源于对传统文化中"天人合一"与自然万物的审美关怀。中国历代文人墨客留下的灿烂篇章里，无一例外地都表达出对壮丽山河的无限热爱。山川草木、奇情异景带给他们美好的精神和感官愉悦，升华为审美体验。在文人墨客那里，灵动的想象、真情的描绘、美感的抒发，都给后人的阅读视听带来情感的穿透力、视觉的冲击力、思想的震撼力，激发美的遐思、情的感染、文的宣泄。同时，伴随着儒、释、道三教都对自然的推崇与同等生命体的感悟：一花一草都是应当珍惜的对象，就形成了一种生命关怀，一种万物有灵、众生平等的普遍价值观念，让知识分子一代代接受和传承热爱自然、维护生命的自觉认识与行动。"感时花溅泪，恨别鸟惊心"是对自然生命的移情，"夜来风雨声，花落知多少"是对自然景物的细腻感知和对生命物体的热爱。总体看，中国文化中无以计数的对生命、自然的歌颂描绘已经凝聚为一种代代传承的公共伦理的认知，但它又往往被另一面所掩盖，即家园灾难、杀身成仁的牺牲精神为后世景仰，以悲剧性的人生书写来为历史留下可传承的精神，也不断被阐发为民族精神。

因此，热爱自然的另一面难免是消极的选择：达则兼济天下，穷则独善其身。一旦失意就会放浪形骸、寄情于山水不问世事，陶渊明、王维、苏轼等都是典型代表。但是其中热爱自然万物生命对之作热情的描绘是政治失意、个人困顿的原初反映，虽非其本意，但在热爱自然之中培育起来的公共伦理已经隐含于其中了。后人在不计其数的优美诗篇中领略自然之美，也激发出追求、向往、保护的情感与认知。但这种公共伦理只有在巨大的危机发作时才会体现出重大价值。工业革命以来，人与自然之间的平衡关系被打破：培根的"知识就是力量"、洛克的"主客二分"都诱导了对自然的开发、摧毁、践踏，为满足人的需要而增多的榨取自然资源的价值观随着工业技术水平提升而增强①。中国追随欧美、苏联，再仿效欧美的工业化带来了经济巨变、生存改观，随之将环境危机推高，让人民解决温饱之后陷入可持续发展困境之中，凸显出环境公共伦理的严重滞后，显示出知识分子公共道德的集体性失落。这固然有体制、压力等外在原因，但更多的还是他们自身失职带来的后果。

---

① 韩艳英，黄伟. 形而上学思维方式浅析[J]. 中国石油大学学报(社会科学版)，1994(2).

二、体制化收编驱逐公共伦理

知识分子承载的传统公共伦理就不断减退，成为一个难以回避的现实。大学、文学界、艺术界、科研院所、传媒界还包括教育界等部门的知识分子对公共伦理的放弃成为普遍现象。而要深入分析知识分子形象变迁就要从历史视角作一比较。

1. 民国时期学界与当下的对比

民国时期(1911—1949)的知识分子群体职业种类相对较少，主要集中于大学、中小学、杂志社、报社、自由作家群体，他们所栖身的职业还有体制内外之分。各类学校算是在体制内，报社、杂志社则更多在体制外。前者集中了为数众多的教授、教员，后者栖身着数目可观的作家、艺术家与自由职业者。这是从职业身份来看，今天的知识分子群体扩大，职业门类增多。从产生影响的内容来看，两者有着明显的不同。民国时期社会动荡，内忧外患，内战外侵不止，知识分子当仁不让为拯救民族危亡大声疾呼，他们依托报纸、杂志阵地向学生、工人、农民、商人等进行启蒙，对政府与外敌猛烈批判。自由报人更是以自办报纸为阵地对当局作出抨击，社会问题和官僚腐败都是他们批评的对象，已经达到指斥时弊放言无忌的地步了。当今时代知识分子队伍庞大，但是仍然不能有效表达对社会问题的抨击。博客、微博、微信虽成为个人抒发情感与指点江山的领地，对时政的关心普遍存在，但直言批评放言无忌者仍很少见。

关心政治是知识分子的优点与传统。民国时期众多知识分子自觉地以天下为己任，勇于担当，自觉参与，对文化的发展、社会的进步起到了整体的推动作用。他们的文化工作是切合动荡时代时局需要的，是对社会吁求的有效回应。到了今天，知识分子谈论关心的话题纷繁多样，文化类涉及古典，消费类多是饮食服饰旅游，经济类多是理财投资，至于对热点的评说者，往往是大学教授发表看法，针对问题作出专业分析，稳重深刻，不乏启迪。但是，当今是个公共问题成堆未得解决的时代，众多问题处在失去监督的状态。

2. 知识分子已经深陷权力体系之中

这个群体越来越御用化和工具化，逐渐丧失独立性与创造性。在这方面，西方学者早就作出了深刻的分析批判。例如从权力支配角度来看："正如福柯所言，权力就是一种阻碍，禁止和取消这种言论和知识的制度，知识分子即是这种权力机构的内在组成部分，同时他又可能反戈一击，与权力展开斗争，进而为民众的言论开辟空间。"[①]因此正如马克思所言，相对于下层民众，"他们不能代表自己，一定要别人代表他们"[②]，知识分子表现在今天应该说是有历史传统与现实因素的。葛兰西运用"臣属"(subalternity)这个概念来构想新的"文化霸权"和"文化革命"，据詹明信的解释，葛兰西所说的"臣属"是指在专制的情况下必然从结构上发展的智力卑下和顺从遵守的习惯和品质，尤其存在于受到殖民的记忆之中。[③] 这句话放在现实中国语境中来可以感受得非常深刻：中国两千多年的专制传统在知识分子心理上投下巨大的阴影，焚书坑儒与文字狱以及新中国成立以来的历次政治运动的历史记忆留下了巨大深远的精神创伤。同时在历经传统的体制设计(科举制)不断巩固之后，又发展出了吸纳、收编进学院、科研院所和知识体制的手段。

除此之外，在大众媒体流行的考核制、末位淘汰制让新闻从业人员缺少稳定感，大大降低了对职业的忠诚度和荣誉感。媒体内部以分数计算绩效，以报道数量作为依据，而相对冷淡质量，只要能吸引眼球、引起轰动或上级领导批示的就是好作品的判断标准等驱使记者、编辑心浮气躁、急功近利，公共利益维护不再受到重视，环境领域难免备受冷落。

三、知识分子公共伦理瓦解的内在机制

知识分子公共伦理不断瓦解值得深思。知识分子群体素来以自己的言行代表和阐释公共伦理，这本身就是一种预设的义务与责任。在环境危机加深的背景下，却映照出其公共伦理趋于瓦解的可忧现实。由于经济利益的诱惑，内心道德律令的松弛，以及对环境道德的无知与漠视，带来了这个群体公共伦理滑落的结果，而这三个方面也构成了一种内在机制。

1. 经济利益对知识分子的巨大诱惑

知识分子之所以在传统形象中表现为道德的化身，就在于历史文化中的道义约定：君子喻于义，小人喻于利；君子爱财，取之有道；正其谊，不计其利，明其道，不计其功等等。数千年文化尤其是儒家经典中已经反复教谕人们要淡泊于

---

① 罗岗. 被压迫者的知识如何可能? [C]//罗岗. 想象城市的方式[A]. 南京：江苏人民出版社，2006：45.

② 张其学. 权力主体：文化殖民的基础和源泉[J]. 马克思主义研究，2010(10).

③ 同上.

名利,不汲汲于富贵。受儒释道三家影响的众多志士仁人视金钱如粪土,其道德的高标令人仰止。在文化精神风向标指引下,知识分子淡泊名利的传统一直沿袭下来,直到20世纪90年代初"君子忧道不忧贫"的安贫乐道还被广为信奉。但是,1992年出现了"下海热","教授卖馅饼"[①]的传闻被热炒,众多知识分子不再甘于清贫而是争先恐后去经商挣钱。普遍清贫中一些人英年早逝,知识分子生存状况的糟糕也挫伤了这个群体的进取心,为此难以维持应有的尊严。人都有追求舒适生活的需要,知识分子也不例外。他们如果善于利用专业知识,则能为自己谋得不菲的收入。他们在起初还是犹犹豫豫,毕竟君子耻于言利,面子、名声是第一位的。但是贫穷带来的压力也让知识分子很难安心从事知识生产,基于追求幸福生活的本能在复苏和张扬,于是有人率先当商人、忙走穴,经济收入上去了,但也激活了无穷的贪欲,成为"精致的利己主义者"。

2. 知识文化生产脱离现实以致逃避现实、食洋不化和闭门造车

知识分子中的一部分人已经固化了以下的心理机制:对西方极端崇拜,不愿意看到西方文化殖民的真相,或者自以为是真理在握,成为鲁迅先生早就批判的甘愿被西方"描写"的他者,紧随着西方亦步亦趋,挟洋自重。一部分知识分子长期生活在校园和文化传媒机构,很多人既不想不愿走出去到乡村、基层实地考察,又带着崇洋媚外的心理刻意模仿和引进所谓西方成果,拾人牙慧造成了食洋不化。在体制内讨生活,不愿意看到实际问题,其应有的公共伦理就不能和现实结合。当前,中国的环境恶化加剧,基层反应强烈,加之现实的环境危害伤及每一个人,这应该使知识分子清醒过来,去投入关注。

由此可知,知识分子目前在维护公共利益方面的勇气有所衰退。不论是学院派还是实务派,特别是传媒界,都难免在个人物质利益风险面前有明智的选择。公共利益的代表是环境生态,是远离自己的虚空的利益所在。真正介入其中以文章和行动引导环保、启蒙大众似乎是过去年代的事情,虽然值得提倡和尊敬,但是能够带来多大的实际利益是决定个人热情程度的重要指标。在体制内获得比较稳定的收入,有着良好的生活保障,甚至优越的社会地位,都比参与环保来得体面和实惠。可见,参与环保的风险已经弱化了环境公共伦理,也在既有的外在管理体制中排斥对公共伦理的自觉维护。这在多方面造成知识分子不积极主动参与环保的局面。

---

① 王大庆,李娜.何来"教授卖馅饼"?[J].新闻战线,1994(3).

第五章 优化中国环境保护传播的制度环境

上一章从外部客体因素与内部主体因素两大方面来透视中国环境保护传播面临的内外阻力。这些阻力有很多不是传媒带来的，也不是其自身短期内能够改变的。但是传媒在既有的体制框架内不能消极无为，更不能借此而滑向商业利润的过度竞逐和谋取私利最大化的泥淖。从现实来看，对环境保护传播形成巨大制约力量的既有外部的体制与权力因素，还有作为关系的资本，以及内部的新闻价值扭曲、减少风险成本、鼓吹消费主义、知识分子的犬儒化等问题。要寻求改善中国环境保护传播的理想路径，就得从改变外部因素入手。优化环境保护传播的制度环境，是最为关键的因素。在多年沿袭不科学、高污染、争政绩的经济增长模式中，中国的经济发展模式已经优势不再并且不可持续，靠着粗放式、高代价发展又被地方官员巧立名目谋取私利，从而无休无止地破坏资源环境，已经到了山穷水尽。尽管这些污染破坏给传媒提供了取之不尽的新闻素材，但是要改变这种不可持续的发展模式同时也是保护和促进中国环境保护传播的健康发展，就得在制度上营造良好的氛围。这当然要先从体制入手，具体从干部考核这个要害切入，改变现有考核与追责的制度，逐步遏制环境破坏，减缓有政绩工程依赖症的干部对传媒造成的非理性压力，为健康有序开展环境报道提供外部保障。

第一节 改革政绩考核方式

一、落实科学、环保的责权利划分

要在中央与地方之间进行科学、环保的责权利划分。从实际效果看，地方政绩工程是造成环境危机的重要因素。地方政府屡屡以牺牲地方环境生态资源来获得经济增长与捞取政绩的根源，在于现有的政绩考核体制中存在的弊端。这种体制驱使地方官员急功近利，极力在任期内求得最大的名利回报，尽管在各类会议文件讲话中强调科学发展、人与自然和谐、节约型社会，但是很少真正得到落实，很多科学合理的口号随着时间推移就被冷落弃之不顾。2013 年以来，中央严厉反腐，实施“八项规定”，一时有力地扭转着社会的歪风邪气，舆论空前支持。应该借着这股东风，进一步厘清中央和地方的关系。环境问题的发展与恶化，反映到两者之间的关系，确实存在着极大的缺陷。环境问题的公开与有效传播，以及背后所揭示的种种症结，都要到其中寻找对策。要有效落实科学、环保的责权利划分，则主要靠政府自身的职能转变与自我纠偏。

中央与地方的责权要科学合理划分。可以认为，要克服中央政府与地方争利的弊端，在具体施政与管理细节中确立中央和地方的法律关系，在法律框架内明确双方权利义务的界限是必要的。可以明确的是中央政府负责全国大局统筹规划，负责指导安排地方需要承担的义务，但不能要求地方承担不合理的任务；特别应该清理各种不合理考核、评比指标；地方政府承担本地区的社会经济发展义务，但是不得违反中央政府规定的政令，不能违规违法破坏环境，对于土地、河流、植被、资源等负有保护的义务。要进一步遏制“土地财政”，以及推高甚至依赖房价获得财政收入的投机行为，控制合理的开发范围和标准，保护一方水土和地方百姓的安居乐业。

促使地方承担合理的环境义务刻不容缓。在环境治理的任务落实中，中央政府已经不断地在下达治理任务，特别在导致雾霾的 PM2.5 削减、碳排放减量、河流水质达标等方面都有了详细的考核规定。但是这些规定要求都需要建立在科学合理的任务基础上，不能过重或过轻。

在进一步的责任划分上，中央要统筹全局，领导地方，地方服从中央。中央有权统筹安排全国公共事务，针对影响巨大的环境问题更有权力调动地方落实政令。在事权方面，双方既要各司其职，又要统筹安排，应遵循三个原则：全国性的公共产品特别是环境生态应该由中央政府出面提供，本地享用的地方公共产品应由地方政府负责；对跨地区以及具有外部效应的公共项目和工程，中央政府应出面组织或在一定程度上参与；坚持事权和支出划分的法律化原则。简言之，责权统一。在环境生态这样的重要公共事务方面，中央政府需要继续承担自己的义务，治理大江大河湖泊的水质污染，保持并且提高各省区域的森林覆盖率，治理重金属污染；落实和提高对“癌症村”集中区域的污染源监控，赋予各级环保部门更多的实质性权力，敢于动真碰硬；落实流域限批，敢于通过金融手段实施污染责任的巨额罚款和停工停产处理。全力支持环保部对于环境领域违规违法的处理，也支持地方的申诉和反制，让权力制约权力形成习惯。

在财权方面双方责任划分要科学合理，有法可依。要进一步确定中央与地方双方合理的财权关系，这需要法律的调适和修改，出台双方合理权利责任划分的方案，尽量以法律的形式稳定下来。

二、落实绿色 GDP 考核与生态补偿

地方政府必须转向绿色发展，生态脆弱区要获得生态补偿。根据以上分析，现在需要从组织任命考核的角度，扭转过去不合理不科学尤其不环保的政绩考核体制。1985 年起实施的单纯经济指标考核带来了高速的经济增长，却也制造了巨大的能源资源浪费与环境污染，最严重的后果之一就是雾霾频袭。习近平总书记多次要求中组部加快制定符合环保要求的考核指标。中组部在充分调研之后，要求终结“唯 GDP”的考核制度，地方要抓紧清理过去的不合理考核指标。中组部确定，未来的干部政绩考核，将从五个方面体现“不以 GDP 论英雄”：一是考核不能“唯 GDP”，二是不再搞 GDP 排名，三是限制开发区域不再考核 GDP，四是要加强对政府债务状况的考核，五是考核结果使用不能简单以 GDP 论英雄。这固然大快人心，但知易行难，现实的挑战是，“GDP 崇拜”惯性强大，如何真正扭转现状？新的考核制度尤其是生态考核是新事物。目前的问题是地方仍然在上大量的投资项目，这对于部分官员来说，增加了寻租空间和牟取私利的机会，这是人们看不见的规则，难以有效监督，构成了对现实的一个巨大挑战。

具体落实绿色考核，还需要中组部根据调研和各地实际制定实施细则，规定哪些内容、哪些领域可以作为考核对象。首先要降低 GDP 在整个政绩考核中的比重。这里要明确的是，不鼓励主政官员过度追求经济增长，当然依靠经济收入支持地方经济社会文化事业是他们的义务和责任，但是如果过度以透支性的卖地财政、招商引资污染换取经济增长，那要有另外的指标考核（土地红线、污染物排放量等）来作出处罚。鼓励地方发展绿色产业如新能源研发、新技术开发、服务业、旅游业、加工业、信息产业、虚拟经济等。其次，中央支持地方发展绿色产业并且作出政策倾斜，对边远省区、贫困省区不再进行经济考核，鼓励地方退出“三高一低”产业，开发清洁、可循环、少污染甚至无污染的产业。如对内蒙古、宁

夏、甘肃、青海等省份，进行政策倾斜，拿出资金支持这些省区推行新能源、旅游、加工和沙产业开发、新技术研发的试点，以解决目前能源紧缺和工业污染的问题。再次，考核内容、领域应该增加本地的居民幸福指数、优良天气数量、城市拥堵指数、绿化率、社会安定程度等指标。这些指标能够有效反映本地的环保工作的结果，反映居民的生活满意度。要引导人们看到绿水青山与生活富足不是必然对立的，尽管一时富裕，但是破坏环境带来的是生活的不可持续，不能饮鸩止渴。

要落实生态脆弱区的生态补偿。对生态脆弱区作出补偿，主要是通过经济补偿体现一定程度的环境公平。实施方式可采取中央收取环境税，进行转移支付，这些省区必须专款专用，只能用于江河保育、生态修复、森林培育、环境治理等方面，禁止将补偿经费挪作他用。必须监督获得生态补偿省区专项资金的用途，避免截留、挪用等腐败；监督地方的环境治理预算与实际支出、治理效果。当然，生态补偿资金可以采取多种形式申请，地方主动申报，以不同的课题形式通过审核获得经费，再根据自身实际情况安排支出，进行生态修复，最后结题验收，达到科学合理的治理效果，让生态补偿真正发挥积极的作用。

三、落实离任审核与责任追究

在当前需要真正落实官员（包括企业事业单位各级法人）离任审计，以及事后的责任追究制度。努力防止在任者任意透支资源环境，离任后逍遥法外留下烂摊子遗祸后人。“新官不理旧债”这一不成文的官场潜规则，导致了很多的环境烂账、死账，由于缺乏有力的制约，没有检察机关的公诉，使得大多数继任者都会将前任所做的推倒重来，再来一番折腾、破坏，经过几年之后就升职走人，又留下烂摊子。根据新的规定，对领导干部实施离任审计，在任期间有腐败行为、决策失误的要依法追究其责任。具体的手段包括：

（1）针对领导干部任职期间的财务收支、公共事务、市政工程、群众反映等几项关键指标进行审核。由上级纪委、监察部门组织人员分头进行摸底调查，找到问题，及时反映给主管部门作出处理。仅仅这些还不够，还需要民间力量的参与，所谓发动群众就是借助于普通人，通过他们使用自媒体对地方公共问题进行揭示和举报，再由相关部门去调查，查清事实。过去审核审计制度不健全，主要官员权力过大，缺少监督，而且不论任期内还是离任之后都不再对自己的主观失误负责任，这助长了歪风邪气，后任也不用为前任的烂摊子去操心，相反，还得处心积虑再去把前任的工程否定掉。这样几十年下来，烂摊子越来越多，造成的环境危害已经相当严重。所以今天进行审核已经是亡羊补牢，但还得继续补下去，直到绝大多数领导干部不再随意将地方环境资源作为牺牲品，而是老老实实地为地方百姓谋求长远的福利，才是实现了科学发展的良好目标。

(2) 发动舆论监督力量，开放言路，让群众揭露反映问题。针对主要问题进行调查核实，约谈主要负责人，当面对质，查清真实情况。舆论监督力量除了依靠媒体收集、提供或发布之外，还需要借助于网络渠道，鼓励实名或匿名投诉和举报官员问题，这就和反腐败有效结合起来，形成震慑作用，制约任职官员不再敢于漠视民意和舆论监督。赋予公民以自主的监督权，拥有自媒体的网友可以通过各种形式表达意见和建议，而是由此反思工作中的不足与缺陷。

(3) 对于离任之后领导干部责任追究制度的强化落实。2015 年 8 月实施的《党政府导干部生态环境损害责任追究办法》指出，只要在任期间作为主要负责人实施了破坏地方环境资源、违规上马市政工程、搞政绩工程带来危害后果的，就要毫不客气地“翻旧账”、揭老底，使其承担责任，包括行政、财务和法律责任。这样的制度会对主要负责官员起到震慑作用，使他们在位的时候，谨慎使用权力，决策时更为谦虚保持清醒，多方听取民意，真正落实民主决策、一把手负总责。审核结果最好能通过媒体公开，以检讨得失。这样虽然施政的效率看似低了，但是从长远来看，既能够保护干部，也会减少决策失误从而让更多的好政策造福一方。

第二节　完善环境法治

一、督促完善环境法治

要强化环境法治建设。根据以上分析可以看出，环境风险是一个客观存在的事实，但是有关传播方面的预警还比较薄弱。其中，对于政府的督促也是非常重要的一个环节，这要以传媒为主要促动力量。需要传媒为主导督促政府强化环境法治落实的措施，减少和避免环境风险。

要在依法治国的框架内落实环境法治。依法治国是一个不可阻挡的趋势。党的十八大再次强调建设法治国家的目标，说明了当前法律落实还存在不少问题，有法不依、执法不严、知法犯法的现象还比较严重。在环境领域，由于一些地方官员出于私利追求个人政绩和化公为私，导致对于环境的破坏屡禁不止，愈演愈烈。媒体需要督促地方依法推进工业污染治理，这包括以下具体六个方面需落实下来的：一是积极推进环境法制宣传和环境违法处理，推进环境法律完善落实。二是严格企业环境“三同时”，自觉遵守环境法律。加快开发工业园区污水、烟尘与其他污染物处理建设步伐，提高工业“三废”治理标准，减少工业污染物排放量，全面实施污水、烟尘等集中治理，对于处理不达标的要实施惩罚措施。三是加快城镇污染物处理建设步伐，落实责任制。加快实施城镇污水处理厂新（扩）建和污水收集管网配套工程，污水处理厂和配套管网须同步建设；进行城市内河水环境整治，包括城市污水截流管网配套建设，整治城市水系。三是加快垃圾处理分类与资源回收利用的立法和落实，动员社会力量参与。这要囊括社区、企业和个人，人人都有责任，不能直接参与的也需纳税扣税。四是积极发挥社会团体作用，鼓励举报各种环境违法行为，推动环境公益诉讼。对涉及公众环境权益的发展规划和建设项目，通过听（论）证会或社会公示等形式，听取公众意见，强化社会监督。五是建立制度化的信息公开发布制度，可把生态环境信息专门放在一个公开的“环境信息网”上，把各地的生态环境信息整合起来，提供公共查询服务。充分发挥人大、政协、工会、社区、媒体等的作用。六是通过立法，鼓励成立民间环保组织和社团，承接政府委托处理环境公共事务。政府与民间环保社团的义务责任与关系以法律形式固定下来，有效行使各自职责。多多利用环保组织的力量，因为代表不同公众阶层的民间环保组织常常是最自觉、最活跃、最有效的环保力量，是环保事业的推动力，但目前非政府环保社团力量还比较薄弱。政府可以放宽条件，使组织、审查程序简单化，鼓励和引导成立民间环保组织，使其与政府保持联系与沟通，并让其公众代表参与政府组织的环保执法检查，或者定期视察环境法的贯彻执行，参与环境管理。同时，政府是环境法治建设落实的第一责任人，也需要社会监督。这需要传媒监督地方落实环境法治，需要激发广大民众自觉参与管理，形成环境治理的合力，最终营造出一个企业和个人自觉守法的范围。

在环境法治落实中，地方政府在环境治理方面还存在不少需要改进的地方，其中比较重要的是在法治落实方面需要媒体的监督和促进。地方政府要依法管理企业，生活领域的垃圾处理，也需要媒体的介入，媒体可以带动民间环保组织的参与，再由后者进一步发动广大社区群众自觉行动，维护环境生态，形成集体性力量，化解环境风险。这是一个缓慢的但又是必须逐步推进的过程，这个过程借助于层层传递，网络的覆盖就会逐渐发挥积极作用。其中依法治国就在遵循这种良好的示范中得以推广普及，被越来越多的人所接受，就会促进地方政府依法办事，依法行政，带来良好的变化。当然，这仍然要依赖于媒体的积极性和主动性的发挥，能够坚持不懈地引领和推动。

在传媒促进环境法治落实中，基于公平正义的原则，尤其需要突出强调的是对以下几个方面须明确立法并且落实：

（1）尽快终结农村自身无力制止的"垃圾下乡、污染下乡"。这需要法律明确予以约束。农村是城市生存的基础，不容随意污染。协调城乡之间的关系，就需要这样的一部法律来约束制止城市对于农村的污染毒害。这应该包括城市污染物中生活垃圾、建筑垃圾、生活污水、工业"三废"的排放去向的详细规定，明确禁止垃圾与污染物倾倒于农村。对于违反者，对照其性质、危害后果做出承担相应刑事、民事责任的处理。建立举报奖励制度，由司法部门进行约谈相关当事人或提起公诉，这需要地方法院设立环保法庭专门审理，加快环保法庭建设，增加数量，增强实力，形成震慑。要敢于冲破地方保护主义的阻挠，积极创造条件，借助于中央司法部门的工作改进，利用上级权力制约地方行政权力，以维护环境生态大局中的公平正义。经过科学考核，保障西部的温饱问题和不再以GDP施压，使西部不再依赖"木头财政"、"水电财政"、"放牧财政"，自觉保护环境生态。

（2）实施法律层面的对富人增税——房产税与遗产税，遏制富人、贪官的挥霍浪费资源与侵吞不义之财后逍遥法外。虽然大众忽略了他们的挥霍浪费造成的多重资源浪费与环境污染，但实际上他们带来的社会风气的败坏远远超过了自身的作孽行为。总之，要完善环境立法，增强惩治力度；要加大生态投入，鼓励环保投资；加强监管力度，健全监管机制；要推广环保知识，进行宣传教育。"环保与每个家庭利益切身相关，建设生态文明，先导是国家，关键在企业，最终落脚点则是我们的民众。要通过宣讲会、宣传栏、知识竞赛等活动，大力宣传环保知识，引导民众从身边做起，从小事做起，维护社区整洁，促进周边环境的保护，从而营造人人保护环境的社会氛围。"[①]最终在公民社会的具体组织引领下，民间

---

① 翁萍萍. 推进生态文明　建设美丽中国[EB/OL]，中国新闻网，http://finance.chinanews.com/cj/2012/12—21/4427867.shtml.

监督力量、参与治理力量都会助推环境保护，共同将生态进一步改善。

二、依法处置污染行为

主要措施体现在以下几方面：

1. *媒体要以舆论造势，配合促进依法惩处各种污染行为*

当前环境立法非常多，但作用不大，必须扭转那种“执法不严，违法不究”的问题，也要切实改变环境法律不能真正发挥作用的尴尬局面，“守法成本高，违法成本低”的局面必须得到改变。原来的“流域限批”和“环评风暴”刮起了一阵环保整治风，但是缺少法律配套和强大支持导致雷声大雨点小，效果不明显。今后对污染整治，要施以重拳。要对重点区域如珠三角、长三角、环渤海经济区和江苏、安徽、河南以及西部地区重点监控和整治，保持高压态势。2014 年 9 月初，有媒体揭露有污染企业在腾格里沙漠中大肆排放污水；内蒙古和宁夏接纳了众多污染企业，一些地方政府和企业串通，以为天高皇帝远，这在摄影师卢广的《中国的污染》中有着令人震撼的揭露。但是在全国政令和舆论讨伐之下，大量东部南部污染企业又在打游击和走西口，将人烟稀少的沙漠地区当做排污场。更令人愤慨的是陕北榆林成为煤化工基地之后，大量耗费淡水尤嫌不足，又为富豪建起了沙漠高尔夫球场，浪费水资源，污染土地。诸如此类肆意污染行为，必须依法严惩。

2. *落实环境治理责任制，有效落实处罚手段*

在环境领域要对地方主要领导者严格问责，自始至终都要对本地环境负责。要将环境保护指标纳入地方各级党委政府考核评价体系。落实生态环境损害责任终身追究制，对那些盲目决策、追求政绩、乱搞开发而造成污染后果的人，即使退休或异地做官，也要追究相关责任；至于纵容和保护污染的失职渎职者都要承担相应后果。防微杜渐，做好预防，必须加大环境执法力度，做到严格执法，发现就要查处，以增强环境执法的权威性。在追究责任方面，要细化惩处措施：① 连带责任。对那些参与其事的环评机构、第三方责任部门在环评和其他环境监测等方面不作为或弄虚作假的都要追究连带责任；② 环保部门扩权。支持环保部门依法查封污染企业机器设备设施，对污染行为作出处罚；③ 进一步细化环境问责制度。针对那些违法审批工程、纵容或包庇污染行为、环境违法不作为等几种行为，要对责任人作出具体的职务处分甚至刑事处罚。对以上违法违规行为还要通过媒体曝光。

3. 规范生活领域的消费，明确依法消费、合理消费

一是针对广告公司宣传中宣扬铺张浪费予以处罚；二是处罚那些过度包装的厂家，"天价月饼"、"天价粽子"之类豪华、奢靡商品尤其要加倍罚款；三是对偷排偷运偷倒生活垃圾、建筑垃圾行为加以重罚，遏制住以邻为壑的行为；四是治理大摆筵席、乱燃烟花爆竹、车队招摇过市、奢华婚礼丧礼、上坟乱烧、食用野生动物等不光彩行径。以环境承受能力和文明公约来作出违规处罚，坚决抵制消费主义、享乐主义、拜金主义的歪风邪气，给社会一个清正文明的消费氛围。

4. 发挥公检法特别是检察院和法院的执法作用，形成有力的震慑

检察院要针对企业环境污染造成重大损失和恶劣社会影响的，及时提起公诉。法院积极受理污染案件，按照有关环境法律作出判决，拒不执行的要采取强制措施，维护法律的严肃性。法院要顶住各种压力特别是来自权力的干预，按照司法程序判决，维护司法公正。法院判决可通过媒体报道，形成有力的舆论支持。

三、加强依法行政

政府部门、人大与公检法部门都要依法行政，对环境事务的处理要进一步制定规范和落实规范。针对现有环境污染的严峻形势，需要做好两方面工作：一是以政府、人大、公检法部门为主体落实好已有的环境法律，二是司法部门细化和制定更为严格更为具体的环境相关法规。2014 年 4 月 24 日，十二届全国人大常委会第八次会议通过了《中华人民共和国环境保护法》修订草案，于 2015 年 1 月 1 日起实施。这是一部被称为"史上最严"的环保法。针对以往的模糊、抽象和操作性不强的弊端，这部新环保法主要对新增加的环境规划、环境标准、环境监测、生态补偿、排污许可、处罚问责等方面要求具体落实。但是在具体执行中如何遵照实施，以体现效果，这就要加强依法行政。

1. 要清除影响环保法治运行的执政因素

建立新的干部考核评价体系，特别是绿色考核体系建立；改变环境群体性事件的解决思路，照顾弱势群体利益，及时安抚受害者，惩处环境污染行为，确定限期治理任务；进一步影响立法因素，建议树立有利于环保的立法理念，在立法过程中始终贯彻环保法的基本原则，根据实际需要制定或修改环保法律法规，提高立法过程中的开放度，使相关利益方尽早介入立法环节。加大环保法治运行的行政因素，建议加大财政对环保执法的投入力度，强化环保部门及其环境监察机

构的人员配备、经费预算和技术装备，提高环保部门的执法能力；落实科学发展观，加大党政干部政绩考核指标体系中环保指标的权重，减少地方政府对环保执法的阻碍；明确环保部门对环保工作的统一监管权限，强化分工负责监管部门的环保职责。强化区域环保督察中心的执法权限，克服地方保护主义对环保执法的不利影响。统一执法标准，规范环保执法行为，强调环保部门严格执法的职责。加大环保法治运行的司法因素，推动司法机关对环保部门申请强制执行的支持力度，加大司法机关对环境污染受害人的民事救济力度，推广“环保法庭”，通过制度创新来促进环保执法。

2. 理顺中央层面的环境管理体制，明确各部委的环境风险承担的具体职责

这就要求中央政府承担具体责任，如在环境与健康工作中承担的事权(负担人员、资金等数量比例)，将有关工作的资源分配、目标确定、标准要求、行动安排都落实在具体的部委，使环境风险预防具有可操作性，实行科学的问题处理方式。目前只有环保部和卫生计生委处理具体的环境风险事务，但是其他部委如何有效参与及承担具体的事务都含糊不清，即使环保部和卫生计卫委也是各自在环境突发事件、重大疫情方面开展工作，没有很好地合作。所以需要两个部门信息共享协调处理环境风险事务，再与其他部委分担职责。要做到上下一致，落实在地方层面，需要承担具体的环境风险预防工作。这就要明确环境风险预防的归口部门，使得具体的任务有人负责；明确部门之间的协调与统一，有风险共同组织处理。避免条块分割的相互推诿扯皮，杜绝那种有好处争夺不休、没油水退避三舍的滑头主义。建立完善覆盖全国的环境风险监控体系，扩大监控的区域领域，抓好农村的污染面源控制工作。

3. 在继续推进环境风险的管理、预警与应急机制建设方面做到有法可依

近年来的大多数环境与健康管理及应急预案都是在环境卫生突发事件刺激下仓促赶制出来的，不仅不够完善科学，而且没有相应的法律规范，造成中央与地方关系与职责模糊不清，只顾一时，效率低下，效果不佳。因此，需要从法律层面加以规范。目前很多地方虽然已经设置了具体的办公机构并配备了人员，但是只能临时应急，头疼医头脚疼医脚，没有完善长期的预防、预警机制。根据形势发展，就需要中央指导地方尽快落实好机制建设，具体工作包括：一是建立环境与风险评估机制，提升对可控制环境有害因素和环境危害的预测能力；二是强化环境风险预警能力，完善有关信息发布制度；三是促进各种环境风险应急机制的深化，保障环境突发事件的处理及时和不留死角。

第三节　强化外部监督

一、提供公共参与渠道

在环境治理领域，除了政府为主导实施工程性规模性环境活动之外，公共参与应该成为重要的环节。民间蕴藏着极其丰富多样的智力资源，需要加快开发运用。而公共参与的途径非常多，但需要有组织者引领者有计划地开展行动。择其要者，公共参与在环境保护领域有以下几个方面：

1. 从日常生活出发，依靠舆论监督政府的环境治理

面对如今政府倾向于“经营城市”而对环境公共事务没有应有的重视和落实的问题，地方民众当然有表达的权利、管理的权利，这主要包括：一是针对社区问题表达意见，不仅仅对广场舞可以参与管理协调，而且环境绿化维护都需要直接过问。二是针对市政工程提出意见。大型工程容易滋生腐败，也需要公众介入以遏制腐败。三是针对公众中存在的浪费与污染行为提出批评，要求个人以及环境执法部门、文明办加以纠正。公众以此问责政府的管理职能弱化问题，要求推出具体措施规范合理、和谐的消费方式和消费行为标准。在很多领域，政府可以通过制定一些地方条例和意见来规范社会生活中的不合理消费特别是因奢侈浪费造成污染后果的行为，以此扭转不良社会风气。

2. 完善制度化的公共参与，畅通公众表达与诉求的渠道

要建立政府、企业、公众三方对话机制。目前很多环境领域的矛盾和问题需要对话协商，暴力冲突造成了社会不稳定因素，推高了维稳成本。因此政府要拓展公共治理的思路，鼓励公民参与，从社区公共事务开始，支持民间环保组织的居中协调作用。支持他们开展的环保调查与有关调研活动；在有些敏感环境议题上，发挥这些组织的沟通作用；利用新闻发布会、听证会、辩论会、现场讨论等形式，邀请公民个人和社会团体，进行合法有序的辩论，共同商议环境议题，提出解决思路和对策。

3. 加大对民间环保组织的扶持力度

建立环保组织社会服务记录制度，提升环保组织的社会公信力和专业水平；实施项目资助，政府购买其服务，将一部分环境议题交给它们去完成，政府只需

要支付一定的服务费用，这些方面包括公众环保意识教育、公众参与的行动、公众环保调查、地方环境风险事务处理等；将民间环保组织纳入社会咨询、服务和评判的对象范畴；开展对环保组织的业务培训，提升其专业化水平；支持环保组织的社会活动如环境教育、环境问题咨询、法律援助，普及环保理念，推动环保自觉行动。

4. 推进环境决策公众参与

吸收民间智慧，吸取各方意见，充分尊重民意；建立环境决策和环境影响的民意调查制度，进行环境工程项目和冲突解决的公示，充分吸收民间的意见和建议，不断改善提高决策质量，让政府工程置于公众讨论和决定之下；建立专家论证制度，对环境问题做出专业解答，对政府和公众都做出合理解释，为双方提供专业知识帮助，促进环境争议的权威判断。此外，还可以创办地方环保论坛、发展民间环保协会，培育形成组织化的决策参与力量。

5. 推进环境监督，实施聘请环保志愿者和环保组织代表担任环保监督员的制度

社会中很多的热心环保公益人士，拥有丰富多样的智慧，应该由政府挖掘利用，以此弥补政府的监督管理不足。这些环保志愿者分布于各行各业，具有随时随地观察和发现环境问题的机会，借助于自媒体能够及时有效地反映环境问题。政府部门应该把他们发动起来，给予鼓励，让他们更加热情地投入到环境监督中，提供线索，帮助政府发现环境问题，尽早解决问题，这对促进环保事业的良性发展都大有好处。环保监督员要制度化并坚持下去，要充分信任和利用民间力量弥补政府环保工作的不足。

二、促进新媒体与传统媒体有机联合

互联网时代对于环境问题的外部监督需要新媒体与传统媒体的联合，这种联合通过新的手段与形式可以实现。在环境危机不断加重的形势下，在权力部门尤其是地方政府环境治理的自身动力不够强，地方媒体对于环境问题往往避而不谈的情况下，两者加强联合是必须的，是有益的和可行的。两者结合是一种有效的监督形式，可以摆脱那种单纯依赖传统媒体而它又往往受制于管理的体制制约的局限性。而在今天资讯发达、信息更为透明的背景下，实现两者的联合有几种途径：

1. 确立信息共享的机制

地方媒体由于客观条件所限往往对环境问题无法有效地揭露,即使有所报道也难以持久,这是地方媒体的困局,一直难有突破。今天伴随着网络的发达,可以不依赖传统媒体的报道,只需要及时提供信息给上级媒体,由它来公开,这是一种转移风险的做法,为信息的公开开辟了一个新途径。

信息共享其实更多地可以借助于网络实现。自媒体时代的一个突出变化是信息能够无障碍地流动,从受阻的地方流向其他出口。由于人人都可以使用网络发布和接受信息,那么在传统媒体不方便披露的信息就有了新的去处。地方媒体记者只要敢于把不能正常发布的环境问题及时提供给网络,信息就能够实现共享,很多问题被揭示出来,再也捂不住,就会对当事人形成舆论压力。

2. 利用网络专门群和圈子的交流功能,实现外部监督

传统媒体过去采访线索来源比较单一,主要靠通讯员和群众来信,而网络时代则打破了各种限制。专门的群、专业和朋友圈子在网络虚拟空间中数不胜数,在环境领域也是不可胜计,加入这样的专业群和圈子好处是显而易见的,能够得到更多的信息,新闻线索来源就更为丰富多彩。这就解决了传统媒体记者新闻线索较为单一的问题,事实上很多记者已经注意到了这样的便捷渠道,但是利用起来还是不够有效和多元。

提升网络监督的功效,在准确、全面的前提下及时发布环境问题信息,并组织讨论,形成显著议题。这个过程不是一个简单和单向的过程,而是充满智慧的内容。谁是环境问题在网络监督中的主力?传统媒体记者责无旁贷,他们具有专业报道能力,能够收集事实,形成基础性素材进行整合,当然也有能力进一步传播。问题在于很多现实限制以及风险会迫使他们明哲保身,缺少冒险的勇气,因此就需要“公民记者”出马。

3. 促进“公民记者”采访和“新闻众筹”的落实

首先要促使公民记者获得发展空间。“公民记者”采访的兴起和“新闻众筹”的实验,是一些国家和地区的媒体包括民间自发的公民媒体创新的产物。简单说,公民记者就是拥有自媒体并通过这种平台发布独立采访事实的公民个人,并非专业媒体记者;至于“新闻众筹”,则是民间自发组织的网络形态的公民媒体通过网络平台为那些提出采访要求和资金预算的公民记者、利用网络平台募集采访资金的行动。募集对象来源于社会四面八方各个阶层素不相识的公民个人或者企业组织,大家共同促进完成公民记者的采访。这种形式在我国台湾地区已

经运作得相当成熟。在笔者访问台湾公民媒体与公民记者的过程中，得知台湾2 300万人口中，就有1 800万人使用“脸书”(facebook)，其中有超过1 000万人是博客的活跃用户。就在这样的网络环境中，涌现出超过200家大大小小的公民媒体，公民记者大约有20万人。台湾通过新闻众筹为公民记者提供足够的资金。公民记者先向自己选择的公民媒体提出采访计划和资金需求，由这家公民媒体开通资金众筹系统，完成资金筹集数目之后系统关闭，公民记者就可以使用这笔资金进行采访。至于采访的题材是由自己把握的，在此过程中监督政府与社会问题都是畅通无阻的。这个经验可以借鉴。因为市场化的大众媒体和网络媒体都有能力实施众筹资金，提供给公民记者去采访，呈现最终的新闻作品。需要注意的是，要在政策法律允许的范围内实施，可先在某些方面试点，确认其具有有效监督环境问题、促进问题解决的良好效果后，再予以推广。

媒体联合中要特别重视发挥新媒体作用。特别是通过网络、手机、微博、微信，利用多种多样的新媒体形式，各种各样的途径进行监督。新媒体与传统媒体在内容整合上可以实现信息共享；可以考虑在新媒体揭露之后，传统媒体跟进采访报道，联合其他媒体一起，形成合力，产生舆论压力，使得监督更为有效。

三、保障公民和环保团体的公益诉讼

要利用法律诉讼加强环境监督。针对环境污染在一些地方没有改善，反而因为地方盘根错节的权力关系导致监督的难有作为，这需要启用法律手段，在媒体的舆论支持下，开展公民个人和环保团体的公益诉讼。为了更有效地保护环境生态，必须加强民间监督的力量，发动个人和集体力量，通过法律手段开展诉讼。除了公民媒体和公民记者与传统媒体结合进行环境信息披露进而实施监督以外，公民个人和环保团体必须敢于参与敢于监督。而开展公益诉讼需要在传媒支持下积极稳妥地进行，这就应该考虑策略、方式与影响。

首先分析个人的法律诉讼。在环境问题上，其实这些年几乎都是个人在走投无路的形势逼迫下才求助于法律解决的，诉讼也成为环境受害者的一个希望的寄托。当前有些司法机关还抱着个人不具有诉讼资格的老旧思想。从大量的新闻报道描述来看，环境受害者遭受的环境毒害远远超出一般人的想象，其中绝大多数是由于附近工业污染造成的。从环境受害者(包括直接和间接受害)吁求的补偿看，个人承受了太大的损失和痛苦。个人诉讼应该更为直接。环境公益诉讼主体可以是直接利害关系人,会触及那些不特定多数间接利害关系人的环境利益。如果限制了个人参与诉讼,就必然导致国家环境公益、社会环境公益及不特定多数人的环境利益受到侵害却得不到保护,纵容环境伤害加剧。所以,不仅不应该限制个体的环境诉讼,而且应予以支持。

其次要推进环保团体诉讼。虽然个人是环境污染受害最严重的客体,但是个人的力量实在微弱,绝大多数情况下都是胜不足喜,败则更惨。只有依靠集体的力量去维护合法利益,其代表便是民间环保团体即环保 NGO。这类诉讼主要针对环境公益,而环境公益主要指国家环境利益、社会环境利益、不特定多数人的环境利益,如大江大河的违规建坝问题、地方河流的污染问题、企业排放污染物问题等,都应归于这一类范畴中。在有关环境公益诉讼的法律草案中,有关组织被特别限定在中华环保联合会这一家半官方组织,被舆论所批评。

要承认"有关组织"的法律地位,尽可能降低诉讼门槛,营造社会舆论支持。现在呼唤民间团体发挥其公益职能的形势高涨,政府和司法部门就应该大力支持,承认民间团体的法律地位,放开各种限制,引导它们朝着替政府分忧解难的方向发展,激发民间创造潜能,提升服务社会的活力。其中,环保 NGO 应该作为最有代表性的民间组织得到支持,允许它们针对重大和典型环境事故提出诉讼,约束企业的非法排污问题。

要确立环保 NGO 为代表的民间团体、个人的公益诉讼主体地位,保障他们的诉讼请求得到满足。一方面,地方政府要把环境民事公益诉权留给公众,把涉及间接利害关系人的公益诉权留给间接利害关系人,没有必要干预,地方法院更应该大力支持。法律要有跟进现实发展的明确的规定,支持公益诉讼行动,增强诉讼主体的信心,这样还可以达到发挥公众维护社会公益及参与环境事务的积极性和热情的目的。另一方面,最高法院应该尽快出台专门的司法解释,对环境公益诉讼主体作出明确的法律适用解释,要求各地法院遵守执行。

要建立健全环境公益诉讼机制,维护环境受害者的利益,满足他们的诉求。在政府支持下,让民间环保组织代表环境受害者或者环境污染客体如动植物、河流、树木等提起诉讼。各级人民法院要重视环境问题的司法解决,参照最高人民法院设立环保法庭的做法,对有关环保公益诉讼不得推诿拒绝立案,要根据实际情况使其进入司法程序,杜绝各种干扰。通过环境公益诉讼,解决具体的环境污染侵害问题,把环境保护与司法救济有效结合起来,让环境公益有了众多个体的维护者,促进环境公平正义发展。

第六章 中国环境保护传播的传媒职能提升

在优化中国环境保护传播的外部条件中，本书已依据现实发展态势提出了一系列的对策。但在同时，在以传媒为主导的传播体系中，环境保护传播要取得更大的成效，则更加需要传媒本身很多的改变，包括功能的完善、传播的创新、质量的提升等。而这些要求与希望加诸传媒，体现了更多的责任诉求和义务落实，更是基于传媒在社会中具有诸多的资源优势、更多的社会关系和更有创造活力。只要传媒自身想落实，就有能力做到，而且做得比其他社会力量更好。面对环境领域已经成为社会各阶层最有机会广泛参与的现实，民间长期蕴藏的创造潜能到了应该激活的时候。在一个老龄化社会、多元化时代，私人利益得到眷顾，但同时公共利益更需要得到尊重，传媒在环境报道领域改进传播效果，就不仅仅是提供环境变动信息这么简单，也不是扩大报道数量的机械重复，而是要利用各方的力量强化环境预警，追求各方的智慧潜能的激发，实现公共参与，推进公民社会发育的理想局面早日实现。因此，传媒需要深化和改进的主要是从理论和现实层面继续培育公民社会、改进环境传播理念提高影响力、强化环境风险预警、进一步普及环境教育等。这些都是传媒职能的进一步完善，是对社会应尽的义务。

第一节 传媒培育公民社会

本书前几章都是以风险社会的来临带来的问题为研究核心，从中国环境保护传播的发展脉络、中国环境保护传播的风险预警、中国环境保护传播的客体影响因素、中国环境保护传播的主体影响因素等方面分别对以传媒为主导的环境传播议题作了分析，针对中国目前在环境领域、环保传播视野中出现的各种问题进行了一定的解读批判。可以看出，环境问题不仅仅是纯粹的人与自然的和谐问题，在实质上主要涉及人与人之间的利益冲突，涉及重要的价值判断。经由环境矛盾爆发出各种冲突也是预警不足的责任，而预警不足除了传媒自身因素之外，又有非常复杂的社会关系介入其中，还与中国独特的文化传统与外来消费主义等思潮影响密不可分。风险社会的特征已经暴露无遗，“不是类似事件是否还会继续发生，而是下一次事故将在何时、何地发生，以及包括传媒在内的机构能够做些什么来预防和准备的前期工作”①。风险随时发生、发展，并且逐步在变为现实，“爝火之方微也，一指之所能息也，及其燎原，虽江河之水，弗能救矣。鸿鹄之未孚也，可俯而窥也，及其翱翔浮云，虽蒲且之巧，弗能加矣。人心之欲，其机甚微，而其究不可穷，盖亦若此矣……禁于未发，制于未萌，此豫之道也，所以保身保民者也”②。古人告诫应该记取，风险是人为造成的，但风险是可以防范的。

显然，整个社会都需要认真对待风险的预警。尽管人们不断地受到风险的考验，一些潜在风险已经演变为事故造成了损失，可是包括管理机构以及传媒、社会大众仍然处在一个被动应对状态之中，“兵来将挡，水来土掩”的被动治理模式迫使管理机构和个人面对事故做出临时改变，但是事件过去，又会陷入疲沓麻木而没有真正的治理，特别是预防措施没有实际的改变。中国直到现在都没有建立起现代意义上的风险管理制度，这就如同一个人没有基本免疫力一样，存在着致命的缺陷，抗击风险的能力极为脆弱。但不论如何，环境风险的具体问题都需要解决，人们如果想正常生存下去，就必须解决环境问题，就必须对于预警做出合理的制度和日常安排，包括传媒、公众在内都需要有效参与。传媒虽然是社会的一个系统，但是不能仅仅停留于表面报道，而需要主动承担责任，预先发现、尽早预告、事故动员、事故善后等都是重要的工作。对于拥有世界最多人口也是最富裕的人力资源的中国，调动数千万乃至数亿人自觉行动，将是一个巨大的创新，也是亟待进行的驱动。这里特别需要教育引导的是公民社会的观念、行为以促进改变，最终达到人与自然和谐、正面推动社会发展的目的。

一、推动公民社会理论本土化

1. 公民社会概念的发展及对中国的参照意义

“公民社会”(civil society)，被翻译为通常意义的“市民社会”，我国台湾地区

---

① 张磊，钟丽锦. 在中国风险管理中突出环境风险管理的战略考量[C]//Jennifer Holdaway 王五一，叶敬忠，张世秋. 环境与健康：跨学科视角[A]. 北京：社会科学文献出版社，2010：117.

② 王晓明译. 吕氏春秋通诠[M]. 南昌：江西人民出版社，2010：342.

称之为“民间社会”，暗含了与政府的对立价值取向。在西方，对于公民社会理论做出贡献的人很多，在古希腊亚里士多德的概念中 civil society 即指“城邦”，这种阐释有了一种政府权力与公民之间的界限划分含义，但是不够明确。此后的霍布斯、洛克、卢梭、黑格尔、康德等人都在进一步推动对于 civil society 的理论阐发。霍布斯在《利维坦》中为政府权力辩护，认为人们通过契约把自己的全部权力都交给了统治者，那么统治者或国家的权力就应该不受限制。此后，洛克针对政府权力过大的问题，提出了“社会先于国家”的著名观点，他认为国家只是处于社会中的个人达到某种目的而形成契约的结果，这是典型的自由主义思想家的认识，这在卢梭的“社会契约论”理论模式中也得到呼应。他拥护自由，要求国家（政府）与人们之间遵守先验的约定，人们拥有巨大的自由，政府不能随意干涉。康德以个人权利和公共权利的公设来说明从自然状态向市民状态的过渡，前者可以看作是个人权利的状态，后者可以看作是公共权利的状态。以上思想家的理论可以归结为古典式市民社会理论，只有到了黑格尔那里市民社会理论才算进入了近代时期。他对市民社会与国家作出鲜明的区分，提出“国家大于市民社会”的观点。

进入 20 世纪，对“市民社会”做出新的阐释的是意大利共产党创始人安东尼奥·葛兰西。他最重要的贡献是提出了“文化霸权”概念，其中隐含了对“市民社会”新的理解。有学者认为：他在对“市民社会”作独特理解的基础上，阐释了无产阶级必须掌握意识形态“文化霸权”、加强“阵地战”的建设以及重视“有机知识分子”的思想[①]。葛兰西将市民社会看成是上层建筑的一部分，突出强调市民社会的文化意蕴，主要从文化霸权的角度来理解和界定市民社会概念。应该说，葛兰西能够把市民社会的观念引导到文化领域，及其引申出的“领导权”问题，都是富有启发意义的，因为市民社会理论应该能够指导实践，帮助人们理解文化问题，理解政治斗争，特别是发动普通大众自觉组织起来，争取文化权力。

要看到现代意义上从“市民社会”到“公民社会”的演变。沿着葛兰西的研究路径，汉娜·阿伦特、哈贝马斯、J. C 亚历山大、黄宗智等人都在对“市民社会”做出各自的阐释。阿伦特对于古希腊的城邦制民主，主要从政治领域理解和阐述公共领域（市民社会）的概念。在 1958 年出版的《人的条件》（*Human Condition*）中，阿伦特将公共领域阐释为一个由人们透过言语及行动展现自我，

① 冯洋洋. 论葛兰西的市民社会理论及对我国文化建设的当代启示[J]. 学理论，2011(7).

并进行互动与协力活动的领域。在她的论述中，特别强调了人的活动和参与，由此区分了公共领域与私人领域的差别：公共性。它的三个特点是公开性、开放性、可见性①。可以看出，阿伦特主要关注可见的参与这种公共领域，也就是对市民社会的行动模式(开放性)做出描述。此后，被中国传播学界公认的“公共领域”理论创造者哈贝马斯继承和发展了阿伦特的公共领域思想，并且进一步靠近了传媒的公共空间研究。哈贝马斯对于公民社会使用“公共领域”作为替代，正是在这种社会历史式的细密考察中，哈贝马斯注意到了大众传媒的作用。

受到传媒关于公共领域的启发，许多媒介学者在此基础上展开了媒介公共空间研究，例如加拿大学者赵月枝；美国历史学家黄宗智也非常关注公共领域的建构问题，他研究的中心或者说对象主要在中国，一直期待着中国能够出现公共领域活跃的市民社会。他在考察了清朝末期的一些发达的商业城市之后，认为中国晚清时期在汉口出现了像商会这样的类似民间组织，可以看做市民社会的萌芽。但是他通过对100多年来中国的政治、社会结构的分析认为，中国还没有出现理想的市民社会：改革开放时期的市场经济和私营企业很大部分是在国家机器和官员扶持下兴起的，与其说是完全在“体制”外的东西，不如说是体制和市场互动的产物，说到底更像我们所谓“第三领域”的现象。黄宗智不仅从理论上解释公共领域，更重要的是，他依据自己作为华人在祖国生活过的优势，剖析中国晚清以来的市民社会发展形态，指出了中国伴随着现代化行进中市民社会发育的迟缓滞后，对政治、社会发展都带来了不良影响。

要认识“公民社会”在中国的现实形态以及拓展。中国自从20世纪90年代开始出现了对于“公民社会”、“公共领域”、“协商民主”等概念解释引进的热潮。苏联、东欧的社会主义国家日益暴露出来的高度集权的弊端使人们开始对斯大林式的国家专制高压进行反思。一些学者借助于市民社会的概念来表达他们的反国家主义的思想，最终酿成了90年代初的苏联、东欧剧变。有学者把它看成是市民社会复苏的直接结果，葛兰西、卢卡奇、哈贝马斯等人的关于市民社会、公共领域的论述受到重视。这些成果首先在东欧国家得到梳理研究，然后被引入中国，由法学、政治学、社会学、传播学等学科学者翻译引进。

知识界对公民社会的讨论主要围绕现代化的进程而展开，这与“公民社会”

---

① 黄月琴. 公共领域的观念嬗变与大众传媒的公共性——评阿伦特、哈贝马斯与泰勒的公共领域思想[J]. 新闻与传播评论，2009年卷：68.

这一概念的“舶来”性紧密相连。这一时期的成果，除了探讨建立中国的公民社会以外，主要集中在对西方公民社会理论的评介上及对此概念移植中国展开论证(以《中国社会科学季刊》为代表)。1992年邓正来、景跃进的《建构中国的市民社会》一文，是当代中国研究公民社会之滥觞①。随后，这份刊物发表了一系列的有影响的文章，围绕如何建构中国公民社会，及中国公民社会有无可能展开，并出版《国家与社会》论文集。到了20世纪末，“随着世界范围内的治理与善治学说的兴起，十五大之后的政府机构的需要对中国政府的治理变革、创新制度研究也进入一个新的阶段，公民社会理论的兴起符合了中国政治民主化、文化多元化的发展趋势”②。此阶段的研究主要从政治社会学的角度对作为实体的公民社会进行实证的研究，对国家、社会之间疆域的确立、社会空间的建构及第三部门的发展展开切实的论证。

2. 传媒构建公民社会，推动公共参与

传媒要努力建构公民社会，推动公共参与。公民社会的发育成长离不开传媒的中介与引领作用。公民社会的组织是以公共事务为基础，维护公共利益。在这个过程中需要一个外在的带动力量，使得公民社会有所依托。在当代社会能够承担这个责任的最合适的组织就是大众传媒。大众传媒不是一般的公共组织，而是越来越具有强烈的社会参与、协调、动员功能的机构，体现出不同一般的社会组织能力。

要促进大众传媒建构公共领域的能力。不同于以往的阶级斗争工具，今天的大众传媒成为一项产业，它包括报纸、杂志、电视、广播、网络、音像制品等产业。“大众传媒是一种单向的(传媒制作人——受众)情感支持方式。”③经过一百多年的发展，传媒在今天已经成为一个庞大的信息服务机构，一个依靠信息有偿提供并通过广告的隐蔽形式获取利润的公共部门，各地出现的报业集团、传媒集团、广电集团等等都是它的具体外在形态。传媒是面向全社会开展信息服务的，从传播学角度看，它是一对多的传播形态，具有开放性。而传媒的触角可以伸展到四面八方，社会的各个角落。它既然是开放的、包容的，当然它从事的就是公共服务，不过是一种提供特殊精神产品的服务。这是它具有公共性的一面，

---

① 李熠煜. 当代中国公民社会研究综述——兼论公民社会研究进路[J]. 北京行政学院学报，2004(2).

② 俞可平. 治理的变迁[M]. 北京：社会科学文献出版社，2008：56.

③ 郑力. 媒介传播中的消费文化[J]. 青年记者，2006(12).

那么另一面就是人人都可以接近、参与传媒的运作，可以自由地使用传媒。它是一种市场化制度。“大众传媒不但向受众传播信息，而且更重要的是向受众提供为社会所接受的价值、理想和情感”①，这可以理解为传媒天然属于公共领域，也应该能够建构公共领域。

尽管对中国是否存在哈贝马斯意义上的“公共领域”，学界至今仍有争议；但也需看到传媒在构建公共领域中的力量，如哈贝马斯在《公共领域的结构转型》1990 年版的序言中所言的：“这样，一种新的影响范畴就产生了，即传媒力量。具有操纵力量的传媒影响了公共领域的结构，同时又统领了公共领域。”②传媒无疑是公共性的承担者，哈贝马斯曾对传媒公共领域作了无情的批判。他描述了 19 世纪晚期的资本主义公共领域是如何走向衰落的，传媒操纵的文化消费的伪公共领域取代了理性的、批判的公共领域，虚假的公共意见混淆了真正的公共问题，到了鲍德里亚所描绘的“消费文化”的后现代，整个资产阶级的公共领域已经彻底淹没在“超现实”的空间了。这对于中国大众传媒是一个重要的警示。当前值得乐观的是中国传媒作为一个公共意见的平台，使社会各阶层的交流沟通更为活跃，对社会热点的讨论促成了观点的自由市场的发育，这有利于民主政治的发展。传媒的发展对于人们的生活和社会发展具有直接的公益性，从这一角度看，媒介的公共性就是一个首要的难以忽视的命题。媒介作为社会公器，在享有社会权利的同时，也在承担社会责任和历史使命。可见，公民社会的建构需要借助于大众传媒的帮助。

传媒构建公共领域应主要抓好虚拟和实体两个领域。在虚拟领域，主要是传递信息、引发舆论、引导舆论、带动关注。传统媒体不但善于利用一个事实，传递具有倾向性的暗示，而且会借此带动公众情绪，引发讨论，形成短期内的关注热点，促使事态发展。在网络虚拟空间中，基于事实形成关注度高的事件，再由事件上升到巨大的舆论场，就会影响事件走向。传媒要善于利用这样的事件导向的操作套路，与新媒体结合，共同为社会设置议程，不仅引发公众舆论，而且促使地方政府跟进，进一步解决问题。借助于南京的梧桐树事件，微博发力，结合传统媒体的报道，迫使南京市政府尊重民意，停止因地铁施工而直接砍伐梧桐树的行为，为此改换设计，保护树木就是很典型的成功合作案例。

---

① 王宁. 消费社会学[M]. 北京：社会科学文献出版社，2011：96.
② [德] 哈贝马斯著，曹卫东等译. 公共领域的结构转型[M]. 上海：学林出版社，1999：38.

在实体领域，传媒要学会利用热点促进社会问题的解决。很多公共问题都需要传媒当好引导者，例如组织救助贫困失学儿童、募捐等。抗战胜利已70年了，可是一些抗战老兵仍然流落在外，传媒策划“抗战老兵回家行动”，就是一个体现公益性的行动。这就启发我们，当前很多公共问题传媒如果不参与，往往很难得到关注和解决。因为当前的公共管理职能在削弱，追逐私利使得很多人不会主动维护公共利益，这在环境问题方面最为典型。公共问题需要承担者，大众传媒在此时适度参与，主要是进行宣传、发动、组织、协调、处理等。就中国目前的情况而言，公众极其需要组织起来，发挥公益参与潜能。

在今天环境危机发展的背景下，最需要传媒这样的中介积极行动。这主要是利用各种方式动员公众，让大家不仅仅认识到危害后果，而且还要主动和媒介沟通，在媒介号召下凝聚起来，参与到环境治理这一类公共问题的解决之中。现在公众动员不容易，很多情况下极为困难，这是道德伦理下滑的后果。公众是分散的、自私的、冷漠的，如果没有外在巨大利益刺激是不会积极行动的。对于环境问题只要不触及自己的切身利益，往往就不热心不关心不操心。传媒要动员的是闲散的公众的力量，只有他们被集结起来才有可能做成事，这就是传媒面临的艰巨任务，也是巨大挑战。

传媒构建公民社会要有组织性，借助于成形的民间组织开展活动而对其反映、传播和扶助。同时也要关注个体，进一步使微弱的力量得以吸纳资助的正能量，走向壮大。传媒所起的作用，不外乎中介、桥梁的作用，还有居中协调的功能，以及直接参与并予以反映。虽然这是一种有争议的媒体策划，但只要目的是为了公共利益，在不伤及新闻真实性、不违背公序良俗的前提下，应该大胆策划，引起各方关注和参与。

二、传媒拓展环保NGO的发展空间

公民社会理论化、本土化要通过环保NGO这样的承载主体完成。在公民社会快速的发展中，环保NGO成为传媒开展预警的最好也最合适的合作组织。传媒在协助环保NGO开展环保教育、公共参与等方面有很多工作要做，以承担相应的责任。

1. 帮助环保NGO提升权威性

传媒对于环保NGO具有特别的重要性。自从改革开放以来，中国公民社会就在艰难地发展中，社会大众对于它的认识还比较肤浅，甚至还有不少偏见，其中环保 NGO 更是得不到应有的尊重。这一方面降低了社会对环境生态风险的警惕性，环境污染逼近反而更为麻木冷漠；另一方面大众又抱有深刻的偏见，嘲笑热心公益事业的人，视之为犯傻而不能加以理解。环保 NGO 缺少有力的社会支持是一大难题。自从 20 世纪 90 年代初出现以来，依靠少数文化精英的支撑，民间环保组织才在环境危机中艰难发展，获得不多的资源，却主动承担了比自身能力大得多的责任。发展到今天已经有 20 多年的历程，但是其地位与实力没有根本的改观。

基于此，传媒有义务扶助民间环保组织得到提升，成为公民社会发展的坚强后盾。要经常帮助它们克服困难，正常开展活动。传媒最需要做的是多多展示环保 NGO 的公益、美德、爱心、坚韧的良好形象，多反映其成员与领袖的感人事迹，举办活动予以推广，提高社会的认可度。克服那种认为环保 NGO 的日常活动缺乏新闻价值就不去帮助挖掘提升环保活动重要内涵的积习。这方面传媒更可行的做法是利用典型事件提升环保 NGO 的社会公信力和权威性。策划新闻事件，充分展示它们的公益形象，推出系列的环保公益人物，引领美好理想与追求。

2. 依托环境事件报道环保 NGO 的环保行动

只要善于发现和策划，传媒就会找到合适的渠道，借此扩大环保 NGO 的影响。近年来工业化发展带来的污染后果不断以事故形式出现，媒体报道引起很大关注。但是其中如果缺乏环保 NGO 的声音，新闻素材就比较单调，事件就不够完整和丰富。这方面有些媒体已经做得很好。在 2011 年的渤海溢油事件中，责任方外资康菲公司野蛮作业导致溢油，令人愤慨的是在被媒体揭露后还多次企图隐瞒真相。“北京公众与环境研究中心”负责人马军联合“自然之友”等 10 多家在京环保 NGO 对渤海溢油事件展开了调查，深入污染海域取证，走访山东、河北等地遭受惨重损失的养殖户，向国家海洋局提交意见书，敦促国家出面调查处理康菲公司的违法行为，并为此提起公益诉讼。这些行动得到了媒体的热烈回应，相关报道非常醒目，引起社会高度关注，舆论批评也非常强烈。同样的在云南陆良化工事件——责任方随意抛弃铬渣的犯罪行为中，云南“大众流域”与多家环保 NGO 联合行动，调查取证，提起了环境公益诉讼，促使地方法院判决肇事者承担刑事和民事责任。媒体的多次报道给人重要的印象，包括普通人和事业机关对此都有了新的认知，环保 NGO 已经做了政府机关没有做的事情，具有重大的社会价值。对环保 NGO 的行动，媒体进行报道，就是在改变社会的认识,促使变化的发生,具有积极意义。

这就是说,媒体可以利用环境事件与环保组织的结合点来找到具有新闻价值的事实。前提是这一类公益组织积极主动参与到环境事件的处理中,或者是针对某一类环境问题作出独特分析解答。"自然之友"曾经连续三年发布"公民环境行动绿皮书",即对公民的环境行为作出调查,分类打分最后得出总分。媒体得知之后,就予以报道,报道重点是分数以及得分过低的现状:有意识无行动。这个系列报道引起了广泛的讨论,引发了反思,是一个成功的环境新闻策划。

3. 多做牵线搭桥的工作,让环保NGO与政府、企业增进合作

要使各方有越来越多的沟通协调,不再局限于外围的调查。实践证明,环保NGO能够胜任的工作有很多,特别是政府不便于涉及的环境公共事务应该更多地交给它们去做。但目前他们开展公益活动还比较困难,这需要传媒进行居中协调,说服政府放手,交给环保NGO去做本来属于公益事业的工作。例如河流污染源、生活污染源、垃圾处理等方面的调查取证与解决方案都需要借助于民间力量完成,放手发动群众,就会做得更好。智慧蕴藏于群众中,各种奇思妙想都会在放手和信任激励下激发出来,创造出更多社会期待的成果。传媒利用联系上下方便的条件,争取提供给环保NGO更多的项目申请、课题承担、公益活动机会,发挥它们的积极作用。这样既能有效地化解环境危机,又能够实现良好预警。

传媒牵线搭桥还有一个很重要的工作是,让公民社会自觉挖掘闲置的人力资源潜能。对社会公众的环境领域参与创造加以引导,再作为新闻加以传播,以起到示范作用。公民社会的一个本质职能是自组织,就是自己处理原本属于自身的议题任务,例如社区的管理、行业的事务、社会公共事务。其实政府作为全体公众的"守夜人",应该处理好宏观的、大局的公共事务,把那些不该管又管不好的具体公共事务交给公民社会处理,这样才会相得益彰。当然,公共事务有很多,环境领域就积累了大量的亟待解决的问题需要公民社会承担,其中民间环保组织已有一定的尝试,但还需要传媒牵线搭桥,挖掘潜力。

三、强化知识分子的责任担当

每个时代都需要知识分子(包括传媒人,特别是供职于有不同影响力的媒体

从业人员）发挥核心作用，当今时代更要主动担当责任。但是论及知识分子的责任最容易失之于大而无当，泛泛而谈。为了避免这样的弊端，只能就具体的要求作出建议。这里分为三个层次作出倡导。知识分子职业不同、专业有异，还有个人禀赋、爱好、能力、地位等都不一样，因此知识分子所发挥的作用是有区别的。我们不能强求每个人都如梁从诫那样奋不顾流俗，在生命的晚年情真意切、竭尽全力地“为大自然请命”，到处奔走呼吁，殚精竭虑介入环境问题解决，以无比急迫的悲悯情怀主导各种环保“抢救”而震动一时，他为当代和后世树立了一个行动的典范。但是知识分子要主动承担责任，是义不容辞责无旁贷的。其总的要求是：主动承担责任，不仅要有言，更要敢行，知行合一。

1. 知识分子责任担当的三个层次

第一个层次，要做到言语的积极主动，敢于公开发声。具有专业知识是其独特的优势，这种专业分工让知识分子占据了知识和道德的高地，发挥以专业解决实际问题和思想观念启蒙的积极作用。历史记载着历代知识分子以真言诤言树立道德高标的史实，尽管可能要付出个人、家族甚至更多株连者的生命代价，但那些优秀的知识分子为后世树立了典范。当代知识分子应借助于自己的身份去参政，可以借助于公共事务直接参与介入地方议题。2007 年全国两会上，厦门大学教授赵玉芬联合其他委员就厦门 PX 化工项目提出质疑。3 月 15 日《中国青年报》记者率先发表报道：《106 位委员签名提案建议厦门重化工项目迁址》。自由作家也忍不住发声批评，3 月 22 日，《潇湘晨报》刊发了《连岳：公共不安全》，3 月 23 日，《南方都市报》刊发了《连岳：保护不了环境的环保官员》，《第一财经日报》刊发了《厦门百亿化工项目存安全隐患　百名政协委员反对》等等报道。后来基于越来越大的压力，厦门市政府宣布将该项目迁往漳州。越来越多的抗议事件发生，提示着知识分子参与的机会。北京六里屯垃圾处理项目引起居民抗议，此后的江苏吴江、广东番禺、广西梧州等地都发生了当地居民抵制垃圾处理项目的群体性事件，可是专业知识分子极少现身，地方媒体几乎集体失声。面对尖锐复杂的冲突，知识分子不应该明哲保身，而是要敢于介入其中，化解矛盾冲突。可以联合媒体创新社会参与，组织公众学习环保知识，掌握相关环保法律，积极参与政府决策，为政府排忧解难，减轻环境治理压力。

这里需要强调知识分子应该多多利用媒体表达声音，影响舆论。平面媒体提供了越来越多的版面给专家学者发表意见，这是具有诱惑力的，是名利双收的事业。知识分子要将报刊与电视、网络充分利用起来，结合现实问题及时反映，传播观点，影响社会。每当社会出现疑问争议，大众比较困惑的时候，以及目前整个社会深受环境危害的时候，都期待知识分子的出现，解疑释惑与表达意见，以对问题解决有所助益。

第二个层次，积极运作，进入体制中参政议政和建言献策。越来越多的公共领域需要介入管理，近年来公共问题不断增多，也在客观上呼唤知识分子的参与。每一个地方的景观设计、公用设施的处理、植树绿化、环境宣传和环保工程、污水处理、公共卫生、生活与建筑垃圾处理、生活消费等方面都需要政府之外的知识分子实施干预，或递交提案，或视察调查，或会议表达，甚至当面质询等，以引导良好的公共事务发展。在社区环境服务方面，知识分子更有用武之地，垃圾分类与处理、资源回收利用、环境卫生维护、节约资源的宣传、闲置人力开发（如社区环境监督、农村田间环境改善服务）服务等公共事业都等待他们去过问处理。知识分子分布于很多专业领域，他们是媒体的耳目喉舌。传媒应该充分依赖他们，给他们提供发声的平台，提升发现和传播的水平。可以模仿都市报悬赏线人的做法，鼓励各领域知识分子主动提供环境变动信息，以利于传媒环境预警。

知识分子既要利用现有的体制便利建言献策，也要跳脱体制束缚去积极主动干预社会公共问题，促进实际问题解决。有些人没有机会在体制内参政议政，也无法有效利用意见传达的程序，确实影响了公共参与的积极性，阻抑了社会创新，但是责任感的驱动可以促使他们主动过问公共问题。在环境领域积累了大量的尚未处理的被拖延掩盖的危害，这需有人自下而上的推动，形成外在压力机制，以私人信件、公开文章、讲座论坛、公益活动等形式揭示，促使具体问题的处理解决。

第三个层次，是直接行动，即“知行合一”的实践追求。知识分子除了著书立说、各种场合的发声之外，还要直接行动，实现“立德、立言、立功”，特别是具体参与到公共事务之中，改变一些现状，解决一些环境问题，并传播出去使之广为人知。这需要借助于传媒，而后者也要依赖这种力量。这会使细微的和巨大的环境变动都有一个参与者和信息提供者，以此带动媒体的回应。“例如针对淮河水污染，传媒所能做的一个重要工作是根据有人提供的线索，突破地域限制，揭示上中游污染大户的违法排污问题，促使当地政府和沿淮居民的关注，并倡导民众行动起来，监督污染企业的排污，查访管理部门的环境治理行动，将这些行动有选择地加以反映，会激发更多的人积极参与监督；而当政府予以治理时，发动群众协同作战，激发群众的创造性，都是传媒应当考虑的富有潜能的议题。”①虽然这里主要涉及地方群众，但是知识分子也在其中，是最有条件与媒体发生联系的。知识分子的行动是不容易的，但也是极为需要的。他们的行动具有带动作用，能够影响和吸引其他社会阶层的跟进模仿。因为这种身体力行不在于捞取什么政治资本，而在于以自己的行动参与公共事务，为促进环境问题的解决提供必要的帮助，体现个人价值；这也是为社会奉献了宝贵的精神财富，自己也会感受到社会尊重和精神愉悦，具有重大的文化价值和良好的道德引领作用。

2. 知识分子责任担当的两种阻碍

除了以上三个层次的要求之外，还得破除两种阻碍，第一是体制收编，第二是自私和破坏。这两个问题都是更为复杂更为艰难的障碍，一个是客观的因素，一个又是主观的问题。当然，为这种体制辩护可以认为：这种体制能够解除知识分子的后顾之忧，提供一个良好的环境和条件，使之能够安心进行知识和艺术生产，能够集中精力，发挥聪明才智去创造。这是人们都期待的一个美好状态。但是，如果继续沿袭把文化生产管起来而且剥夺其独立性和自由度的做法，实施一种僵化的一元化管制模式，当然会遏制文化创造；同时需要警惕的是衡量标准的导向失衡问题，如果一味以收视率、阅读率、发行量来作为考核标准，无疑也是对文化生产特别是新闻传播的伤害。知识分子屈从于权力和资本，就必然导致新闻传播的媚俗和低俗化。

值得批评和纠正的是第二个问题：自私自利和祸害社会。正如著名学者钱理群所揭露的那样，现在有一群精致的知识分子。这是一批典型的自私自利者，他们会利用所掌握的知识千方百计地为自己争取利益，唯独对社会公益弃之不顾。自私自利表面上不会危害社会，但是过度占有掠夺消耗公共资源，显然会剥夺弱势群体的正当资源，导致新的社会不公，而且其自私自利作为，也会毒化社会风气，传染不良倾向。显然，应当尽到的社会责任在这些人身上没有得到体现落实，良好风范的导向作用不仅没有发挥，反而暗示他人跟进。至于祸害社会的无良行为在当今知识分子中也有一定的比例，知识在他们那里起到了更为可怕的相反的作用。例如 80 年代从美国引进“瘦肉精”实施所谓“科学养猪”的浙江大学一位教授，将这项科研成果推广应用，却刻意隐瞒了“瘦肉精”的毒副作用，直到 2011 年以来多人受到严重伤害，可是进行商业开发而发了横财的这位教

① 贾广惠. 论环境风险与传媒议题的生成机制[J]. 人文杂志，2009(3).

授，被网友质问时，拒不认错道歉。应有的良知在他那里毫无作用，这是很可怕的事情。学习知识、养成道德都是为了服务于社会，都是为了报效祖国，个人的价值只有在奉献于国家、有益于他人和社会的过程中才能充分体现。对于危害社会的行为应该及时揭露和批评，起到治病救人的效果。还有一些维护既得利益群体的所谓专家，其不负责任的言论也应该被制止，并且要有道德和名誉的惩罚机制，以遏制无序的、任意的危害社会公共利益的行为，净化知识分子队伍，培育良好的学术和公共道德，促进整体的职业形象的好转，培育自觉追求促进真善美的知识分子队伍，扩大其优良品质的影响，使这个群体担当起塑造"社会的灵魂"的责任。

第二节　改进环境风险传播的宏观战略

一、传媒抵制消费主义

对于传媒而言，再没有比以身作则、率先垂范抵制消费主义更为重要的了。传媒带头参与环保具有良好的示范意义。传媒对纸张、电力、石油、煤炭、淡水等资源能源的节约，在当今背景下非常重要。可是为了向市场要效益，大多数媒体还在持续加大资源消耗的强度，加剧能源紧张的局面，再加上鼓吹消费主义，更是带动了浪费、挥霍与污染之风，民众生活领域的过度浪费与污染已经达到了制造大面积国家危机的程度。所以传媒需要改进的地方主要有：

1. 报纸与电视传媒的资源浪费现象

通过自觉节制，传媒要达到传播效益的最大化和受众知情权的充分满足。报纸的浪费是最突出的现象。报纸曾是最为古老的大众传播媒介，但是20世纪以来，资本主义国家的报纸扩张带来了对纸张急剧增加的需求，这一方面满足着扩大的信息需求，一方面又是极大的资源浪费。其中一个最为突出的问题是，报纸大量印制又大量废弃，使用价值走低，使用效率不高；二战结束之后，社会主义国家崛起，报纸的发展追随着工业化步伐，消耗着巨大的资源。到了90年代中国的都市报兴起之后，潜在的资源浪费问题慢慢显现出来。报纸发行不计成本，只是为了扩大覆盖面，提高影响力，其实是以牺牲纸资源为代价的。有一位老报人这样批评说："每日一报的各种报纸中，有3种对开版的，1种4开版的，这4

种报纸版太多量太大，其中一个对开版的一日多达68版，重326克，4开的44版，重225克，如果把68版的这份大报裁制订成32开的书，则多达544页。报纸便宜，都是一元一份。拿着这么厚厚的一叠，心里却在犯愁：要多少时间才能看完？其实报纸不少都是售房、购车、股市广告等。这些我们根本就不需要，最后看过的连同不看的全丢进了字纸篓。小数大算，四种日报，每种每日按发行10万份计，共40万份，计100吨，日复一日，年复一年，这个资源的消耗有数吗？要破坏多少青山绿水或付出多少外汇进口？就算能回收一部分，也要第二次投入。"[①]报纸的资源浪费不仅是有形的，还有更多无形的，如时间、精力、空间等消耗，都无法精确统计。

相比报纸的过度消耗资源，电视更需要减少资源浪费。每年春节，各大卫视纷纷抢夺收视率烧钱办春晚，2011年度几十家卫视拼杀激烈，狂烧两亿人民币"跨年"之后，对各大卫视"跨年晚会"招来的"烧钱比拼，劳民伤财"的质疑声四起。面对"兔年春晚"资金投入这一敏感话题，各大卫视相关负责人不约而同地选择避重就轻，只谈炫目的舞美设计、强大的演员阵容、创意独特的节目[②]。不仅仅是办春晚，在很多节目中追求高大上的风气比较突出。电视内容造成的浪费问题具体看有以下几个：一是时间浪费，二是能源浪费，三是医疗卫生资源浪费。随着电视进入家庭，老老少少被卷入电视的魔幻漩涡之中，追随着荧屏难以自拔，时间悄悄流逝，很多人最终消磨了意志无所事事。这又是对人力资源的浪费。能源浪费也是比较严重的问题。电视使用的设备仪器都具有高耗能特点，附属设施也是如此，电力资源时时消耗，加上其他机器运转，仅为了收视率浪费就难以统计。看电视久坐不起，对于人的健康损害是长期和潜在的；长时间观看电视对于视力的损害也比较严重，青少年的近视率普遍上升，且还在继续攀升之中。

2. 报纸与电视都应倡导资源与报道内容的节约

传媒应该以大局为重，以可持续发展为衡量指标。有很多时候，一家媒体的运行如果只测算自身的经济效益，投入收益合理，但是放在大局中就不合理，就是浪费。在报纸与电视新闻、娱乐、广告的同质化方面，就有很突出的表现。媒体既要测算具体的经营效益，也要为国家考虑，适度的消费是合理的，但是一味

---

① 甘爽. 电视报纸等文化传媒领域的资源浪费应引起高度重视[J]. 发展论坛，2011(12).
② 张蕾. 弱势春晚跃跃欲试　各大卫视"砸钱"置年货不怵央视[N]. 劳动报，2011-02-01.

以经济利益为中心就需要思量。应该追求的最好状态是：既满足了自身效益，又把对社会、自然的破坏降到了最低。实际运行中很少有媒体能够这么自觉自愿地维护环境和资源公共利益，所以才需要对此加以纠正，这需要外部和内部力量的督促。以下从实体资源节约举措和报道内容倡导两个重要方面分别加以阐述。

从实体考虑，中国媒体可以从节约版面、栏目入手，同时节约资源能源，共同减少浪费。这方面可以借鉴国外的做法。美国一项媒体调查显示，自从21世纪以来，由于美国经济的不景气（金融危机更是让媒体雪上加霜），美国各大小报社为了应对危机，节省成本，不断裁减编辑部的人手，裁员使得新闻报道越来越简短，而且集中在地方和社区新闻上。国际新闻、全国新闻和商业、科学以及艺术的报道都在减少，很多报纸还减少了字谜游戏，取消了电视节目预告和股票栏。我国很多报纸不仅不应该扩张栏目，而且相反，应该大量削减栏目，压缩纸张数量，一份大报12至16个版面已经足够。其他的版面刊登了不少读者不愿意看的专栏广告，多是无效的信息传播。从降低经营风险角度看，传媒就应该减少对广告的依存度，发展多种经营才是良好的出路。在资源能源消耗方面，还需要继续挖掘潜力、开源节流，做好细节改进的工作。媒体工作是个越来越复杂的操作系统，如果一个环节做不好，就会带动其他环节一起过度消耗，造成资源浪费。媒体要做到自觉降低机器设备的空耗和无效运转，减少操作中的跑冒滴漏等。这都需要强化责任感，并且落实到具体的制度遵守和激励举措之中。

报道内容方面需要强化节约意识。这有两个方面需要注意，一是抑制对于消费主义的鼓吹，二是加强对于节约环保、综合利用的宣传。自从20世纪80年代以来，大众传播媒介对于消费主义的鼓吹就不遗余力，带动了消费观念的更新，但是负面问题更为严重。因此，今后媒介需要自觉抵制对消费主义的鼓吹，把社会效益放在第一位，减少对不合理的奢侈品与超前消费的鼓吹，摆脱对拜金主义、享乐主义的迷恋，自觉宣传可持续消费、绿色消费，并选择生活领域的案例、事实进行宣传，不间断地进行引导。

从内容考虑，大众传播媒介应该增加信息的有效性，减少基于广告宣传与过度娱乐的低效度。具体看，当今传媒中大量的广告充斥版面，过多的冗余文字、声画占据屏幕。应该大幅度削减这些内容，节约纸张、时间和其他很多资源。这样算来，一般都市报需要减少至少一半版面、栏目，而这触及的是媒体的直接利益，但是如果从保护环境资源的角度看就是应该做的工作。这方面也可以借鉴美国媒体的做法，在2009年，“为应对受众转向互联网、收入下降以及裁员等问题，美国媒体近来纷纷采取合作共享资源的措施减少成本开支。据美联社5日报道，开始合作的不仅仅有去年底达成协议、从今年1月1日开始共享新闻资源的《华盛顿邮报》和《巴尔的摩太阳报》两大报，从去年10月开始，《达拉斯晨报》和《沃思堡明星电讯报》就互为代理发行业务，并从11月开始共享图片和部分新闻产品的资源。拥有《达拉斯晨报》的A. H. Belo公司去年裁员13%，其中包括《达拉斯晨报》的50个新闻业务岗位；报纸开展合作可避免采取关闭部分分社或同时减少某些报道内容的措施”①。为解决同样问题，电视也可以这样基于资源共享的考虑减少重复传播和无效时间占用。

对于中国媒体来说，完全可以实现同质内容的资源共享，如电视之间的新闻资源共同利用；也可以实现不同级别媒体之间的资源共享，如上一级媒体的新闻资源由下一级媒体使用。但是目前的问题在于媒体之间横向与纵向都太过于封闭隔绝，彼此之间只有采访相互见面以及有限合作的关系，而不是真正意义上的资源共享关系。在同一个媒体集团之间实现了一定程度的资源共享，但是集团之外媒体之间就没有什么合作与协调，这是利益分割造成的问题，所以需要打破这种相互封闭的状态，需要进行一定程度的利益调整与整合。

3. 大众传媒应自觉批判消费主义传播

管理者明知消费主义是一种不良倾向，为什么就不能有效地抵制呢？关键是媒体的利益已经和消费主义捆绑到了一起，逐步形成了一种“一荣俱荣，一损俱损”利益共同体的不良关系。消费主义背后是无坚不摧的资本，资本本性逐利，为此而无所不用其极。它裹挟着一切可以为其所用的对象，迫使它为自己的私利服务。起初，媒体是真诚地呼唤消费观念的变革，但是到了一定程度就不由自主基于自身利益和消费主义紧密地捆绑到了一起，相互需要，相互利用，尤其是资本提供着媒体渴望的资金，逐渐形成了一种控制力量，让媒体难以摆脱，而媒体在走向市场的过程中，出现了屈从于资本的现象。现在是该清算资本支持的消费主义造成毒害的时候了，让媒体回归“以科学的理论武装人，以正确的舆论引导人，以高尚的精神塑造人，以优秀的作品鼓舞人”的正确道路，以社会效益

① 王正科. 美国媒体纷纷合作共享资源以减少成本开支[EB/OL]. 新华网，http://news.xinhuanet.com/world/2009-01/05/content_10608285.htm. 2009-01-06.

为第一位，纠正偏差，突出生态文明地位，强化自身节约意识，建设节约型社会，率先垂范，做好示范。这方面应做的工作有很多，一方面，各级媒体都有义务落实好节约型社会的细节，带头精简内容，提高信息的质量，减少无效、低效的媒体内容数量，减少版面浪费，压缩栏目，办好办精新闻内容，抓好品牌建设，打造出有新意、出效益的媒体形象。另一方面，传媒应该做到两方面的把关：一是减少奢侈性商品宣传，或者在推广商品中提醒过度消费的危害；二是揭露社会中的各种各样挥霍浪费、超前消费、一次性消费的行为，以道德框架引导社会的勤俭节约、俭以养德，培育良好风气。

二、转变新闻价值理念

传媒的新闻价值理念应该做出调整。随着传媒市场化趋势加强，具有消费主义倾向的新闻多具有“非事故无新闻”的报道模式，以及事后反映模式，都不能很好地实现预警，这极大地影响了报道理念。在环境新闻的选择上，需要改变过去单纯以事故吸引受众的趣味，确立权威、高端、联系的报道理念。

1. 报道理念之一：权威

所谓权威，主要是基于主动维护公共利益发布的信息具有公信力。在网络时代，时效性不再是传统媒体的优势，只有权威性是其立足根本。所以，借环境议题改变“非事故不新闻”的消费主义猎奇思路，真正将对环境问题的关心与解决摆在前头，首先揭示恶劣的环境事实，警示受众，接着将受众的注意力集中于此，发动讨论，使得群体的智慧得以激发，以此也将相关信息传递到职能决策部门作为参考，以此树立传媒的威信是非常重要的。

树立权威的报道理念还要借鉴各方经验这就不止是负面的警示，在环境治理中，中外都有很多经验可以借鉴。所谓“他山之石，可以攻玉”，在西方发达国家，对于环境治理已经积累了很多丰富的经验，介绍、引进并不困难，知识性的解释是很容易的事情。另外一个便利的条件是出国出境的国人成倍增长，他们在外面见识、感受到的环保行为越来越多，也会通过各种途径方式表达出来，各地传媒都应当及时捕捉和反映，传递给更多的受众学习借鉴，扩大环保的影响。传媒对于海外以及我国台湾地区的环保经验应该多方收集传递，以自身的公信力使本土民众受到先进思想的影响，逐步有所改变，自觉减少浪费和污染行为，进一步主动制止浪费污染行为。

2. 报道理念之二：高端

所谓高端，就是报道不是仅仅取媚于受众的感官刺激，而是尽到了一个警示、启发和带动的责任，获得示范效应。今日小报化媚俗报道泛滥，看热闹的、挖隐私的所谓内幕随处可见，但是鲜见真正的责任，有耐心的深入现场跟踪寻找背后真相的报道寥寥无几，网络报道也几乎都是转来转去，相互摘抄而已。高端就是不走低俗路线，而是负责任、有作为。媒体以这样的理念实施环境报道，对环境事实严肃、认真发掘表面与深层，达到由表及里、去伪存真的效果。长篇调查《镉米杀机》就是示范，这样的报道虽然缺乏较强的时效性，但是对事实的抓取是典型的、重要的。正因为如此，甫一发表就轰动一时，至今还在让人对危机心有余悸。其调查的对象是污染的土地，让长期渗透的重工业污染后果暴露于光天化日之下；此外，信源的可靠典型、数据引用分析的深入扎实，都可以说非常严谨稳重，不再是泛泛而谈拾人牙慧的炒剩饭。可惜这样的报道在环境问题越来越多的背景下，竟然是越来越少了。所以对报道高端化的期待是必要的和急迫的，传媒对此是责无旁贷的。这不仅仅是中央媒体的专利，也应当是大多数媒体自觉追求的目标。

高端还要求传媒具有宽广视野与国家战略胸怀。虽然大多数传媒在地方生存发展，但是也应该自觉关注全局，服从服务于国家战略。科学发展观提出已经有几年了，但是实际落实成效不容乐观，各地的招商引资和拆迁征地有增无减，在“生态文明建设”的新文明战略已经落实之后，各地毁占良田开发楼市助推房价的财政依赖加深加剧。种种背离中央战略的地方行径需要揭露，需要站在国家战略高度予以检验。对传媒来说，报道理念改变还面临艰巨挑战，对未来负责的选择就需要高端，站得高看得远，不为具体事实而违背真实，要独立审视政府议程制造的政绩带来的隐患。所以呼吁环境报道要高端，要独立，要坚持。

3. 报道理念之三：联系

联系，就是要有联系的思维。这也就是要以开阔的视野看待当今社会越来越多和环境有关的问题，尽量从可持续发展的视角观察与报道。以下这样一些领域需要关注：第一类，生产领域，水污染、雾霾、健康损害都与此有关，是报道揭露的重点；第二类，生活领域，包括的内容种类丰富多样，核心只有一个，就是消费。随着生活水平越来越高，作为消费者的大众欲望越来越强，对资源能源和环境生态的消耗越来越剧烈，其中过度消费导致了各种危机，所以报道要善于联系，借助细微事实引导节约勤俭都是必要的，对奢侈浪费及时批评更是必须的。

第三类，精神领域，这主要是关注老龄化社会越来越多的人力闲置，却没有加以开发以利于人力资源创造的问题。这与环境有关在于一是作为消费者，不能继续为社会做出切实贡献反而糟蹋粮食和其他资源，二是应该将闲置人力投入如垃圾分类、化害为利等事业中。传媒的联系是将琐事与广阔的社会生活相联系，挖掘有价值的事实，借以引导人们自觉向善向美。传媒是社会公共利益的最重要的平台，是联系各阶层的纽带，如果发挥其联系公众的功能，将他们凝聚于这一平台，借助于环境问题来集聚社会力量，就会顺水推舟，解决很多老大难的环境问题。

环境报道理念的改变和创新还有其他思维方式。面对各种环境恶化的挑战，传媒的报道就不应该只是就事论事，还需要逆向思维，即从对立面反过来看问题；发散思维，由一个事实广泛联系到环境的很多环节；对比思维，即从一种环境破坏看到类似的破坏；因果思维，这是非常简单的思路，从事故的发生联系到原因的追溯，进一步探求危害的发生问题，启发认识。此外，辩证思维、统摄思维、症候式分析等等思维也同样指向报道理念的拓展和创新。虽然这些通常意义上被认为是记者的采访思维方式，但是这些思维方式不仅仅作用于具体的采访报道之中，更会影响到看待环境生态变动的方式，作用于具体的报道。对于当今传媒的很多记者而言，既要寻找符合甚至迎合受众猎奇胃口的新闻，又要提高报道的层次，就得在迎合与引导之间做出平衡和取舍，虽然迎合是一种营销手段，但引导直至提升才是目的，是培育公民社会的一个良好的追求。

三、创新风险传播的形式和内容

传媒需要继续创新环保传播的形式和内容。当前全社会都在关注传播环境保护议题，这种议题的形式和内容都需要做出很大变化调整。过去是以政府带动，报纸、广播与电视为主的传播，传播内容有口号，也有新闻，包括会议、讲话、法律法规和事故。进入 21 世纪，环境保护传播的形势与任务都发生了变化，相应的传播形式和内容都要发生改变。传统的媒体报道有了调整，但是在急剧发展的环境现实面前，还是显得比较滞后和单一。媒体形式已经多样化了，广播风光不再，电视虽居首位，但是网络发展势头即将超过它；报纸发行量不断下滑，只有权威性、公信力以及固定的出版刊号维持着它的地位。传播主体多元化了，政府环境信息传播退居边缘，大众传媒进行着及时的信息传递，但社会传播在急剧扩增：网络环境信息、流媒体环保广告、企业环保宣言与形象展示、个人环保广告、民间环保团体的环保传播等，都在构建全方位、多层面的环境保护传播。传播内容更是纷繁多样，丰富多彩，除了大众传媒传递新闻与信息之外，个人与团体传播环境知识和口号也越来越多了。

从传媒报道内容看要有新领域。在过去的报道中，关注边远地区的环境卫生、环境公害是媒体的重点，但是现在情况已经大不一样了。环境问题涉及了工业、农业、生活消费的方方面面，触及每个人的利益，带来了层出不穷的环境危害。城市遭遇的是愈来愈让人不堪忍受的"城市病"：雾霾、交通拥堵、垃圾围城、水体污染、食品污染、疾病缠身等；农村则更为糟糕："垃圾下乡、污染下乡"、环境恶化、怪病增多等。媒体报道根本无法囊括城乡出现的各种环境问题。这就需要创新环保传播内容，以改进传播效力，有效推动环境治理。环保传播形式从媒体种类或载体来看，就不再局限于报纸、广播和电视；从传播方式或手段来看，又有新闻、广告、公文、短信、微博等；从传播内容看，除了传统的环境宏观问题之外，还有微观内容，例如垃圾处理等。具体看，创新环保传播形式和内容需要考虑以下几个方面：

1. 风险传播的媒体种类要多样化

从传统媒体来看，有报纸、广播和电视，但还需要延伸到网络、手机等新媒体。就传统媒体而言，需要加大环境保护新闻数量，继续扩大影响力。这主要包括：多搜集环境变动的信息，及时发布；多关注国内外环境局势；跟踪环境事件后果，作出权威深度报道等。要重视新媒体的环境保护新闻传递，相比之下，传统的三大媒体其影响力和覆盖面越来越小，而新媒体的接受者却越来越多，超过一半中国人口使用手机和网络，受其影响的人数在增加。与此同时，新媒体兼容了传统媒体的优势，报道内容丰富多彩，越来越有吸引力。环保传播正在借助于新媒体多方面发布信息影响大众。国内五大门户网站分别设置了"环保"、"绿色"、"公益"、"环境"、"低碳"等固定的面向环境领域的栏目。这些栏目涉及环境信息的方方面面，也在不断地普及环保知识和环保意识，提供各种各样的环境服务和参与。因此，从这个角度看，环保传播形式创新有了新的依托和阵地，环保传播借助新媒体有了更加广阔的发展空间。新媒体虽然创新了环境保护传播形式，但是仍然需要进一步扩大传播范围，强化深度开掘。扩大传播范围就是要针对全社会覆盖所有新媒体使用人群，使其认识环境问题的重要性，根据环境问题，联系自己的责任，启发自觉的行动；多多普及环境知识，增加环境信息，推广环境议题,长期坚持。强化深度开掘,一是利用传统媒体的报道,进行编辑加工,做好二度传播;二是争取环境新闻的挖掘原创,网站安排记者编辑进行调查访问,独家发布新闻。

2. *风险传播方式或手段要多姿多彩*

要在巩固环境保护新闻发布的基础上,进一步利用广告、公文、短信、微博等手段,尽可能多地发布新闻。一切媒体和个人都可以发布新闻,但不能是故意编造和道听途说。要利用各种方式传播环境变动信息,目前环境变动如此之多,有关环境方面的内容如此丰富,足以充分在新媒体上面显示,而传统媒体的容量有限,使得很多环境信息不能充分反映,也就满足不了正常的需要。新闻又可以分为短讯、消息、通讯、特写、调查报告、来信、手记等新闻文体,可以对受众实现多层次的满足。这些既可以在传统媒体继续发展,又应该通过新媒体充分表达,以利于多渠道传播。除了各种新闻文体之外,还应该推动其他文体如散文、小说、诗歌等的艺术创作,让环境意识附着于这些文体中,开启环境认识传播的新渠道。最后要促动参与传播环保理念的广告、课题、项目、活动、比赛、告示等方面的实体形式进一步开展教育引导。这样环境议题的影响面就不断拓宽,可以让更多的人有机会参与开展环境方面的研究和行动,环境议题的解决不再是政府单方面的事情,吸引其他阶层和群体是非常重要的。

其次还要善于策划。在环境新闻报道中,策划是非常重要的,特别是基于公共利益的重要事项的策划,目前还很不够。现在违背环境公共利益的事件越来越多,但是让环保 NGO 发挥监督作用的空间却一直没有得到明显扩展,以至于在很多敏感的领域、突发事件中几乎无所作为。传媒应该去帮助策划的方面有很多:一是结合热点难点进行策划,把“领导关注,群众关心,普遍存在”的问题凸显出来,提供给环保 NGO 去调查取证,进一步掌握新闻线索;二是把报道重点及时反馈给环保 NGO,使其知晓媒体的报道方向,帮助其调整工作思路和行动;三是经常反馈环境报道的结果,更加明确揭示问题的重点。由于双方的工作重点和目标有差异,所以需要沟通,特别是环保 NGO 需要及时掌握媒体的喜好,善于包装自己的活动,以引起对方的兴趣。媒体也有义务帮助对方,指导对方的行动从而更有利于报道,及时进行策划,围绕公共利益中的看点制造影响。

3. *要扩展环境风险传播内容领域*

除了传统的宏观环境问题之外,还要重视微观和具体的环境问题,例如生活领域的各种奢侈浪费和垃圾处理、资源回收利用等。环保传播应该进一步拓展其内容,从宏大叙事转向具体事实关注,特别是今天几乎所有的健康危害都和环境问题有关。环境生态涉及的内容不断扩大。过去河流污染、空气污染、固体废弃物污染等已经被反复报道,但距离普通人好像太远,已经难以引起切身感受。但是今天环境污染危害已经逼近和进入每个人的生活领域,让人深刻感受到了危机,例如城市机动车急剧增多造成交通拥堵和空气污染,垃圾围城产生遍及城乡的污染,以至于各种怪病都和污染有着直接的因果关系。

因此,环保传播就需要不断地关注生活领域中涉及环境生态的问题以及处于隐形状态的渐变。在生活领域,涉及环保的事物太多,例如奢侈浪费的各种表现,生活垃圾的迅猛增长等,都值得去揭露;借助于良好的时机,例如通过一起事件进行环保观念的引导非常重要。城市交通拥堵是全国性问题,这又和环境有关,需要不断地揭示问题,反映和讨论问题,促进它的缓解。在媒体传播中,还需要看到,环境涉及的领域越来越宽广,几乎每一起事故、破坏和灾难都对环境造成了伤害,所以对这些格外引起受众关注的事实就需要从环保的视角认识把握,除了人的伤亡报道之外,其他的破坏也应尽量予以反映。

四、接受社会监督和培育环境新闻记者

大众传播媒介是社会公器,就应该自觉地接受社会监督。我们要解决的是为什么要接受监督和怎么接受监督的问题。

1. 大众传媒接受监督的原因与举措

媒体作为社会公共组织,只要拥有一定的公权力,就有滥用权力的可能。接受监督从社会价值来看,是公共领域外化的一个体现。公共领域是大众可以而且应该参与的领域,它是开放的、平等的、互动的,作为公民都有权利和义务去监督属于公共领域的权力机关和公共服务部门,以纠正它们的失误与问题。在这方面有学者论述了需要纠正的媒体缺少监督的问题:“由于种种原因,致使媒体在发挥舆论监督作用的同时,其公信力也间或遭到质疑。有关部门三令五申抵制有偿新闻,传媒的‘寻租’行为却仍然存在;有些新闻媒体单纯追求新闻自由,忽视媒体的社会责任和道德责任;这就提出了一个严峻的问题:从事舆论监督工作的新闻单位和新闻从业人员也必须自觉接受社会各界的监督。新闻行业的社会监督,就是在新闻工作者自律和新闻单位加强内部管理的基础上,建立社会化监督网络,形成新闻宣传工作自律与他律、内部监督和外部监督相结合的机

制。虽然新闻行业内部已制定了不少行规行约，但由于缺少监督与仲裁机构，仅靠媒体自身和新闻从业者个人的自省、自查、自纠是不够的，必须接受来自人民群众的监督和审视。”①可见，媒体接受社会监督已经成为很多人的共识。目前只是需要进一步细化落实，而不能仅仅停留于表面和形式。媒体成为社会的相对独立和市场化利益的群体，自律的积极性和自觉性很不够，在一个网络化时代，媒体的高度发达提供了对其监督的便利条件，所以社会及公众应该充分利用这一工具实施有效的监督。

媒体接受社会监督不能被动作为，而应该主动细化措施，保证社会的监督落到实处。媒体要实施的监督除了内部规章制度之外，还有提供给社会的监督措施，一是针对记者采访报道的监督，这是核心的对策。设立举报电话是一个有力措施。二是地方人大也可以制定《舆论监督条例》，这是双向的监督，用法律的形式把新闻媒介的权利、义务和责任固定下来，把新闻舆论监督纳入法制化的管理轨道。新闻记者关于监督性稿件的采访权、报道权应该依法获得，这样才理直气壮，被采访对象也不得拒绝采访调查、不得隐瞒真实情况；同时，被采访对象依法获得解释、申辩或对不实的报道要求公开道歉、赔偿的权利，媒体也不能拒绝被采访对象的合理合法要求。这样，就可以尽量减少政府对新闻媒体的干预，使新闻媒体敢于在对政府的监督过程中发挥作用。三是定期座谈交流。邀请评议者把一段时间以来的工作问题集中反映出来，作为媒体工作改进的参考，这些媒体的评议者应该是尽职尽责的媒体使用者，能够长期关注新闻报道，有相对集中的研究方向。

2. 环境报道记者的现状与培养途径

至于培养环保领域的环境新闻记者、主持人已是当务之急。根据当前媒体普遍的环境报道窘迫现状可知，人数少、转行多、不稳定一直困扰着环境新闻传播发展。很多知名的环境新闻记者、编辑、主持人做了几年就坚持不下去而转行或转岗，此前的努力与积累大多数又因后继无人而废弃，很多持续跟踪的、非常熟悉的环境问题都无人理会，隐形损失难以计量。的确，培养一个成熟稳定的环境新闻记者本身就不容易，而这一类记者转岗的却很多，致使环境新闻报道面临后继乏人的危机。基于此，需要强化环境新闻记者队伍建设。环境新闻记者的角色历来不可或缺，他们担当的是国家责任、历史责任，作用不可谓不大。他们不畏艰险、追求真相、勇往直前，揭露环境问题。但是他们在调查采访中受到威胁

① 续建伟. 媒体要自觉接受社会监督[J]. 新闻传播，2007(11).

打击，令人寒心。《人民日报》则是例外，该报不仅高度重视环境报道，还在国内所有的综合媒体中，早在2003年就专门设立“《人民日报》环境报道组”这一机构，设置组长1人，编辑记者3人（后增加到6人）。在报道方式上积极转变，2008年以来，每天至少有3条左右的环境报道，数量居全国媒体第一；赵永新、卢新宁、刘毅、李新彦、孙秀艳、田雄等环境新闻记者，还在坚持报道环境新闻。这样的局面和能力，并不是其他媒体都能够复制的，但应该是值得借鉴的。看来，需要真正的重视落实环境新闻记者、主持人的地位和待遇，稳住这一支队伍至关重要。

显而易见，要培育一支稳定、专业、负责任的环境新闻记者队伍，才能使环境报道数量与质量得到保障。媒体负责人要适应现实需要，在传播领域真正落实科学发展观和体现生态文明建设，要逐步重视自身所负有的环境保护责任，要在传播方面体现出来，加大关注扶持的力度。最重要的是在队伍建设上逐步加强，培育一支过硬的环境新闻记者团队。这需要从专业人才招聘入手，吸收资源环境、林业、农业、水利、地质、气象、土地等专业的高校毕业生充实环境记者和主持人队伍，还要大力培训他们，使其在业务方面尽快上手，进行职业道德专业责任的教育，促使他们树立牢固的新闻专业主义理念和良好的职业道德风范。对于他们的报道要予以支持爱护，在舆论监督方面为他们顶住压力，减少事后的麻烦。还有很重要的一点是努力提高待遇以至择优解决编制，要让环境新闻记者得到相对优厚的收入，得到领导的关心鼓励，得到经常的褒奖，达到稳定人心的效果；通过形式多样的活动和评比，给予勤奋工作的环境新闻记者以较高的荣誉，这都是应该创造的条件和保障。媒体要让环境新闻记者、主持人用得上留得住，发挥骨干带头作用。传媒领导人要深谋远虑，要有大气魄，勇于去担当，为环境新闻记者采访、传播多方面保驾护航，建立起人尽其才的管理机制和激励机制，给致力于长期从事环境报道的记者、主持人解决后顾之忧，温暖人心，做到以“事业留人、感情留人、待遇留人”。

第三节　传媒深化风险预警的具体路径

一、推动信息公开

传媒是社会风险预警的主要承担者，推动信息公开是一个努力方向。它是唯一承担社会共同需要的信息提供者和责任人,因此必须完善这方面的预警能力建设,有效改进环境保护。传媒要深化预警,必须推动信息公开。在环境领域,任何媒体组织掌握的环境信息都没有地方政府掌握得多,大多数本地区各种环境变动数据资料几乎都由政府相关部门控制,主要包括:气候、河流、土地、化工、资源、矿产、林业、交通等。多年来,由于政府环境信息不够公开,使得传媒与受众都处于缺少和被动接受信息的状态,难以对环境问题有所作为。例如随着城市化的迅猛推进,城区的化工企业(解放初按照苏联模式建立起来的工业体系大多设置在市区和郊区,几十年中积存了很多污染物没有很好处理)迁移到工业园区,腾出的空地往往被开发为住宅楼,但污染留下的隐患很少为人所知。这就需要信息公开,而推动政府做到信息公开,需要考虑以下几个方面:

1. 促使政府完善新闻发言人制度

这里新闻发言人制度针对两个对象,一是传媒包括地方和上级传媒,二是公民个体。2006 年,《信息公开条例》实施,条例主要针对社会明确应该公开的信息需要面对社会及时公开,公民个体可以就有疑问的公共事务向政府提出公开申请,政府不得拒绝。但是,几年过去了,作为一项义务的信息公开落实得不够理想。这种情况需要改变。具体改进是以传媒为主导,在涉及环境生态、资源利用方面都要代表公众质询地方职能部门,定期发布信息。需要公布的本地信息有:① 有关公共利益的政府大型工程,通过新闻发言人,约请记者采访在媒体发布,一项工程实施之前的公告,对于工程的用途、性质、效益与环境影响都要交代清楚。尊重公民个体质疑、参与的权利,可以将不同意见反映上去。② 关于拆迁征地,更需要把真实情况告知公众,政府开展此类工程的公共利益理由何在需要解释清楚,减缓避免矛盾冲突。传媒要改变那种一直跟着政府议程走的习惯,而是在坚持公共利益的基础上,客观提供这些信息,敢于揭示把农民打上楼、赶进城的行为。③ 不仅要推动政府定期信息公开,而且传媒自身要善于收集整理信息,在涉及一些环境领域问题报道时,可以通过新闻链接形式展示有关环境变动信息。

2. 建立良好的信息共享机制

这就是说,传媒不能单纯向政府职能部门索取信息,传媒也应该提供有用信息作为其参考,实现信息的交流互动互惠;民间也要有一个与政府信息互动的渠道,形成三方交流互通的局面,能够覆盖环境变动的整体,保障环境保护的良好开展。目前的局面是传媒在环境伤害或环境事故发生后才去报道，而且只是形成一时的热点；同时民间也没有良好的环境信息向上传递的畅通渠道，导致信息交流的长期梗塞，不利于环境信息公开，这种局面需要尽快改变。政府建立预警系统应将传媒一并考虑在内，传媒业应积极参与预警信息共享，推动部门预警落在实处。目前，各级政府比较重视对突发事件的应急预案的处理，但是对平时需要加强的微观细致工作重视不够，在预警系统建立和运作中只是偏重于业务部门，不把传媒机构考虑在内显然是有巨大缺陷的。政府应当在这个系统运作中不断完善，吸纳传媒加入既是做到信息公开，又是尊重公众参与。传媒应被允许参加政策决议等信息的制定发布，与具体业务部门一样拥有信息的获知权（涉及国家机密的一概不允许泄露），参加有关会议，掌握有关环境风险的具体内容，如地质、天气、地表河流、地下水、空气质量、重金属、食品安全、公共卫生等方面的变动信息。传媒有权利获得这些信息，但有责任将涉及全局的信息既向有关职能部门披露，又督促负责的部门去处理隐患，解决问题。传媒应改变和调整机构设置，转换报道方向，与政府和具体部门建立信息联系人制度，让环境风险不再失控，而处于全时段的监控之下。

3. 允许民间的采访，进一步放开“公民记者”的采访权

借鉴我国台湾地区公民记者的管理方式，由民间第三方如著名公民媒体网站和组织登记公民记者基本信息，然后其可以参加一些涉及公共利益的政府和部门会议，可以发布信息，但要自觉遵守法律法规和有关新闻传播的规定，违反者后果自负。随着各种新媒体采访工具的普及利用，民间的自主采访发布势不可挡，所以政府应该因势利导，通过现有的传统媒体加以协调，组织各种媒体的协同采访报道，增加信息发布的数量与形式，扩大信息发布的接受面。此外，可以将各大门户网站的有关频道栏目与环境信息发布整合起来，共同推广信息发布，在重大环境事故发生后，更要利用网络媒体及时发布、沟通信息，实现立体互动的、良性促进的理想局面。

二、改进事故化和碎片化报道

如前所述，当前环境新闻报道一个突出的问题是事故化倾向，对于环境事故只是被动反映，缺少事前预警、事后跟进。需要纠正这种倾向，传媒要加强事前、事中、事后的预告、预警、警示，重视连续报道和深度调查。

1. 事前报道要见微知著，及时预警

"媒体预警的内容不仅包括全球温室效应危机这样的大灾难，还应把日常生活中已经发生和可能发生的不良倾向等也纳入其中，通过报道和评论等引导受众对其加以纠正和预防，避免产生更坏的后果，令人遗憾的是不少记者和媒体对此常常弃之不顾。"①应该看到，环境事故的发生都是有原因的，原因能够抓住，就能提醒公众避免不必要的损失。所以，传媒的一个主要功能是守望社会，提前发现问题，发出预警。怎么做到提前预警？公众都会看到生活领域的污染物产生急剧增长，但是绝大多数人对此视若无睹、冷漠麻木，更为严重的是城市污染农村愈演愈烈，农村成为默默承受各种污染物的接纳之地，农村土地、河流被污染之后，生产的供应城市的食品中也混合了污染物。传媒更要重视这种不断加深的污染链条，重视进行跟踪调查，在主要污染区分类收集掌握各种污染数据，如对河流污染数据、土地污染数据、垃圾污染数据、空气污染数据，甚至庄稼与人体病症等多方面的资料，加强报道警示，对民众进行教育引导，提高环境保护的自觉意识和行动。

2. 事中要快速、多方提供信息

在网络时代，动态的报道非常重要，通过不懈地调查逼近事实真相，给公众一个相对准确完整的信息链条，方便其做出判断。环境事故爆发往往会引发人们惊慌失措，这时候传媒需要及时提供准确信息，稳定人心。在事态没有稳定之际，就需要媒体不断地报道满足大众的知情权，以更好地稳定人心，保障他们自觉地利用信息保护自己的合法权益。媒体需要开展连续报道，连续报道会把事实较为完整地呈现出来，展示丰富完整的细节。随着各地工业化发展，工业污染愈演愈烈，尤为恶劣的是某些企业为了逃避责任，违规违法花样百出，在厂内打深井直排污水、埋藏暗管直通江河中心、夜里和雨天偷排污水等。随着污染物排放的复杂化、混合化，对于环境监督的难度也在增加。媒体需要监督和揭露的问题实在太多了，针对企业污染所为曝光就要深入报道，紧盯不放。

3. 要跟进事件，调查取证，形成连续报道，警示社会

近年来，环境事故只见增多，未见减少，其主要原因在于以地方官员政绩追求为导向的工业化迅猛推进，在城乡遍地开花。各地的化工园区、工业园区纷纷上马，工业项目投资大、占地多、污染重，但能够给地方财政带来可观经济效益。

① 陈尚忠. 新闻媒体要承担好预警职责[J]. 今传媒，2009(10).

这就刺激了各地的工业化项目，于是重复建设、污染浪费现象不断蔓延升级，各地纷纷争抢项目，越是污染严重、环境风险大的项目越是得到地方政府的青睐。很多地方争夺的PX化工项目、富士康电子项目、多晶硅项目、化工冶炼加工项目等纷纷在良田沃野中开工，污染企业得以下乡和北上、西进，造成了日益严重的环境危机，但是地方媒体很难进行有效地监督预警，这需要高级别特别是中央级别媒体的带动和支持。中央级别媒体历来具有最大的权威性和影响力，能够带动地方媒体的报道跟进，促进问题的解决。中央电视台《川西天然林的浩劫》报道揭露了四川洪雅县滥伐天然林的内幕，促使四川省不得不再次宣布停止全省天然林的砍伐。云南陆良化工事件被媒体紧盯不放，一直跟进追踪，直到地方政府出面处理善后才告一段落。传媒结合地方民间力量，坚持不懈地追寻真实，就会有效挖掘环境本质问题；传媒要采取调查积累资料和采取适当时机曝光两种办法，还需要为重点企业建立档案，以备随时调取资料。要依靠民间力量形成有力的舆论监督，要坚持不懈地追踪、调查、曝光，直到企业能够自觉遵守排污标准或停产迁移。

传媒的力量有限，要充分信任依靠民间提供信息资源。传媒应该利用他们在本地熟悉情况的优势，安排针对环境污染的调查取证。本地人有身份掩护，由传媒加以指导，慢慢收集资料，提供给传媒使用，会比记者采访得到更多准确信息，这是后者没有的优势。如果想要培育地方稳定可靠的信源，就需要善于挖掘发现急公好义的关心环境公益的民间热心人士，利用他们达到目的。

此外，在日益扩散的风险背景下，风险预警要尽力化解矛盾冲突。传媒需要清醒看到的是，所谓社会转型期也即矛盾凸显期，这其中最具普遍性而最大的风险就是环境风险，它也决不仅仅表现为自然界的变异如各种天灾，它还呈现为人与自然风险相交织的复杂性。如城市交通拥堵显示了道路资源的稀缺以及洁净空气的匮乏，同时这也加剧了自然资源的消耗，出行者的精神受挫等社会怨气积聚的问题，致使矛盾激化，偶遇外在刺激极易爆发社会冲突。环境风险虽以天灾形式显现，最终还是会影响个人和群体。

三、深化环境微观预警

传媒报道要关注环境突变的细微征兆，进行微观预警。“海恩法则”提供了值得吸取的教训。德国人帕布斯·海恩在对多起航空事故的分析中发现了一些共同的规律，即著名的“海恩法则”：“每一起严重事故的背后，必然有 29 次轻微事故和 300 起未遂先兆以及 1 000 起事故隐患。”这就是说，细微的但又是典型的事件要及时反映，否则就容易被忽视，其后果是引来质变的灾祸。中国古语告诫，千里之堤毁于蚁穴，也是这个道理。问题是现代社会组成与机构及运作越来越复杂化，群体组织面对高度分化格外复杂的社会控制是无能为力的，而且更要命的是整个社会也越来越脆弱，环境风险在工业化迅猛推进中不断地被掩盖，但又不断地在各个地方发作，造成了持续的心理冲击。以传媒为主的信息传递机关不能不重视对于日常细微的环境风险征兆的捕捉与预告，因此需要注意以下几个方面：

1. 区分两类报道框架

美国政治学家阿岩伽(Iyengar)根据新闻报道的文本组织手段，将报道分为主题式框架与片段式框架。主题式框架指的是以一个命题为核心，对某一类新闻现象运用系统的资料和全面的概括予以报道；片段式框架体现为以讲述一种或数个具体人或事件的故事而报道该类新闻现象。显然，在追逐事故热点的趋向中，后一种框架最为常见，传媒事故化的趋向导致了几乎集体性的忽视环境变动征兆，让人质疑的是：传媒是否就心安理得地等待事故发生然后加以报道？实际上，受众更加需要前一种报道，但这非常费周折甚至出力不讨好，因此为大多数传媒所舍弃。因此，从把握环境事故征兆的角度出发，应该要求传媒尽可能提高警惕性，掌握环境变动的临界点，开展持续深入的报道。

2. 对“旧闻”持续追踪，以新带旧

今天的很多环境问题基本上是此前多次报道过的事件，但是报道所起的作用很难说特别突出有效，虽然发挥了预警功能，但不代表问题得到注意和解决。实际情况正好相反，很多环境问题几十年前就存在，到今天愈加严重，如空气污染、水污染、土地污染等。依据辩证法的观点，事物是在发展变化之中，过去的问题会影响到今天，只要问题还没有得到解决，就需要继续揭示，与过去相联系。传媒基于环境变化节点的把握，需要注意两件事：一是查询掌握一种或多种环境问题的过往报道，了解其发展的来龙去脉，二是要到实地考察访问，亲眼所见肯定会进一步弥补此前的事实要素，全面掌握情况。往回看是非常必要的，既可以随时做好报道准备，又能够就此延伸看到新问题。

3. 锲而不舍多方搜集信息

考虑到环保传播跨学科的特点，因此就得掌握多方面的知识和信息。处处留心皆学问，作为环境新闻记者，对环境领域的信息掌握需要在平时加以积累，在耳闻目睹中和网络查询中获得环境变动信息。不仅仅是门户网站的环境频道，还要拓展到医学、农业、林业、水利、地质、资源等专门网站搜寻资料，发现更多的信息。虽然环境领域的信息十分庞杂，不过专就一两个方面长期跟踪，记者也能够培育出一定的专业判断力，不一定就弱于专家。这是一个应该强化和坚持的方向。

4. 充分利用网络交际功能，建立环境信息情报网

现代社会人们之间的交流格外便捷，这对于采访提供了极大的便利。环境新闻记者都会借此扩大采访圈子，增加交往范围。但是，记者的采访往往是一锤子买卖，采访过后就不再联系，其实是失去了很多的信源。要努力建立、巩固和扩大交往圈子，以获得更多的环境变动信息。加入和创建各种专业群是必须的，在群里，可以即时交流获得信息，或者索取信息，都显得格外方便。经过长期努力，逐步建立起自己的环境信息情报网。

总之，环境风险正以各种形式出现，传媒要主动出击，防范在先。寻找环境风险的蛛丝马迹并不困难，难的是传媒的主动作为，如何发动网络时代热心的、有责任感的网友共同维护环境安全。传媒可以基于环境风险的管理、处置与政府合作，还要与各领域建立关系网络，形成有利于及时获知环境风险变动的便利通讯保障。有了硬件支持，再结合地方风险管理的政府职能的延伸，持之以恒地整合发布信息，就能有效地管理和处理环境风险，维护地方环境安全，发挥传媒的良好社会功能。

第四节 促进环境宣传教育

一、持续推进生态文明教育

环境风险推高呼唤环境宣传教育真正落实，政府、传媒与环保 NGO 是参与主体。当前，“中国梦”、“美丽中国”口号广泛传播，这应该是对生态文明建设内涵的另一种诠释，而开展生态文明宣传教育是传媒的一个重要职责，也是一项要持之以恒的工作。中国的环境治理按照环保元老曲格平的说法就是“环境工作以宣传起家”，宣传也是教育。自从 20 世纪 70 年代开始了公共卫生宣传，着重

于卫生保健，减少疾病，取得了一定效果。到了80年代全民奔向致富路，追逐经济、金钱至上风潮导致环境教育越来越滞后，环境保护思想与环境道德伦理更为薄弱。毋庸讳言，环境危机的加剧与环境教育缺失有着直接的联系。工业领域大干快上制造越来越多的废弃物污染环境，在地方政府有限治理下没有得到好转，同时令人忧虑的是生活领域的污染物在迅猛增长，过度消费、奢侈浪费与一次性消费行为迅速蔓延，人们在相互攀比中不断制造生活垃圾，以至于今天出现了"垃圾围城"的局面。享乐主义、消费主义、个人主义、拜金主义甚嚣尘上，使得人们对环境的破坏肆无忌惮，环境危机继续发展。而这些在学校里面得不到关注，中小学、大学教育很少去关注和落实环境教育，对于学生的环境道德、生态文明观念大多是忽略不顾；过度追求升学率让教育畸形发展走入歧途。应试教育把学生变成了冷漠的消费者，这导致良好风气难以形成，恶劣的浪费污染行为侵入校园，学生中攀比享受、挥霍浪费之风日益普遍，沉迷于物质享受，就更谈不上对环境危机预警有清醒的认识。这样的局面不能再继续下去了，在今天强调生态文明教育非常重要和迫切。

环保传播进行公共性建构还必须从文化上有所创新和改进，这就是传播新的文明观——生态文明。十八大再一次倡导这一新文明观念，这为环保传播提供了理论支撑。胡锦涛同志在十八大报告中指出："建设生态文明，是关系人民福祉、关乎民族未来的长远大计。面对资源约束趋紧、环境污染严重、生态系统退化的严峻形势，必须树立尊重自然、顺应自然、保护自然的生态文明理念，把生态文明建设放在突出地位，融入经济建设、政治建设、文化建设、社会建设各方面和全过程，努力建设美丽中国，实现中华民族永续发展。坚持节约资源和保护环境的基本国策，坚持节约优先、保护优先、自然恢复为主的方针，着力推进绿色发展、循环发展、低碳发展，形成节约资源和保护环境的空间格局、产业结构、生产方式、生活方式，从源头上扭转生态环境恶化趋势，为人民创造良好生产生活环境，为全球生态安全作出贡献。"①作为一种新的文明观念，生态文明理论具有重大指导意义，环保传播因之有了新的理论依托。对此有这样几个问题需要分析解决：一是何谓生态文明？二是当前生态道德困境的阻力面对着具体的、有各种利益诉求的人，传统的礼治秩序影响的尊卑贵贱对生态文明构建造成的阻力

① 胡锦涛.坚定不移沿着中国特色社会主义道路前进　为全面建成小康社会而奋斗，引自党的十八大报告.

如何破除？三是这一文明构建中怎样发动公众参与？四是环保传播如何体现生态文明，生态文明的绿色启蒙如何破冰前行，有哪些可行途径？

1. 理解和践行生态文明

生态文明，是继农业文明、工业文明之后的另一种最先进的文明形态。作为进步的文明观，它“涵盖了全部人与人的社会关系和人与自然的关系，涵盖了社会和谐、人与自然和谐的全部内容，生态文明是实现人类社会可持续发展所必然要求的社会进步状态”①。生态文明体现了人们尊重自然、利用自然、保护自然，与自然和谐相处的文明形态。2015 年 5 月，党中央、国务院下发了关于推进生态文明建设的意见，更进一步将此国家战略具体化了。

和以往的农业文明、工业文明有所不同，生态文明更加强调理性、平衡、协调与稳定。生态文明用生态系统概念替代了人类中心主义，否定工业文明以来形成的物质享乐主义和对自然的掠夺。以环保传播来唤起公共意识，建构公共性，修复生态环境，进而营造新的进步文化。总之，继农业文明、工业文明之后，生态文明是一种最进步的文明形态。面对着今天日趋严重的环境风险，落实生态文明的教育和行动也是进行一种环境补救。这也标志着人类征服自然错误认识被摒弃之后的觉醒。现在重要的工作是落实生态文明，在生产生活中遵守规范。

2. 破除生态道德的困境

要破除任意破坏环境生态的生态道德困境。对生态文明的急迫呼唤是因为当今社会呈现出严重偏离这一准则的反文明现象。大众传媒也曾参与了扭曲的生态价值观的营造。自 20 世纪 80 年代以来，传媒曾经鼓吹“外面的世界很精彩”，大肆渲染西方文明与观念，一次次冲击传统消费价值观念，把超前消费等同于新潮与时尚，将传统消费贬低为过时和老土，吹捧“有水快流”、“不浪费就不能促进消费”，抛出“用过即扔”等谬论。经过传媒持续的宣扬传播，大众的生活领域消费观念急剧变化，超前消费、奢侈浪费、破坏环境行为愈演愈烈，以下三个方面是要批判和纠正的：

(1) 浪费日趋严重，一次性消费日益泛滥。“敬惜字纸”被抛之脑后，报纸大幅扩版，大中小学师生复印打印耗费纸张漫无节制，学生为应付考试滥印笔记资料考后弃之于地。教师为应付检查收集了一届届学生打印作业再当做垃圾扔弃，文明之所却不能推行无纸化办公。

---

① 孙家驹. 怎样理解建设生态文明[N]. 学习时报，2007 - 11 - 17.

(2) 秸秆焚烧严重。20年前农民一根稻草也会拧成绳子使用,做出各种可用之物品甚而成为艺术品,今天却是将秸秆一把火烧光,烟雾弥漫,污染环境,任凭政府下令禁止也难以控制。根据记者的调查,农民是最讲究实际的,人人皆知烧秸秆不对,但是目前农村当前青壮劳力稀少,不愿承担秸秆还田成本,秸秆利用和补贴吸引力也不够大。由此农民偷烧秸秆屡禁不止。

(3) 滥用塑料袋。全民滥用塑料袋造成垃圾围城,毒害城乡居民生命健康,国务院明令2008年6月1日起禁止免费发放塑料袋,但落实仍有难度,全国每天仅仅菜市场就消耗10亿多只塑料袋,再肆意废弃成为垃圾。十八大突出科学发展观的国策,强调建设"生态文明"的要求,也在鼓励公民参与公共事务的积极性。类似"限塑"这样的难题,政府和市场都无法有效控制,只能依靠民间自治的"文明公约"来扭转解决。

从这个层面看,生态文明观念传播已经姗姗来迟。对照之下,更需要为受到肆意污蔑的传统消费观平反。传媒在普及工业文明的消费观过程中起了推波助澜的作用,当年鼓吹的到了今天大多成了应该纠正的内容。农业文明时代的消费观虽然与小生产相适应,但包含了人与自然和谐的生态智慧和深厚的生态道德伦理,"变废为宝、化害为利",勤俭持家、俭以养德等等,都是放之四海而皆准的纵贯古今的真理。而工业文明的消费观则无视这种传统智慧,向自然无休止地榨取、拼命掠夺,这种集体不道德在短短30多年后就造成了惊人的破坏,使国家发展陷入困境。为了扭转这些与自然为敌的价值观念,就需要传媒大力普及生态文明道德教育,强调对自然友好、和谐的消费、利用。认识到"由俭入奢易,由奢入俭难",今天再难也要回归传统的消费价值观,这不是完全模仿过去的消费形式,而是善于根据形势变化,追求绿色、可持续的消费、生产,实现人与自然和谐友好发展。

道德伦理是一种能够贯穿长久的精神自觉性力量。中国传统的修身功夫强调内在与自省,外推的是对万物的仁爱之心,再具体说是恻隐之心、羞恶之心、不忍之心、辞让之心,这样看来,对待万物的丰富仁厚的关爱感情,真是一种宝贵的精神资源。在如今大众追求个人享乐的氛围中,这种道德伦理是颇为重要的。文明的转型依靠的是具体的生活表现,这种表现又靠着道德自觉,外化为行动。传媒应该在事实的解读中彰显生态道德的力量,促使人认同感化于传统的爱物惜用的道德追求之中。

但是还需要扭转另一面,传统的以血缘为中心的"差序格局"讲究的狭隘道德阻抑着博爱，造成对生态道德的消泯。区分传统博爱之道德的积极价值与消极遗传，统一于生态文明的生态道德之中，这是重要的甄别工作。良好的愿望与现实会产生冲撞，负有教育责任的传媒无法回避深受传统文化熏陶的理性个人存有的生态文明培育的消极因子。因此要祛除以下两种不良心态：

（1）主奴根性遗毒潜藏着破坏公共性的因素。“人生而自由，但无往不在枷锁之中”，卢梭深刻揭示的人在社会中受到的种种约束，在现代社会随着韦伯所言的“科层制”不断强化。人的自由、独立之路还很遥远，因为传统文化塑造的人的主奴根性还没有被完全清除，它与生态文明对立。这种主奴根性已经暗含了破坏生态环境、破坏公共性的行为逻辑。对此鲁迅先生已有深刻的发现：中国的历史，也就是暂时做稳了奴隶和想做奴隶而不得的时代交替循环。专制的反面就是奴才，有权的时候无所不为，无权的时候就奴性十足。这种对上奴颜婢膝必然就意味着对下的凶残横暴。“假如是怯弱的人民，则即使如何鼓舞也不会有面临强敌的决心；然而引起的怯弱的人民，则即使如寻一个发泄的地方，这地方，就是眼见得比他们更弱的人民。”[①]同时他还指出：“他们是羊，同时也是凶兽，但遇见比他更凶的凶兽时便现羊样，遇见比他更弱的羊时便现凶相。”[②]鲁迅先生对于国民性的认识与批判极为深刻犀利、不留情面。对此刘再复也作了解读：假如他为长辈之子而又是晚辈之父，那就集暴戾与驯从于一身；假如他为官吏，他就可以鱼肉臣民；假如他为臣民，他就要服从上级的鱼肉[③]。这就看出，中国传统文化中对人性扭曲的一面是多么严重，这种创伤并不因为时代的发展而自动消失，也不因为外在形式已经破除而被摧毁，只不过它以更隐蔽的形式表现出来而已，人们只是难以觉察，实际上又在自觉不自觉地奉行那套价值规范，遵循着新的主奴根性。

（2）对待自然的“差序格局”传统心态。正如上述，对人可以表现出双重人格，那么对于低于自己的外物就没有什么心理负担了。个人所受的压迫不仅会形成一种对应的反弹力量，受的压迫越重，反弹的力量也越大，这两种力量是对等的，而且当个人受了强者的欺压之后，他必然要寻找一个更弱者供其发泄，遭受压制与不公会使人要寻找发泄的对象，不管是人还是物。显然，物比人更有承受的可能性。

---

① 鲁迅. 坟 · 杂忆[M].（载自《鲁迅杂文集》）北京：人民文学出版社，1977：34.
② 鲁迅. 华盖集 · 忽然想到 · 七[M]. 北京：人民文学出版社，1979：98.
③ 刘再复，林岗. 传统与中国人[M]. 合肥：安徽文艺出版社，1999：176.

这可以解释人们何以肆无忌惮地破坏自然生态这一公共物品，这体现着差序格局的文化心理支配。有些人对待自然界暴露出一种虐待狂倾向，可以把硫酸倒进狗熊嘴里，可以拔掉虎牙让儿童骑着打着合影留念；可以把森林砍光，用电、药围剿鱼类和肆意虐杀野生动物赚钱。《枪声响起，死鸟如雨》曝光了多年来很多人公然猎杀候鸟的行为。有些人肆意破坏、污染生态环境，虐杀动物，从中还获得了一种征服者的快感。自己所受的气可以朝哀哀无告的自然发泄，而且不会遭到即时的明显的反抗，那就可以恣意妄为，自认主宰自然，对公共资源的践踏更是变本加厉，患上了自然主人的狂想症。这种发泄施虐转向更弱者的逻辑，具有更大的破坏性，对公共性而言实为一场浩劫。

因此，环保传播构建生态文明就面临着今天人性的阴暗丑陋一面极度爆发的现实。生态环境之所以遭受如此浩劫，就与这种求富欲望与发泄心理混杂的对公共性的摧残有关。环保传播面对生态道德缺失，不能不考虑应对之策，而落脚点还是放在人自身。如果一味地以自然生灵遭受毁灭的惨象来警示人是远远不够的，还需要改变人，使人摆脱主奴根性，避免由此带来的对自然的摧残、对公共利益的破坏问题。而这又是一个长期的艰巨任务。人性尤其这种扭曲人格的形成，是历经千百年的压制强化而导致的一个后果，要想在短期内改变，的确非常困难，但是不去触及它，要想建构生态道德又等同于痴人说梦。近年来有人提出对人的启蒙工作还未完成，这的确是事实。当从环保传播的角度来分析时，就再一次发现这是一个绕不过去的难题。大众传播的责任应居于首位，生态文明传播之所以被称为“绿色启蒙”，就是希望从培育环境意识入手，来塑造共同的公共意识，维护公共利益，塑造现代公民具有的理想人性，共同培育生态文明。

3. 培养生态文明中的参与观念

构建生态文明必须培养参与意识。这里生态文明更多地表现为公民的环境道德责任，营造环境友好氛围，创造一个良好的环境秩序。人类在从工业文明向生态文明转型中，正在由传统的消耗资源为主的制造业往再生利用、零排放、低污染的社会转变，所以在生态文明的构建过程中，不可忽略的重要环节是每一个公民通过环保精英的引导来实现自己的环境价值。

参与生态文明建设，需要政府和公众共同努力。第一，转变思想观念。转变将经济建设与环保生态建设相对立的观念，确立又好又快的发展模式；转变以政府为主体动员组织群众参与生态文明建设的观念。第二，完善并广泛宣传公民相关权利的法律规定，保障公民能有效行使其在环境健康权、知情权、检举权、参与权等各方面的权利。第三，扩大相关信息的公开性和透明性，并通过公众舆论和公众监督，对环境污染和生态破坏的制造者施加压力。第四，不断扩展公众参与经济社会发展决策的途径和方式，建立和完善有关环境公益诉讼制度。第五，发展各种引导民间生产和消费行为的制度和机制，通过民间自愿行动，引导市场供求向有利于生态文明建设的方向变化。

我国有着超过13亿的人口，人们对生态文明建设参与意识的强弱和参与能力的高低，将会产生两种截然不同的结果：一种是"积羽沉舟"，如果13亿人民都在意识上和细微处不太注意生态文明问题，我们所可能付出的生态损耗和建设代价将会以天文数字计，中国大地将无法承载起中华民族的发展之舟；另一种是"滴水成河"，如果13亿人民都厉行节约，注意环保，它所汇集的生态资源，也同样将是可喜的天文数字，将会有力地支撑起中华民族的复兴大业。[①] 传媒和民间环保组织要共同教育人们环境生态与自身利益息息相关，每一个政府项目与企业生产制造的污染都是对自己权利的侵害，要在合法范围内抗争，要争取环境问题的知情权，以自觉的、广泛的群体性参与制止权力的滥用和环境的破坏。

4. 推进绿色启蒙工作

要深入持久落实生态文明的启蒙教育。当年的"五四运动"进行的是一场对人的自主、独立的启蒙运动，而今天生态文明构建的是新的观念启蒙。环保传播以有利于人与自然和谐的舆论来唤醒人的生态良知，通过对事实的选择与传播进行启蒙。因此有以下几个思路值得考虑：

(1) 启蒙观念主要靠具有象征意味的事实。对环境的态度和行为鲜明地反映出人性问题。传媒能够做到的是设置议程，使环境问题成为引人注目的话题，持续的传播会使之转化为受众格外关注的焦点。随之而来的应当是对事实传播的深入，对具体事实的背景剖析。对于破坏环境的事件及时披露之后，还应深挖人本身的问题，对利之所趋下丑恶人性的暴露。如对于《无极》剧组破坏云南天池景观事件，就应当考虑挖掘事件背后的深层问题。传媒仅仅揭露剧组的破坏行为是不够的，侧重点应当放在破坏行为的意识之中。《无极》剧组拍摄景观要选择最美的画面，这种唯美主义本无可厚非，可为了剧作的美感却偏要毁掉生态之美，以优美环境作为牺牲，这暴露了一种自私、唯利的工具倾向，抛弃了人文主义和公共关怀；况且这样一种集体参与行为，文化明星聚集的团体竟对此熟视无

① 陈寿朋. 牢固树立生态文明观念[N]. 文汇报，2007-10-30.

睹，也暴露出这些文艺界名人环境意识的缺失。因此批判应当透过表层去挖掘人性深处，在美丑强烈反差中昭示公共性的绿色观念。城市化一方面以“大树进城”装点门面，另一方面却是绿色的消失、良田的毁占，两极分化的严重性形成反差。诸如此类的事实都具有教育意义，启发人的思考。

（2）绿色启蒙应以“典型引路”。即要通过绿色人物的事迹来起到示范效应，培育良好的绿色示范进行引领。可喜的是，由原国家环保总局主办的年度“绿色人物”评选、颁奖活动开始实施，五年来有一批民间环保人物走上领奖台，走上传媒，展示了新形象，也给社会吹来了一股清新之风。但是传媒对绿色人物的挖掘尚不够深入，如对他们身上蕴含的对大地、自然浓烈关爱的人性之美揭示尚嫌不足。而在这些“位卑未敢忘忧国”的小人物身上，恰恰显示出当前人们精神风尚中的一种稀缺资源——美与善。为了大地的纯洁与安宁，为了祖国山川的秀美，他们自发地承担了拯救自然的重任，为维护公共利益屡遭挫折却不改其志。每个人都有感人至深的故事，都昭示着中华优秀儿女的高尚精神风貌。在当今，拜金主义、享乐主义的社会风潮中，他们的出现展示着生态文明发展的绿色希望：梁从诫、汪永晨、廖晓义、杨欣、刘德天、霍岱姗、奚志农、陈法庆、马军……越来越多的绿色人物出现，从而形成一种文化影响，成为生态文明建设的引领者。

（3）绿色启蒙应该走近普通人的身边，以日常生活美的开掘唤起人们向善向美的美好人性。但鄙俗的“日常生活的审美化”倾向表明大众文化兴起之后，浪费式消费已经成为日常生活的一种普遍形态。传媒可以通过体现美与善的行为、事物来激发一种人性温情。以人与自然的和谐，包括人与风景的融洽、人与动物的友好，人的绿色消费（绿色出行、简单饮食、保护植物、控制一次性消费、低碳消费、垃圾分类处理、循环利用等）带来的幸福与满足，由此昭示一种和谐观。人回归自然获得宁静、爱心的体验，都可以丰富人性、完善人生之美。传媒有责任推崇和传播卢梭的“回归自然”观念，以及梭罗在《瓦尔登湖》中表达的拥抱自然、亲近大地的美好情怀。

（4）传媒应从健康维护的角度宣传绿色消费。人人都关心自己的生命健康，身无病痛幸福安乐。而消费主义驱动的花钱无度、大吃大喝等行为不仅没有带来真正的舒适，反而破坏了自然与生态平衡，摧毁着生命健康。绿色消费能够医治现代富贵病，对此传媒与民间组织完全可以从三方面入手进行引导：一是以现代人的亚健康及“三高”（高脂肪、高血压、高血脂）、癌症的普遍（北京每天有

300多人罹患癌症)来警示人们要回归简单生活,降低以车代步(1公里步行、3公里骑行、5公里骑行和坐公交车)及减少依赖暖气、空调等,坚持锻炼身体;二是介绍推广绿色健康的生活方式,以简朴生活、清心寡欲的健康事例为引导,以少吃肉、多素食促使人们改变消费观念,减少肉蛋消费抑制"病从口入",朝着有利于生命健康的正常消费状态回归;三是利用老龄化社会来临老年人数量快速上升的时机,通过各种传播渠道宣传绿色消费的益处,可以利用公园、广场、社区、老年活动中心等场所普及宣传。

总之,绿色启蒙要以传媒为主体,以形式多样的载体与内容进行生态文明引导。这是一场观念的变革,消费主义由于反文明的本质当然属于被抛弃之列。在科学发展观指引下,传媒只要舍弃一些眼前利益,勇于主动承担社会公共责任,继续深化生态文明的观念启蒙,还是能够促进绿色消费观念的发展和普及的。落实生态文明是一个长期的过程,因为它不仅涉及消费问题,它更触及人性的改造问题。历史反复证明:"人性的进步极为缓慢,从蒙昧走向开化,从野蛮走向文明几经艰难曲折,有时还要后退。"[①]传媒要以反面的事实作为教训,以警示迷恋物质享受的人们:再也不能那样过,再也不能受到消费主义欺骗。这种敲警钟的方式应当经常性运用,同时以正面事实加以引导,以有益于环保意识培育的知识来教育人们应当如何做,使其感受到简单生活的快乐,这会大大激发人们回归自然的热情。当人们将真切的生活感受传递给他人时,就会带动更多人去模仿体验,从而形成一股绿色消费的风气,在传媒肯定与鼓动之下营造良好的社会氛围。

二、倡导"俭以养德"　引领绿色消费

要倡导"俭以养德",进一步引领绿色环保消费。传媒应该挖掘传统文化中的精华加以阐释,教育民众;同时坚持不懈地揭露批评和扭转消费主义带来的环境生态破坏和污染浪费,引导适度消费、节俭消费。

1. 合理挖掘与阐发"俭以养德"的现代价值

合理地阐发符合当今时代的"俭以养德",这就要将其文化精髓与现实发展结合。要让民众理解"俭以养德"的深刻时代内涵。它既有古人在修身养性基础

① 周晓虹.现代社会心理学[M].上海:上海人民出版社,2003:516.

上的对生命本真的体悟，要求收敛欲望恬淡追求自安的人生境界，又有在既定的落后的小农经济束缚下，谛听自然感悟与自然节律的内心顺服。古代至近代社会，生活条件艰苦，人们能够习惯于忍受长期的苦难磨砺，有了内心强大的精神力量抵制过多的欲望，这种精神值得学习；但另一方面，今天生活水平的提高，人们不必忍受过去的物质匮乏的痛苦，但也不应该走向过度奢侈浪费的消费主义极端。强调生活的愉悦不在于沉溺享乐，而是真正内心的安宁快乐，相反的物欲膨胀、疾病缠身将把人拖向毁灭。消费主义教唆的及时行乐致使生活领域的浪费污染行为愈演愈烈，它必然导致道德伦理的沦落；生活的腐化堕落是如影随形的，背离了勤俭节约就瓦解了道德伦理的内心约束，走向毁灭自己又危害社会的边缘。针对当前消费膨胀问题，传媒借助于“俭以养德”的古训，阐发遵循它的积极意义与美好价值，唤醒沉迷于物欲的消费大众，纠正不良消费行为，既是对他们的发展负责，更是对环境改善的促进。

2. 批判与扭转奢靡浪费之风

尽管需要挖掘传统文化中“俭以养德”的积极价值，但是更要强调对不良风气的批判警示。生活领域的奢侈浪费之风蔓延，已经严重毒化了社会道德与伦理，传媒需要警惕和及时揭露，曝光这些不良行为。生活中浪费造成的污染已经扩张到了方方面面。一是在婚丧嫁娶方面，是大操大办、挥霍无度。结婚摆阔气，豪华车队招摇过市、酒席极度铺张、婚礼极尽奢华等制造了越来越多的废弃物，媒体对此应该及时揭露批判，遏制这一风气；二是在饮食方面，一次性餐具的滥用，一次性筷子、塑料袋、塑料和发泡饭盒等浪费越来越严重；三是节假日的过度燃放鞭炮礼花，上坟祭扫焚烧污染空气的物品；四是对小汽车的依赖；五是在服装、电子产品上盲目追求更新换代、追赶潮流导致的过度消费。

此外，要扭转垃圾无序增长势头，推动分类回收。生活中不加限制地生产垃圾，随意丢弃垃圾造成了“垃圾围城”困境。在食物方面的浪费也很惊人，传媒需要持续跟踪揭露，虽然这是一个老话题。媒体称“中国餐饮业每年浪费粮食可养2亿人”[①]，央视2012年4月19日《新闻1+1》播出了《奢侈的垃圾！》，节目中披露：“中国农业大学教授武维华提供的数据，根据对北京数个大学餐后剩菜剩饭情况的调查表明，倒掉的饭菜总量约为学生购买饭菜总量的三分之一，各位正在给自己的孩子掏大学费用的家长，一定要请注意这个数据。如果按照全国大专

---

① 央视《新闻1+1》节目：《奢侈的垃圾！》[Z]. 2012-04-19.

以上在校生总数量 2 860 万人(2009 年底数据)计，每年大学生们倒掉了可养活大约 1 000 万人一年的食物。”关于食物的浪费，除了公款吃喝，社会中婚丧嫁娶、亲友故旧等各种名目聚会餐饮浪费也日趋严重；大学食堂也是一个食物浪费非常严重的地方，据笔者长达多年在校区食堂的观察与访问调查，超过七成的就餐学生倒掉剩余饭菜，所买的三分之一甚至更多的饭菜没有吃完就扔弃了；而在幼儿园、中小学这种食物的浪费也已经司空见惯。问及学生不吃完的原因，大多数人会说：不好吃，没胃口。至于“一粥一饭，当思来之不易”的古训并没有被当回事，相当一部分学生根本没有珍惜粮食的意识和行为，但这不等于中国没有粮食匮乏的风险。

批评食物浪费，要坚持通过“俭以养德”的案例引导节约。2012 年《金陵晚报》的一篇《给儿子留剩饭却被开除》的报道激起很大争议：47 岁的李红在南京一家五星级酒店当了四年洗碗工，去年 11 月的一天，因为她留下了客人吃剩的一些食物，想给正在读大学的儿子补养身体，被发现后李红被酒店开除。原本以为把吃不完的剩菜带回家应该没有多大问题的李红，却丢掉了自己的工作，而此前她在接受媒体采访时也曾说，过去四年她常为客人倒掉食物而心疼，“东西还好好的，就叫我端去倒掉扔了，作孽啊！我留下来想带给孩子尝尝鲜，怎么就成了盗窃？[①]”浪费食物的问题值得警惕，传媒应该持续关注，引导合理消费、适度节约的理念。

除了引起讨论，传媒还要通过对比警示突出正面价值。有人食不果腹，有人暴殄天物，2012 年 2 月 22 日的《人民日报》曾刊登这样一则消息，中国农业大学专家课题组对大、中、小三类城市，共 2 700 桌不同规模的餐桌中剩余饭菜的蛋白质、脂肪等进行系统分析，保守推算，我国 2007 年至 2008 年仅餐饮浪费的食物蛋白质就达 800 万吨，相当于 2.6 亿人一年的所需；浪费脂肪 300 万吨，相当于 1.3 亿人一年所需。媒体报道生活中的个案，绝非仅仅为了吸引眼球，而是应该以此为契机，引导宣传环保、节约的观念。

3. 倡导与正确理解绿色消费

倡导绿色消费，需要挖掘更多的传统文化价值，与当代环境形势结合。传媒引导扩大消费理所当然，但是对奢侈浪费进行批评纠正更是当务之急。具体如何开展？除了以上两方面的努力之外，还有两个努力方向：一是挖掘传统文化

① 杜文娟.洗碗工留剩菜给儿子遭开除 儿子哭称害了妈妈[N].金陵晚报，2012-02-29.

中的“俭以养德”内涵，教育消费的节约，培育勤俭的美德；二是把“强本节用”、“开源节流”作为体现勤俭节约思想的根本措施和长久智慧。这里也应该把中央倡导的社会主义核心价值观与此类传统文化的积极因素结合起来，发挥启发引导功能。传媒应尽快发掘传统文化中“天人合一”思想，教育人们爱护自然，理解自然和人一样具有生命和呼吸，人是自然的产物，学会从生活中的点点滴滴去尊重自然，保护自然，还要经常体验自然的美好，提升内心中对于自然的敬畏感，培育对自然生灵的慈爱之心、怜悯之心，养成文明人应有的生活消费习惯。

要正确理解绿色消费，避免误区。绿色消费不是控制合理消费，也不是不能消费，而是结合适度需求去消费利用，并且尽量减少对自然生态的伤害，所以真正意义上的绿色消费，是指在消费活动中，不仅要保证当今一代人的消费需求和安全健康，还要满足我们子孙后代的消费需求。绿色消费不只是消费绿色，更是保护绿色，即消费行为中要考虑到对环境的影响，并尽量减少负面影响。要做到这些，传媒目前可从生活细节入手，以节能减排、简约消费等文化氛围营造入手进行持续的宣传，可以增加公益广告的数量，并配合国家禁止滥用塑料袋污染的新举措，大力倡导环保型消费，这里有很多工作要做。此外还要结合当前形势提倡“绿色消费”、“低碳消费”，核心都是倡导促进自然和谐的消费，这包括购买绿色食品、绿色服装、绿色建材、绿色家电等在内的绿色产品。传媒宣传“26 度空调行动”、“低碳出行”、“回归自然”，以及自觉参与环境保护、资源回收利用、勤俭劳动等理念，让更多人摈弃无所事事和空虚无聊，加入到为社会谋福利的垃圾分类、资源回收利用、爱护绿色植物、保护蓝天碧水的具体行动中去，获得个人价值实现的快乐与满足。

三、开展社区与学校环保教育活动

环保教育应该以社区和学校为重点，大多数人都应该接受环保教育，改变浪费和污染的习惯。

1. 社区环保教育的必要性和途径

随着城市化扩张，大多数城市已经实现了居民群体的社区化、硬件发展的标准化，但是破坏环境生态、侵害居民合法权益的问题却日益突出，环境危机逐步蔓延，得不到根本的解决。其中最重要的问题是：“城市基层政府部门不愿意进行环境治理和社区缺乏有力的组织者行动者参与者。"[①]公众较为缺乏公共意识,只要不到自己门前,就任由环境破坏发生。居民对公共事务普遍的自私冷漠,只是将难题推给居委会解决,自己不负责任。传媒的介入引导变得非常重要。

首先,关键的问题是教育大众通过积极参与公共事务,自觉联合维护自身权益,提高文明素质。环境危机预警显然较为缺失,等到发现时危害后果已经发生,这时出现了零星的抗争。那么通过环境维权方式引导教育市民保护环境不失为一条实际的路径。其实只有公众自觉落实环境维权,才能纠正基层部门的不作为和侵害行为,才能把环境危机有效化解,实现预警机制有效运行。可见,作为最基层的群体,社区的环保活动起着示范作用,能够依托最广大的百姓群众,起着随时随地有效监督环境问题的效能,化解着环境危机。

其次,传媒需要参与提升大众的预警能力,结合环境维权,从利益角度切入较为实际。当前环境维权还存在着一些突出问题:一是环境侵权程度加深,二是主动出面干预者寥寥无几,三是多被动维权而不是主动预警,四是媒体深入社区极少,即使有一些报道也是报喜不报忧。从媒体关注的角度看,反映最多的是社区物业与业主之间矛盾、社区治安卫生、社区车辆毁损、车位冲突等方面的报道,至于环境隐患则往往被忽略。媒体的报道极大地影响了大众的认知,公众也随着这种报道偏向而忽略了环境问题。

要发动社区力量解决身边环境问题。随着人口老龄化,老年人越来越多,环境问题在众多居民参与下是可以得到有效处理的。传媒需要发挥的作用在于及时发现细微问题,发动社区居民参与。居民最关心眼前的利益,传媒因势利导,能够把问题揭示出来,带动他们共同出主意想办法,设立社区民间组织,自发管理公共场所,发动大家的监督,奖励举报人,募集治理资金,设立治理进度栏等,都是可以尝试的方法。如果媒体去开展这样的工作,就会促动政府治理,逐步帮助解决污染问题。这样一来,其他社区的类似污染问题都能够在传媒帮助下找到相应的解决办法,而不是目前各行其是,致使环境危机继续发展,环境风险处于几乎失控的地步。

2. 学校环保教育的必要性和途径

开展学校的环保教育是一项长期的工作,需要传媒坚持不懈地支持民间组

---

① YangGguobin, Brokering Enviroment and Health in China: Issue Entrepreneurs of Public Sphere. *Journal Contemporary China*, Vol. 19 No. 63, 2010.

织。我国的义务教育和高中教育都有对于环境保护的知识普及,民间环保组织也在程度不同地开展环保教育,但是效果不够理想。这主要是由于中小学追求升学率为中心的应试教育,大学又普遍放松了真正需要的绿色素质的提升,加上社会教育力量的薄弱,与学校的目的不合拍,环保教育归于失效。学校要扭转应试教育的畸形,回归素质教育,增加完善环保教育课程,开展环保社会实践,培育学生爱心,鼓励公益行动,培养动手能力。

传媒可以与教学一线的中小学教师合作,发挥教师主体的引导作用。环境保护教育要以课堂教学为主渠道,结合教材渗透环境保护教育,开展多姿多彩的活动,使学生尽可能以书本、课外实践教学的主渠道获得环境保护知识。各科教师只要结合教材内容和学科特点选好环境保护的切入点,统一协调,把学科教学与环境保护教育有机地结合在一起。依据学科特点,挖掘环境教育素材,找准切入点,有目的、有计划地进行渗透、深化、扩充,使环境教育成为课堂和实践教学的有机组成部分,让各学科渗透环保知识,从而增强学生对环境保护的感性和理性认识,进而培养学生的环保习惯。同时,针对环境污染的严峻形势,在常识学科中结合相关的环境知识,是对学生进行环境保护教育最好的方式。教师应结合各自学科特点,探求并确立学科环境教育渗透点,抓住学科与环保知识的显性和隐性关联,将环保教育有机渗透于学科教学中;开展各种形式的校外环保活动,提高学生的兴趣,激发参与热情,培养环保习惯。在传授文化知识的过程中,树立环境意识。

在招生制度上引导中小学重视环保行动,这包括实施含有环保素质的综合考评;在大学阶段以环保实践学分考核促使大学生投身于环保公益活动,开展广泛的环保社会实践活动,将环保活动、环保创意和就业导向结合,激发参与兴趣。这些都需要有良好的引导执行机制,要避免搞形式、走过场,沦为功利主义的牺牲品。这需要传媒长期持续支持,借助于政府的政策鼓励,加之环保团体的助力,大中小学生的参与配合,形成真正有效的环保氛围。

学校环保教育除了内部的课程改革之外,社会力量的引导参与、创新也很重要。现在有些社会团体正在努力培育环保后备人才,中华环保基金会等民间组织吸引大中小学生参与环保实践,取得了良好社会效果,其他组织也在积极行动。政府和传媒要鼓励这些社会组织开展环保教育创新,从财力和舆论上加以支持:一是继续支持举办环保类别的比赛与课题招标,以财力支持的形式,激发青少年的参与热情;二是加大表彰力度和广度,使致力于环保的人士得到尊重,带动社会的模仿跟进；三是建立完善环保教育基地，激发青少年的活动热情。要学习台湾地区的先进经验，将公园、湿地、山林、生态馆、河流、湖泊、农田等开辟为生态环保教育基地，以立法的形式促使每个人都接受环保教育或者参与环保活动，形成全民认知环保、提升环保水平的良好氛围。

四、引导环保就业创新

传媒要联合政府与民间组织，充分挖掘人力资源，在环境领域实现就业创业突破。这是一项富有战略意义的创新工作。环境风险还在加剧，而相应的化消极为积极的对策有一个和就业结合的出路，也就是从环境危机中寻找创新环保产业的思路。2013 年被称为大学生“史上就业最难季”，毕业生达到 699 万人(2015 年达到了 749 万人)。但事实上，不是就业难，而是不创新导致的就业难。环保产业是朝阳产业，许许多多的创意和生产都在期待开发创造，服务于社会领域。但是目前缺少政府和传媒的有效带动，社会中的奇思妙想与丰富的人力资源没有得到有效开发。中国拥有世界上最为丰富巨大的人力资源，能够借此创造最为壮观最为庞大的财富，这应该不仅仅包括物质财富，还包括能够推动社会发展的环境财富、文化财富。如果把现有闲置的人力资源充分利用起来，切实改变“有活没人干，有人没活干”的局面，就不仅能创造环境财富，而且能有效化解环境风险。

要结合人的日常行为分析环保产业如何破局。环境产业需要大力开发大胆创新。20 世纪 90 年代著名科学家钱学森一直呼吁开发沙产业，认为这是一个潜力无穷的空间，沙漠治理完全可以演变为一场利用沙漠发展旅游、种植、养殖、加工等内容的新型产业，形成沙产业。让沙产业创造了财富，就使原来危害剧烈的沙尘暴、沙化危机转化为效益[①]。此外，垃圾分类、生产也是能够获得良好成效的产业，都需要投入大量人力实施。人力资源是蕴藏着无穷无尽创造潜能的宝库，这是从整体来看的；再从个体潜能角度看，每个人都是一个有待开发的宝库，在有限的生命中能够去实现无限的创造。但是，社会管制的放松，一方面解放了人的潜能，另一方面又肢解了人的劳动。伴随着道德水平的走低，人的创造

① 吉英·梅. 钱学森呼吁发展沙产业，预言沙漠地区的产品将来身价百倍[A]//纪念钱学森建立沙产业理论十周年文集[C]. 北京：中国科学技术出版社，1999：4.

力被不断地自我封存遏制，导致了令人堪忧的浪费与污染，同时勤俭节约、吃苦耐劳传统的消解，导致青少年普遍逃避劳动、鄙视劳动；中老年人把绝大部分精力、兴趣投入养育孩子、休闲、锻炼等属于个人、家庭的事务中，不少人对于社会奉献毫无兴趣；还有一些人有了大量的空闲，反而不知如何打发时间，只好在养狗、跳舞、美容、健身、打麻将等活动中消耗生命。同时，虽然社会问题也在进入他们的视野，却总以为社会问题解决是政府的、他人的责任，就自动放弃了参与义务，自身的潜力也就被埋没了，很多人只是浑浑噩噩、空虚无聊地过着每一天，错过了为社会创造美好价值的机会。

要尝试从环保传播角度把人引向自觉向善向美。需要思考人的潜力有哪些？如何投向环保产业？人们被引导参与环保产业是时代需要，是生态文明的内涵外化。我们认为，人的创造性主要指向广阔的社会服务，环保是其中之一。

在这样的潜能发展中，我们看到一些人会在环境恶化刺激下，自觉担当责任，环保产业就体现了这样的创造性潜能。例如在内蒙古少数地方出现了依托沙漠开发的旅游、养殖、种植、加工等经营项目，已形成公司形态并发展壮大起来；甘肃、宁夏等地出现了种植沙生保健、药用植物的趋势。同时，政府能够组织进行的新材料生产、太阳能开发，以及风能水能、地热地气等开发利用，都有广阔的前途。

除了公司化的环保产业之外，对于城市中的普通人来说，环保产业可以如何参与呢？垃圾分类、资源回收利用、修旧利废、变废为宝、植树造林、建筑废料加工利用等都可以组织开发。这是需要重点发展的方面，但是传媒注意不够，更谈不上从中发现有潜力的方面，予以引导扶持。笔者在台北考察时发现：台湾地区的家庭、政府、企业等联合处理垃圾，每个家庭每月购买专用塑料袋，每天按照厨余、瓶罐、纸张、包装、铁器、玻璃进行分类投放，商铺、办公楼、学校与企业垃圾有专门公司回收，政府都补贴资金。分类垃圾处理由公司和农户进行，需要一大批人力投入，最后的无法利用的垃圾才被运送到焚化厂，燃烧之后用来发电。

对于我国台湾地区的环保领域先进做法，应该广泛传播，积极引进，城市和农村各有符合实际的化害为利的处理方式。在城市，从社区做起，政府拿出一笔费用，雇佣有余力的中老年人去开展家庭和地面扔弃的垃圾分类，分类之后运送到不同的地方，能够煮熟喂猪的运给养猪场，能够堆肥的进行生物堆肥，这样就能够让垃圾减量六至七成；其余垃圾可以回收的就由他们卖钱，实在不能利用的再送去垃圾中转站，而衣物鞋帽另外归类处理。建筑垃圾体量巨大，在快速的城市化中无处堆放和消化，往往是由渣土车偷偷摸摸倾倒于农村祸害土地河流。对此，应该组织人力分拣利用，用来铺路、填充、化解等等，逐步解决建筑垃圾危害问题。政府不必对绿化大包大揽，应该交给社会组织来做，由民间环保组织召集人力植树造林、维护绿化。至于农村垃圾处理，农民本来就有勤俭节约、循环利用的传统，可以由政府出资，让农村富余劳动力开展垃圾的分拣与再利用。

表 6－1：环保产业的主要发展方向与民间承担主体

环保产业开发空间	修旧利废、变废为宝	垃圾分类、资源回收利用	植树造林、山川绿化	建筑建材废料加工利用	沙漠开发、沙丘治理	河湖清理养护
承担主体	工人、环保社团	市民、环保社团	环保社团、志愿者	工人、市民、企业	企业家、环保社团	环保社团、志愿者

为青年人寻找出路，为环保开辟就业渠道都显示出越来越多的机会。传媒与社会有识之士都应该深入探讨出路，青年人在环保领域大有可为。传媒积极谋划，在政府、环保组织之间建立有效合作机制，积极行动，化害为利才能将风险转化为机遇，才会使危机得以化解。个人的潜能应该在传媒的激发下充分地展现出来，主动寻找发现机遇。所谓化“危”为“机”就是实施积极的产业发展，把环境风险化解为能够创造人与自然和谐的机遇和财富。实际上有很多这样的机遇等待人去开发，但要主动去寻找，将消化人力、挖掘人力资源、激发创业智慧与需要迫切解决的环境问题相结合，在技术、人才、政策、创意、对象等方面创造有效的整合机会，避免仅靠资金投入解决一时创业的狭隘思路。目前传媒的激发还远远不够，错失了很多的机遇，应当尽快实施创新引导环保创业。

结　语

虽然环境保护传播一直跟踪现实，但研究对象在不断地发生快速的变化。当本书指出地方政府基于政绩追求严重破坏环境生态和过度耗尽能源资源造成危害之际，形势已开始发生变化，中央开始遏制这种过度的破坏之风。目前，环境问题正在得到中央的高度重视。十八届三中全会已经确定："对限制开发区域和生态脆弱的国家扶贫开发工作重点县取消地区生产总值考核，对领导干部实行自然资源资产离任审计，建立生态环境损害责任终身追究制。中央组织部近日印发的《关于改进地方党政领导班子和领导干部政绩考核工作的通知》，明确要求完善政绩考核评价指标，不搞地区生产总值及增长率排名。在明确取消相关地区生产总值考核的同时，通知要求对限制开发的农产品主产区和重点生态功能区，分别实行农业优先和生态保护优先的绩效评价；对生态脆弱的国家扶贫工作重点县重点考核扶贫开发成效。"[①]新的规定要求让人看到了党中央对环境危害是有清醒认识的，在真正落实环境治理。相信不久的将来，秀美山川的"美丽中国"将让人身心愉悦，倍感幸福，这是巨大的鼓舞。

本书侧重于一种实务研究。基于对中国现实问题的长期关注和深切忧虑，本书从中国环境保护传播的发展脉络、中国环境保护传播的风险传播、中国环境保护传播的外部客体影响因素、中国环境保护传播的内部主体影响因素、优化中国环境保护传播的制度环境、传媒职能提升等部分进行了论述和分析，试图以现实的传媒表现与环境污染问题的各种事实后果为依据，进行初步的分析，提出相应探索性的对策。

在进行研究的过程中，有两个突出的现实问题：一方面是中国环境问题确实越来越多，让人越来越感到忧虑：水污染从河流湖泊向地下水（调查中发现很多企业将污水排入地下）延伸，空气污染出现了严重的雾霾，重金属污染扩大，导

① 董峻，顾瑞珍，张桂林. 推进生态文明　建设美丽中国[N]. 中国青年报，2014－03－05.

致土地承载的食品如大米中镉、铅等超标，还有电子产品无处不在的辐射，全球变暖致使气候异常、旱涝交替等。近年来，最让中国大众焦虑不安的是雾霾严重和水土污染导致的食品安全问题与疾病增多，极大冲击了人们的生活信心。另一方面是一出现有关环境问题媒体就集中报道，大众就焦躁抱怨，舆论批评就会沸腾不已，但是这种舆论热点很难持久，等不到问题解决，传媒注意力就转移到下一个热点去了，受众受到传播的过度影响，对问题慢慢淡忘，得过且过，冷漠麻木。很多人只是满足于口头和网络的发泄，至于自己是不是需要反思生活中也制造了大量污染物，以及对于生活中他人的浪费和污染行为是不是该予以劝说制止，在这些具体的责任承担方面，就往往弃之不顾，反而还要讽刺环保志愿者的自觉环保行为。因此，从大众传播和学术研究来看，要有效发挥出实际的作用，还有很多的工作要做，还有很长的时间历练，不是仅仅大声疾呼、喧嚣一阵而能够毕其功于一役的。这也正是当前的传媒界和学术界需要加大传播和调查、研究力度的一个重要领域。

回顾本书的研究，一个显著特色是与相关学术成果有所区别，努力做到对环保传播现实问题的揭示分析，并且注意到了运用有关理论批判。就现实问题维度而言，本书主要致力于在环境保护传播的风险传播揭示方面加以努力，集中论述了自然灾难、“癌症村”、水污染、食品污染、拆迁破坏、空气污染等现象，具体考察了传媒视野中对这一类问题是如何反映的，还存在哪些不足等。理论批判重点在于运用了消费主义文化批判，对这种反文明的行为做出了尖锐的揭露和无情的抨击，暴露消费主义的极端自私冷漠、荒谬而导致人的异化等问题。

本书的另一个特色是从理论层面上审视，研究试图作出本土化的努力。本书主要运用了风险社会理论、消费主义意识形态批判、公民社会理论这三个主要理论，在不同层面分析不同问题。首先风险社会理论主要运用在本书的风险预警展示部分，现代社会环境风险突出，传媒报道要置于一个风险社会的背景下开展预警，借助于报道，分析应该如何利用风险社会理论指导进行预警，报道的视域要前移，多关注风险的具体和渐变形态。其次针对消费主义意识形态的膨胀，批评了社会中盛行的“吃光、耗尽”的挥霍浪费以及大众环境生态道德低下的现实问题，揭示了传媒为消费主义推波助澜的表现。最后是公民社会理论，本书在开头和结尾都有阐释，但重点在于怎样使公民社会理论本土化。在对策部分，则是在深入分析理论的基础上，鲜明地提出传媒要促进环保 NGO 的发展，以此为突破口使公民社会走向本土化。书中还提出了理论指导建议，回答“做什么”与

“如何做”，以及哪些突破口可以去尝试和推广等问题。总之，在对策方面主要是以公民社会理论、风险社会理论、消费主义文化批判理论来解读环保传播，并在具体案例分析中提出了传媒要加强风险预警和微观预警，遏制消费主义反文明的意识形态，借助于环保NGO促进公民社会发展的观点。

强烈的现实关怀与尖锐的批判色彩构成了本书的基本特征。现实关怀主要是对环境污染后果的多重揭示；批判主要指向那些借着政绩工程谋取私利的无良行为；还针对整个社会弥漫的消费主义倾向展开批判：它唆使人们陷入吃喝玩乐的奢侈浪费和无休无止的攀比虚荣的泥淖中，丧失对真善美的追求和基本的道德良知等问题，总之虚假的欲望满足造成了人的异化，人不再是他自己，而是沦落为欲望的奴隶。

需要说明的一点是，各人研究有侧重，受到价值观念支配，难免出现见仁见智的认知。实事求是地看，每个人都有自己的关注点和兴奋区，其研究总是会依据过去的知识积累与价值判断。中国环境保护传播研究确实是一个新课题，因为国家整体政策导向与人们整体的环境觉悟较为迟缓，直到环境问题发展到了不得不解决的地步才有一些应对，至今也不过短短十多年。显然其间的研究积累比较匮乏，所以应该怎样切入研究，特别需要深入的多方面的探索。但长期以来“以洋为师”的民族自卑心理，导致学者时时追随西方，这也是不可取的。

最后，拓展环保传播研究领域是一项长期艰巨而又复杂的任务，整体来看本书的论述还是初步的、粗浅的。例如理论分析的不足，以及研究深度的缺陷，一些表述的逻辑层次尚嫌模糊等。这也使得笔者深感研究的不足，还需要尽快弥补，提升研究层次和水平。如前所述，中国环境保护传播研究是一个格外宏大、包含丰富繁杂内容的课题，这一课题还需要众多学者投入毕生精力去开拓，但目前真正投入、持久关注的研究者仍然比较匮乏。整体研究框架与思路有需要进一步深化的地方，理论建设也有很多不足，在借鉴国外成果方面还是不够，需要深入挖掘传统文化“天人合一”、“俭以养德”、“爱物惜用”等作为普世价值的丰富内涵，还有长期的艰巨任务等待完成。这都显示环境保护传播研究与环境保护治理一样时日漫长，需要继续付出艰苦的努力，提炼出具有指导意义的科研成果，真正让研究成果“体现时代性、把握规律性，富于创造性”，为实际决策提供参考。

光阴荏苒，时不我待，中国环境危机重重，亟待解决，人人有责。环境问题的多样化和发展的复杂性，引起上自国家领导人，下到普罗大众的普遍而深切的忧虑。除了媒体传播，学术研究更应该强化关注探索，以及真正的关心和参与。在环境议题跨学科、交叉性越来越明显的背景下，现实对环境保护传播研究提出了更为严峻的挑战。这需要有责任的知识分子继续践行“知行合一”，既要关爱自然环境，坚持不懈地收集资料和撰写文章大声疾呼，深化学术研究，又要自觉参与环保活动，推动点点滴滴的改良，为促进人与自然和谐尽一点微薄的力量。

参考文献

(一) 中文著作

1. [德] 乌尔里希·贝克著,何博闻译. 风险社会[M]. 南京:译林出版社,2004.
2. 梁从诫,梁晓燕. 为无告的大自然[M]. 天津:百花文艺出版社,2000.
3. 自然之友编. 梁从诫文集[M]. 北京:团结出版社,2012.
4. 于海. 西方社会思想史[M]. 上海:复旦大学出版社,2010.
5. [美] 科尔曼著,梅俊杰译. 生态政治:建设一个绿色社会[M]. 上海:上海译文出版社,2002.
6. 人民文学出版社编辑部. 全国优秀报告文学评选获奖作品集[M]. 北京:人民文学出版社,1981.
7. 郭庆光. 传播学教程[M]. 北京:中国人民大学出版社,1999.
8. 李彬. 传播学引论[M]. 北京:新华出版社,2003.
9. 弗格森. 市民社会史论[M]. 沈阳:辽宁教育出版社,1999.
10. 李良荣. 新闻学概论(第二版)[M]. 上海:复旦大学出版社,2004.
11. 王君超. 媒介批评——起源·标准·方法[M]. 北京:北京广播学院出版社,2001.
12. 王莉丽. 绿媒体——环保传播研究[M]. 北京:清华大学出版社,2005.
13. [英] 安德鲁·多布森著,郇庆治译. 绿色政治思想[M]. 济南:山东大学出版社,2005.
14. 王积龙. 抗争与绿化[M]. 北京:中国社会科学出版社,2011.
15. 刘涛. 环境传播:话语、修辞与政治[M]. 北京:北京大学出版社,2011.
16. 陈桂棣. 淮河的警告[M]. 北京:人民文学出版社,1999.
17. [德] 哈贝马斯著,曹卫东等译. 公共领域的结构转型[M]. 上海:学林出版社,1999.

18. 邓正来,[英]J. C. 亚历山大. 国家与市民社会[M]. 北京:中央编译出版社,2005.
19. 支庭荣. 大众传播生态学[M]. 杭州:浙江大学出版社,2004.
20. 刘方喜. 消费社会[M]. 北京:中国社会科学出版社,2011.
21. 刘智峰. 道德中国——当代中国道德伦理的深重忧思[M]. 北京:中国社会科学出版社,2004.
22. 易正. 中国抉择——关于中国生存条件的报告[M]. 北京:石油工业出版社,2001.
23. 何新. 危机与反思(上、下)[M]. 北京:国际文化出版公司,1997.
24. 曾繁仁. 生态存在论美学论稿[M]. 长春:吉林人民出版社,2003.
25. 李泽厚. 中国近代思想史论[M]. 天津:天津社会科学院出版社,2003.
26. 余谋昌. 生态哲学[M]. 西安:陕西人民教育出版社,2000.
27. 刘勇. 媒体中国[M]. 成都:四川人民出版社,2000.
28. 周晓虹. 现代社会心理学[M]. 上海:上海人民出版社,2003.
29. 周晓虹. 西方社会学历史与体系[M]. 上海:上海人民出版社,2002.
30. 何清涟. 现代化的陷阱[M]. 北京:今日中国出版社,1998.
31. 高中华. 环境问题抉择论[M]. 北京:社会科学文献出版社,2004.
32. 郑易生,钱薏红. 深度忧患——当代中国的可持续发展问题[M]. 北京:今日中国出版社,1998.
33. 王诺. 欧美生态文学[M]. 北京:北京大学出版社,2003.
34. 聂晓阳. 留一个什么样的中国给未来[M]. 北京:改革出版社,1997.
35. 冯沪祥. 人、自然与文化——中西环保哲学比较研究[M]. 北京:人民文学出版社,1996.
36. [美] 阿尔·戈尔著,陈嘉映译. 濒临失衡的地球——生态与人类精神[M]. 北京:中央编译出版社,1997.
37. 余正荣. 中国生态伦理传统的诠释与重建[M]. 北京:人民出版社,2002.
38. Simon Cottle 主编,李兆丰,石琳译. 新闻、公共关系与权力[M]. 上海:复旦大学出版社,2007.
39. 曹锦清. 黄河边的中国——一个学者对乡村社会的观察与思考[M]. 上海:上海文艺出版社,2002.

40. [美] 蕾切尔·卡逊著，吕瑞兰，李长生译. 寂静的春天[M]. 长春：吉林人民出版社，1997.
41. [美] 丹尼斯·米都斯等著，李宝恒译. 增长的极限[M]. 长春：吉林人民出版社，1997.
42. [美] 艾伦·杜宁著，毕聿译. 多少算够[M]. 长春：吉林人民出版社，1997.
43. 徐刚. 伐木者，醒来！[M]. 长春：吉林人民出版社，1997.
44. [英] 克里斯托弗·卢茨著，徐凯译. 西方环境运动：地方、国家和全球向度[M]. 济南：山东大学出版社，2005.
45. 韩立新. 环境价值论[M]. 昆明：云南人民出版社，2005.
46. 柏杨. 丑陋的中国人[M]. 长沙：湖南文艺出版社，1986.
47. 程麻. 中国心理偏失：圆满崇拜[M]. 北京：社会科学文献出版社，2001.
48. 乐黛云. 跨文化之桥[M]. 北京：北京大学出版社，2002.
49. [美] 塞缪尔·亨廷顿著，周琪等译. 文明的冲突与世界秩序的重建[M]. 北京：新华出版社，2005.
50. 廖梦君. 现代传媒的价值取向[M]. 长沙：湖南人民出版社，2005.
51. 刘再复，林岗. 传统与中国人[M]. 合肥：安徽文艺出版社，1999.
52. [美] 孙隆基. 中国文化的深层结构[M]. 桂林：广西师范大学出版社，2005.
53. 李良荣. 当代西方新闻媒体[M]. 上海：复旦大学出版社，2003.
54. 汪凯. 转型中国：媒体、民意与公共政策[M]. 上海：复旦大学出版社，2005.
55. Jennifer Holdaway，王五一，叶敬中，张世秋编. 环境与健康：跨学科视角[M]. 北京：社会科学文献出版社，2010.
56. 潘岳. 绿色中国文集[M]. 北京：中国环境科学出版社，2006.
57. [美] 沃纳·塞弗林，小詹姆斯·坦卡德著，郭镇之等译. 传播理论——起源、方法与应用[M]. 北京：华夏出版社，2000.
58. 陈力丹. 中国新闻传播学解析[M]. 北京：人民日报出版社，2011.
59. [法] 古斯塔夫·勒庞著，冯克利译. 乌合之众[M]. 北京：中央编译出版社，2005.
60. 沙莲香. 中国民族性[M]. 北京：中国人民大学出版社，1989.
61. 王岳川. 媒介哲学[M]. 开封：河南大学出版社，2004.
62. 刘春秀. 周恩来对环境保护工作的重大贡献[M]. 北京：中央文献出版社，2009.

63. 杨魁,董雅丽.消费文化——从现代到后现代[M].北京：中国社会科学出版社,2003.
64. 郑红娥.社会转型与消费革命[M].北京：北京大学出版社,2006.
65. 陈昕.救赎与消费[M].南京：江苏人民出版社,2001.
66. 王宁.消费社会学[M].北京：社会科学文献出版社,2010.
67. 萧功秦.儒家文化的困境[M].桂林：广西师范大学出版社,2006.
68. 鲁枢元.生态批评的空间[M].上海：华东师范大学出版社,2006.
69. 张岱年,汤一介.文化的冲突与融合[M].北京：北京大学出版社,1997.
70. 王晓明.在新意识形态笼罩下[M].南京：江苏人民出版社,2000.
71. 何博传.山坳上的中国[M].贵阳：贵州人民出版社,1989.
72. 戴锦华.书写文化英雄——世纪之交的文化研究[M].南京：江苏人民出版社,2000.
73. 林语堂著,郝志东,沈益洪译.中国人[M].上海：学林出版社,2000.
74. 陶东风.文化研究：西方与中国[M].北京：北京师范大学出版社,2002.
75. 胡大平.崇高的暧昧——作为现代生活方式的休闲[M].南京：江苏人民出版社,2004.
76. 刘士林.变徵之音——大众审美中的道德趣味[M].武汉：湖北人民出版社,1998.
77. 孟繁华.众神的狂欢——90 年代中国文化[M].北京：大众文艺出版社,2005.
78. 张柠.文化的病症[M].上海：上海文艺出版社,2004.
79. 庄晓东.文化传播：历史、理论与现实[M].北京：人民文学出版社,2003.
80. 于德山.当代媒介文化[M].北京：新华出版社,2005.
81. 金民卿.文化全球化与中国大众文化[M].北京：人民出版社,2004.
82. [美] 罗伯特·W.麦克切斯尼著,谢岳译.富媒体、穷民主：不确定时代的传播政治[M].北京：新华出版社,2004.
83. [英] 尼克·史蒂文森著,王文斌译.认识媒介文化——社会理论与大众传播[M].北京：商务印书馆,2003.
84. [美] L. H. 牛顿,C. K. 迪林汉姆著,吴晓东译.分水岭——环境伦理学的十个案例[M].北京：清华大学出版社,2005.
85. 贺雪松.社会学视野下的中国社会[M].上海：华东理工大学出版社,2002.

86. [美] 亚当・斯密斯(明恩溥)著,张梦阳,王丽娟译. 中国人德行[M]. 上海:新世界出版社,2005.
87. 廖加林. 现代公民社会的道德基础[M]. 长沙:湖南大学出版社,2006.
88. [美] 比尔・麦吉本等著,朱琳译. 消费的欲望[M]. 北京:中国社会科学出版社,2007.
89. 洪大用. 中国民间环保力量的成长[M]. 北京:中国人民大学出版社,2007.
90. 林非. 鲁迅和中国文化[M]. 北京:学苑出版社,2000.
91. 许纪霖,罗岗. 启蒙的自我瓦解——1990 年代以来中国思想文化界重大论争研究[M]. 长春:吉林出版集团有限责任公司,2007.
92. 孙立平. 断裂:20 世纪 90 年代以来的中国社会[M]. 北京:社会科学文献出版社,2004.
93. 汪永晨. 改变——中国环境记者调查报告[M]. 北京:生活・读书・新知三联书店,2007.
94. 汪永晨,王爱军. 困惑——中国环境记者调查报告[M]. 北京:中国环境科学出版社,2011.
95. 汪永晨,王爱军. 挑战——中国环境记者调查报告[M]. 北京:中国环境科学出版社,2012.
96. 蒋建国. 消费文化传播与媒体社会责任[M]. 北京:中国社会科学出版社,2011.
97. [英] 安东尼・吉登斯著,曹荣湘译. 气候变化的政治[M]. 北京:社会科学文献出版社,2009.
98. 贾广惠. 中国环保传播的公共性构建研究[M]. 北京:中国社会科学出版社,2011.

(二) 中文论文

1. 曾妮. 透视中国环境新闻报道中的力量博弈——兼析人民日报环境新闻发展历程[D]. 复旦大学 2006 届新闻学硕士学位论文.
2. 程少华. 环境新闻报道研究[D]. 武汉大学 2005 届新闻学硕士学位论文.
3. 吴荣娜. 我国环境报道发展过程中的问题与分析[D]. 河北大学 2003 届新闻学硕士学位论文.
4. 蔡启恩. 从传媒生态角度探讨西方的环保新闻报道[J]. 新闻大学,2005(9).

5. 张潇.《人民日报》环境报道三十年：变化、趋势、影响[D]. 西北大学 2010 届新闻学硕士学位论文.
6. 张刘芳. 论中国环境新闻报道[D]. 湖北大学 2009 届新闻学硕士学位论文.
7. 曹倩."启蒙"与"越位"：中国环境记者汪永晨研究[D]. 山东大学 2010 届新闻学硕士学位论文.
8. 刘涛. 环境传播的九大研究领域(1938—2007)：话语、权力与政治的解读视角[J]. 新闻大学，2009(4).
9. 许丽，刘义甫. 消费主义的全球化扩张与中国传媒的异化[J]. 成都大学学报(社会科学版)，2009(1).
10. 程远娟. 公民社会视角下的环境政治参与[J]. 中国集体经济，2008(2).
11. 曲格平. 新中国环境保护工作的开创者和奠基者——周恩来[J]. 党的文献，2000(2).
12. 胡翼青，戎青. 生态传播学的学科幻象——基于 CNKI 的实证研究[J]. 中国地质大学学报(社会科学版)，2011(3).
13. 蔡骐，刘维红. 论媒介化社会中媒介与消费主义的共谋[J]. 今传媒，2005(2).
14. 张立伟，俞可平：中国特色公民社会的兴起[J]. 学术月刊，2008(10).
15. 杨阿卓. 环境新闻及其发展趋势[J]. 新闻爱好者，2003(4).
16. 姚娟. 当前食品安全报道存在的问题[J]. 新闻实践，2011(7).
17. 黎明. 环境新闻应有深度与新意[J]. 珠江环境，2006(10).
18. 颜莹. 论新闻记者的环境意识[J]. 环境保护，2003(8).
19. 肖文明. 观察现代性——卢曼社会系统理论的新视野[J]. 社会学研究，2008(5).
20. 林涵. 为重视生态建设呐喊导引——兼评人民日报的环境保护报道[J]. 新闻战线，2001(1).
21. 宫靖. 镉米杀机[J]. 新世纪周刊，2011 - 02 - 14(6).
22. 贾广惠. 论食品污染与传媒农村环境危机预警[J]. 社会科学家，2011(10).
23. 尹冠琳. 环境保护需要"绿色监督"——论电视环保栏目绿色家园中的舆论监督[J]. 声屏世界，2005(7).
24. 郁建兴，周俊. 中国公民社会研究的新进展[J]. 马克思主义与现实，2006，37.
25. 王宇. 食品安全事件的媒体呈现现状、问题及对策——以《人民日报》相关报道为例[J]. 现代传播，2010(4).
26. 刘俊同. 预警新闻：一种新的信息传播样式[J]. 青年记者，2008(9).

27. 贾广惠. 论中国食品污染的风险预警建构[J]. 现代传播,2012(10).
28. 李景平. 强化环境记者编辑的素质锻炼[J]. 新闻采编,2002(3).
29. 陈辉. 略论中国食品安全报道的问题及对策[J]. 国际新闻界,2011(1).
30. 文建,代晓. 美国环境新闻的嬗变轨迹[J]. 中国记者,2007(4).
31. 姜文来. 理性报道　避免误区[J]. 中国记者,2007(4).
32. 刘友宾. 新时期环境新闻的三大突破[J]. 中国记者,2007(4).
33. 杨骏,颜亮. 欧美海洋新闻的语境和特点[J]. 中国记者,2007(6).
34. 胡弋. 环境报道与以人为本[J]. 新闻前哨,2005(9).
35. 林涵. 恩格贝启示：环境报道要有新思路[J]. 新闻爱好者,2003(4).
36. 张国兴. 让环境新闻更耐读些[J]. 沿海环境,2003(10).
37. 殷琦. 新媒体时代的食品安全舆论监督与引导[J]. 新闻研究导刊,2011(12).
38. 程曼丽. 关于公共卫生事件信息传播的断想[J]. 新闻与写作,2011(8).
39. 陈亮. 环境报道的人性化视角[J]. 中国记者,2004(12).
40. 李洋,敬从军. 公众议程的媒介建构——以环境问题为例[J]. 青年记者,2006(4).
41. 陈阿江,程鹏立. “癌症—污染”的认知与风险应对——基于若干“癌症村”的经验研究[J]. 学海,2011(3).
42. 金庆红,潘芬. 从“癌症村”看现代化的代价转移[J]. 科技信息(学术研究),2008(9).
43. 陈翔. 消费社会背景下的广告文化批判[J]. 新闻与传播研究,2002(6).
44. 严功军,李丹霞. 大众传播与传统文化消解[DB/OL]. 中国新闻研究中心,www. CDDC. net,2006-03-24.
45. 刁志萍. 消费主义对建构节约型消费方式价值诉求的制约[DB/OL]. 人民网理论频道,www. people. com. cn. 2006-05-01.
46. 余嘉玲,张世秋. 用什么破解“癌症村”问题[J]. 环境保护,2010(4).
47. 肖巍. 从“囚徒困境”谈起——全球环境问题的一种方法论述评[J]. 哲学研究,2004(1).
48. 曹锦清. 改革二十年回顾与展望[DB/OL]. 北大观察,http://www. clibrary. com . 2005-11-05.
49. 黄平. 南山纪要：我们为什么要谈环境——生态？[J]. 读书,2002(2).

50. 张玉林.政经一体化开发机制与中国农村的环境冲突.探索与争鸣,2006(5).
51. 许纪霖.世俗社会的中国人精神生活[J].天涯,2007(1).
52. 傅学良.环境污染导致健康损害案例评析[J].环境教育,2010(4).
53. 曹保印.谁在多次踏进同一条河流——读《中国生态危机》[J].民主与科学,2011(3).
54. 曾繁旭.环保NGO的议题建构与公共表达——以自然之友建构“保护藏羚羊”议题为个案[J].国际新闻界,2007(10).
55. 张彦甫.发现=消灭:我们还要踏访多少“无人区”[N].中国青年报,2001-07-30(3).
56. [美]乔纳森·沃茨.繁荣背后的阴暗面[J].资源与人居环境,2010(7).
57. 周穗明.90年代西方绿色环境运动和绿色理念新发展[DB/OL].中华励志网,http://www.zhlzw.com/qx/shxl/151693.html.2010-03-19.
58. 周向频.公共性与环境保护的尺度[DB/OL].城市规划网 http://www.yeyuanla.com.2005-12-29.
59. 冯仕政.沉默的大多数:差序格局与环境抗争[J].中国人民大学学报,2007(1).
60. 陈亚兰,张婕,兰丽丽.环保人士的类别及消费行为分析[J].现代商贸,2008(8).

(三) 主要网站

新华网、腾讯网、人民网、中国新闻网、新浪网、搜狐网

(四) 中文报纸

《中国青年报》、《人民日报》、《南方周末》、《光明日报》、《参考消息》、《新京报》、《工人日报》、《经济参考报》、《报刊文摘》、《南方都市报》

(五) 外文文献

1. Yang Gguobin, “Brokeing Enviroment and Health in China: Issue Entrepreneurs of the Public Sphere.” *Journal of Contemporary China*, 2010, 19(63).
2. Robert Cox, Environmental Communication and Public Sphere. London Sage Publication, 2006.
3. Anabela Carvalho, Jacquelin Burgess, “Cultural Circuits of Climate

Change in U. K. Broadsheet Newspapers, 1985 - 2003." *Risk Analysis*. 2005, 25(6).

4. Peter Weingart, Anita Engels, Petra Pansegrau. "Risks of communication: discourses on climate change in science, politics, and the mass media". *Public Understand*. 2000(9).
5. Nature experience and its importance for environmental knowledge, values and action: recent German empirical contribution Environmental Education Research, 2006, 12(1).
6. Stephen Zehr, "Public representations of scientific uncertainty about global climate change". *Public Understand*, 2000(9).
7. Astrid Dirikx, Dave Gelders. "Newspaper communication on global warming: Different approaches in the US and the EU?". http://www.lasics.uminho.pt/ojs/index.php/climate change.
8. Richard. J. Ladle, Paul Jepson and Robert J. Whitttaker. "Scientists and the media: the struggle for egitimacy in climate change and onservation science". *Interdisciplinary Science Reviews*, (2005)3.
9. Taro Aggre gates, Ltd. Proposed East Quarry landll environmental assessment. Stoney Creek, Ontario: Taro Aggregates, Ltd. 1995.
10. Ver planken, Bas. 1991. Persuasive communication of risk information: A test of cue versus message processing effects in a filed experiment. *Personality and Social Psychology Bulletin* 17, 1991.
11. Wake filed, Sarah E. , and Susan J. Elliott. Environmental risk perception and well-being: Effects of the land? ll siting process in two southern Ontario communities. *Social Science and Medicine* 50, 200.
12. Ader, Christine R. "A longitudinal study of agenda setting for the issue of environmental pollution". *Journalism and Mass Communication Quarterly*, 1995.

后 记

2015 年 3 月底，偶然打开搜狐邮箱，在一大堆邮件里面，一封来自上海大学出版社陈强编辑的邮件引起了我的注意，这是一个让我激动的询问，说是看到了我的国家社科基金项目已经结项，问我有没有出版的打算。我不大相信，再次去邮件询问，陈编辑很快给我发来了结项名单的链接，我看到了，终于心里一块石头落了地。说实话，自去年从台湾访学回来，这大半年就被书稿修改的事折磨，为之头疼，反反复复进行，然后再次送审，等待结果。数次催问社科处，没有消息，长久的心神不安。现在终于过了关，可以松一口气了。

拿国家社科项目，有时候就如围城效应，拿不到急切盼望，拿到又成了心思：怎么去完成？写论文、去调查、花经费、找关系等，都是不省心的事，种种烦恼，如同水中鱼，冷暖自知。而写书稿，是一种历时很长久的磨炼过程。

这个“中国环境保护传播研究”的课题变成书稿，最后出版，算得上国内比较少的一本针对本土的实务传播研究专著。书中对于新闻媒体如何反映环境问题、如何塑造环境议题、又在长期的业务实践中取得了什么成果、存在哪些问题、怎么解决等都做了初步的探讨。笔者本人的一些浅见，主要有如下方面：针对水污染议题、“癌症村”传播、食品安全议题、拆迁事件报道以及雾霾传播等都力图从实务出发，细致分析传播的过程和不足，特别是从别人不注意的视角去探讨，如拆迁中的浪费污染、资源破坏，这从中国是世界上建筑寿命最短的国家这个结论中得到证明；再如对“癌症村”、食品安全这样的议题，都从传播中的预警缺失、城乡报道失衡角度予以解析，发现了这一有违环境公平正义的“垃圾下乡、污染下乡”问题。本书同样基于极大的道德义愤，强烈谴责消费主义传播助推的社会奢侈浪费与污染恶果，指出消费主义是反文明的观念与行为。怀着这样的主观意识去写作，可以想见本书会体现出一种可能看起来愤激的心理，不过也是自己对于环境恶化的长期忧思而体现的研究风格。这当然也是基于自觉地奉行“知行合一”：教学中渗透环保教育引导，科研关注环境议题，生活中则是落实和劝导环保，创办环保社团——“新世纪限塑同盟”这一全国首家民间限塑环保组织，带领学生大量开展社会环保公益活动，到沙漠植树，到乡村走访，沿河流观察，自己更是随时随地监督白色污染，在台湾独自植树 45 棵，捐助保钓组织和环保组织等。社会实践对于学术研究也是一种促进，两者相得益彰，相互得以提升。

书稿完成的过程中伴随着艰难的论文写作发表，但没有将论文塞到书稿中凑字数，而是基本上各归各的。发表论文真的很难，而写书稿也不容易。本人写作形成了自己的习惯，喜欢自己写，不想多引用，不喜欢“六经注我”，列出一大堆文献，而把自己的观点淹没了。很多时候我是坚持手写的，然后请人打字，再做修改，进展很慢。当然也有一些偷工减料的地方，被评审专家批评了，就老老实实地修改过来了。这样写到最后，洋洋洒洒中，可能废话多了，希望读者指出来，帮助改正。

做课题最终结项出书，似乎完成了一个任务，但是真正的有助于环保事业的公益活动还得持之以恒，配合着研究、写作，共同推进，虽然是一点点微不足道的工作，但只要对社会有益，也就够了，知足了。

最后，感谢编辑的厚爱，提供一个出版的机会，此外还有很多人的帮助很难忘。借助于这样的支持，我当然还会一如既往，将环保研究和环保行动继续进行下去。

贾广惠

2015 年 5 月